U0041790

資訊戰爭

THE
PERFECT
WEAPON

War, Sabotage, and Fear in the Cyber Age

入侵政府網站、竊取國家機密、假造新聞影響選局，
網路已成為繼原子彈發明後最危險的完美武器

紐約時報
資深國安記者

桑格

著

但漢敏

譯

各方推薦

　　新的世紀來臨，戰爭與和平間的界線漸趨模糊。從利用惡意程式癱瘓他國的基礎建設、傳播不實網路資訊擾亂另一方社會，到以駭客竊取企業機密以及無所不在的數位監控……網路世界已經悄悄掀起一場無硝煙的戰爭，戰場上所使用的不是長槍大砲，而是無形的科技。

　　當恐怖份子炸毀中東某個村落，成果是一堆碎石；可是刪除一則刻意傳播的斬首影片，或許只會導致影片過幾天在另一個網址出現。高速且低成本的網路威脅，難以追查又難以杜絕，正是混合威脅的最佳工具。本書作者，《紐時》記者桑格根據他長期的追蹤報導、為讀者精細描繪出每一項網路完美武器的樣貌，並帶領讀者從北韓、中國、中東、美國的不同事件，了解這驚天動地的變化，如何無聲無息的進行。

—— 江雅綺（國立台北科技大學智財所副教授）

　　本書的作者、紐約時報資深國安記者桑格，從美國與伊朗、俄羅斯、北韓等國交手的經驗出發，完整呈現了資訊戰是如何破壞社會信任、挑撥國際關係，進而影響國家安全。書中描述的內

容看似離台灣讀者很遙遠，但其實台灣也深受資訊戰的威脅。

自 2016 蔡英文總統上任以來，中國國家主席習近平為達成兩岸統一、完成他的「中國夢」，對台施加的併吞壓力越來越大，除了傳統的軍事恐嚇（軍機、軍艦繞台）、經濟利誘（21 項惠台政策）和外交封鎖（重金挖角我國邦交國），中國也透過散佈假新聞、駭客攻擊或是帶輿情風向對台進行資訊統戰，去年（2018）年底地方選舉時，農產品價格崩跌移花接木的假圖片、親中候選人在社群媒體上不正常的媒體聲量都是明顯例子。

台灣站在抵抗共產極權的第一線，我們的經驗跟做法全世界都關注，我在立法院內就曾多次接受外媒專訪，分享中國用實力滲透台灣的嚴重性，政府和民間又分別提出什麼解決辦法。中國發起的這場無聲戰爭，我們一定要有警覺、有應對措施，因為自由、民主往往就在不經意之間一點一滴的流失，且北京攻擊對象不只是台灣，還有世界上所有堅信自由民主價值的國家，如何阻隔紅色滲透，台灣絕對能有所貢獻！

—— 余宛如（立法委員）

本書描述剖析了數位社會中的威脅與恐懼。而迄今為止，人們對網路攻擊的威脅仍欠缺認識與理解。此一威脅，不只困擾著決策當局，也同樣使人們因未來的晦澀不明感到迷茫與恐懼。

網路攻擊的層次多重且廣泛，責任者難以明確，如何應對也更加困難，已成國家安全的重大威脅與危機。

戰爭與文明技術與生活型態息息相關，新危機改變的不只是戰爭的型，也必將改變地緣政治與國際安全局勢。

本書絕對是掌握理解此當前危機的好書，值得細閱深思。

—— 何澄輝（台灣戰略模擬學會研究員）

隨著時代的進展，許多人跟著網際網路一同生活、成長。而網際網路，也成了人們生活的另一個虛擬空間。在網路上，人們可以快速地找到相關的資訊、資源，也能彼此連結，找到志同道合的朋友。原先，許多人認為網路所帶來加速流通的資訊，可以讓人們擁有更多足以決策的資訊，或讓人們利用閒暇時間，透過網路一同協作出偉大的作品。

但是，在資訊快速流通的同時，偏見或錯誤的訊息也流動得更快；溝通與對話不一定發生，但爭吵與誤解反倒是快速的出現。在資安方面，透過網路的連線，國家級的駭客可以透過各種尚未被修補的系統漏洞，或甚至是針對個人的社交工程手法，一層一層地打入他國的伺服器中。除了竊取伺服器中的數據資料之外，也能埋設後門或病毒，搭配軍事行動，破壞基礎設施。而在個人的思考認知方面，極權國家透過資訊轟炸或投遞，在民主國家的網路上丟出各種操作過的資訊，引導輿論，影響許多民眾的認知，進而改變其投票意向，最終就能影響民主國家的選舉結果。

俄羅斯早已使用這樣的手法影響許多歐洲國家或是美國的大選，中國也透過網路或媒體，持續輸出中國的影響力，影響澳洲、美國等地對於中國的認知與政策。當然，這場戰爭，不只在其他國家，也在台灣開打。我們每一個人，都可能是其中的受害者。了解虛擬空間的戰爭運作方式，是抵禦這類攻擊的第一步。本書是很好的起頭，從破壞基礎設施的資安滲透，到影響選民認

知、進而影響選舉結果的各種狀況，都做了詳盡的說明。了解他、面對它，我們才知道未來該怎麼應對他、處理他。而未來，恐怕我們都無法放下這樣的戒心，唯有時時警覺，思考查證，我們才有能力捍衛我們所享有的民主自由。

—— 林雨蒼（自由軟體工作者、公民記者）

在這個網路無所不在的時代，資訊傳播的便利性也正是網軍可資利用的。本書集結了許多關於網路戰爭的新聞資料與訪談內容，這些報導以往都是零散出現在報章雜誌或網路部落格，作者從內梳理出進階持續性滲透攻擊（Advanced Persistent Threat, APT）對於國家基礎建設以及重要民生產業的危害，書中沒有深奧的技術名詞，卻能夠完整描述網路攻擊的驚心動魄與來龍去脈，對網路世界中如何掀起戰爭有興趣的讀者是一本不可錯過的好書。

—— 張裕敏（趨勢科技研發部資深協理）

愈來愈多的研究報告和調查報導都指出，網路、社群媒體以及各種資訊工具，已經成為新型態的戰爭手段，形成了對國家安全（尤其民主國家）的嚴峻挑戰。新型態戰爭和傳統戰爭最大的不同在於，它的鎖定對象就是一般大眾。因此，對我們來說，最好的應對方式就是仔細地去學習以及瞭解這個屬於我們這個時代的其中一個最大特徵。這本《資訊戰爭》即是闡述這樣子數位時代變化以及其影響的好書。

—— 陳方隅（菜市場政治學共同編輯、華府智庫訪問學者）

《資訊戰爭》生動描繪了一個飽受網路新武器震盪的舊世界：既無從防衛也無能震懾，甚至也無法還擊。它是貧窮黷武強權掀起社會恐慌的廉價武器，超級霸權發現遭到駭客狙擊的電影製片廠，原來也是地緣政治。昔日的帝國將網絡武器裝配進蘇維埃的古老混合戰構想，網路加乘資訊的作戰讓對手領受冷戰時期也不曾體驗的政治動盪。崛起的專制管控霸權正準備支配大地的網路基礎設施，誰能在下一個紀元迅速取得全球資訊流的備份，誰就能在這場新軍備競賽中勝出。舊世界的衝突與戰爭法則正在0與1之間瓦解，而先進的世界卻發現用網路連結的堅固週身一切，每個連結都是完美的攻擊點。

　　　　　　　── 蕭育和（中研院人文社會科學中心博士後研究）

同聲推薦

◎邱威傑（台北市議員）

◎苗博雅（台北市議員）

◎曹家榮（世新大學社會心理學系助理教授）

◎鄭宇君（國立政治大學新聞系副教授）

新時代的無聲戰爭

沈伯洋（台北大學犯罪學研究所助理教授）

　　俄羅斯的混合戰，基本上已是鋪天蓋地：但是很少人對這種戰爭型態有完整的理解，甚至連俄羅斯自己內部釋出的文件都是半真半假。但是我們目前可以確認的是：新型態的戰爭再也不是船堅炮利，而是由金融戰、貿易戰、資訊戰、外交戰等互相交織的超限戰。其中關於資訊戰，又可能是國人所最不熟悉的部分。

　　資訊戰包含一般的情報蒐集、基礎設施干擾、網路攻擊，以及認知領域攻擊，而台灣在面臨中國的威脅時，幾乎在所有層面都居於劣勢。我們的情報人員在 2008 年之後在中國就難以蒐集情報，反觀中國間諜卻能透過自由行、參訪團等方式在台灣逛大街；我們基礎設施、影音系統和政府伺服器皆被設了後門，但國人對於可能跟「黑暗首爾」事件類似的發生完全沒有防備，也沒有像其他面臨混合戰的國家有舉辦類似的演習；更不要說我們的戶籍、健保等資料庫長期遭到中國的攻擊與入侵。

　　而其中最慘烈的，莫過於認知領域攻擊。當解放軍退役人員都已經在研究潛意識攻擊，並利用 AI 發動一次次的侵略之時，

我們卻還在殺豬公。台灣是被認定全世界境外假新聞攻擊第一名的國家，但大部分的人民卻還在互相指責對方為假新聞，完全掉入了中國認知領域攻擊的陷阱。

要了解這些複雜的情勢，本書乃最佳的入門書。

當然，本書的俄羅斯模式是否可以套用到中國對台灣的攻擊，不無疑義。例如，俄羅斯非常擅長針對不同的群眾做不同的資訊攻擊，例如 2018 年對亞美尼亞的網路攻擊，即針對不同族群客製化許多不同爭議訊息。在中國對台灣的攻擊當中，反而因為台灣人口稠密之故，使得訊息的外溢效應特別強大，導致中國無法做出有效的分裂攻擊；然而，也正因為台灣有此特殊性，使得台灣也面臨了更多在其他國家前所未見的資訊攻擊。例如，當俄羅斯還在各國扶植親俄團體發動代理人戰爭之時，中國早已在台灣扶植多年的代理人並深入民間，在台灣民眾毫無警覺的情況之下進行統戰與資訊戰。

除了日常醜化美日等國的資訊之外，中國還會大量配合台灣相關時事進行攻擊。例如，當李登輝出現在媒體之時，即在台灣各地 LINE 群組散布蔡英文與李登輝相關的墮胎謠言（點閱率超過百萬）；當台灣某大橋斷掉之時，即利用微博大量正面宣傳中國橋樑建設的穩固；當中美貿易戰開打之時，即大量散布美國經濟不好、犯罪率升高的新聞；當台灣出現血荒之時，就大量散布 LGBT 已捐血，並警告國人捐血會得愛滋的假訊息。

我因為加入了不少收集資訊的群組，以及對中國訊息一年來的蒐集，深知如此鋪天蓋地的進攻，對台灣的威脅已經不只是溫水煮青蛙而已。從線上到線下，從地面到 AI，基本上我們面臨

的威脅早就已經是國安問題了。

　　然而，或許有人會不解，為何中國要做這些進攻呢？事實上，對中國和俄羅斯而言，資訊戰的目的都很簡單：第一，造成混亂；第二，影響民主國家的選舉。

　　比如說，一旦讓所有人都接收不同的訊息，那麼大家就對事情的解讀即可極大的不同。若要做到這一類型的資訊攻擊，必須對一般民眾的偏好抓得很仔細：這一點俄羅斯做得很好，正如本書所述，除了在網路上蒐集資料以外，俄羅斯甚至會用釣魚的方式觀看其他國家的郵件，看有沒有什麼可以見縫插針的事情可以做；另外也會派人到當地考察，觀察哪一個地區的選票結構不穩定，以及哪些人可以被影響，進而決定資訊戰的「受害者」。俄羅斯對這一套已經有多年的經驗，烏克蘭正是俄羅斯的培養皿，而敘利亞則是俄羅斯的手段集大成之作。台灣亦然，做為中國對其他國家的培養皿，在台灣可以看到中國各式各樣的資訊攻擊嘗試，說台灣是世界各國觀察中國攻擊的場域，絕非誇大之詞。尤其在 2008 年之後台灣門戶洞開，加上在地協力者（內賊）眾多，幾乎對於這些攻擊是毫不設防。

　　而在讓國家陷入紛亂之後，資訊戰更能針對民主國家的弱點加以進攻，操縱選舉即為其中一環。當然，操縱選舉不是只有俄羅斯或中國會做，一般大公司也會做。當我們關注俄羅斯幫川普增加了多少票，也應該一樣地關注科技公司如 Google，可能幫希拉蕊增加了多少票（詳情可見 Google 的演算法與潛意識攻擊）。然而，無論這些企業或國家操縱選舉是成功還是失敗（畢竟常常彼此抵銷），我們不得不面對在利用資訊洗腦的方式之

下，民主選舉的結果可能被改變，且相關的手段愈來愈多元。當我們個資被洩漏的愈多，敵對國家愈容易計算哪一個族群可以被攻擊。

不過，對此全面性的攻擊，不是沒有反擊之道。

首先，雖然台灣常常在選舉，但選舉的干預未必是每一次資訊戰的重點。在沒有選舉的時候，簡單的滲透工作反而更容易被專家所忽略。尤有甚者，一般能夠協助抵抗資訊戰的單位在非選舉時期未必有相應的能量，因此可能使中國的攻擊更為容易。參照本書俄羅斯對美國的進攻即可得知，俄羅斯一開始也並不是瞄準希拉蕊或川普，而是用蒐集資料並以干擾等方式影響美國民主，直到接近選舉的時候，才開始改變手段。因此，在看待中國時也應如此：必須先把中國相關的攻擊分為選戰與非選戰時期，方可一窺全貌。也才能推算對方的戰術。

第二，中國攻擊單位眾多，每一個單位又未必協調，因此，對於資訊發出的一方，即使同受一個中央單位指揮，如政治局或軍委，也未必會有一致的步調。相較於俄羅斯以情報人員為主的攻擊，我們更應該注意中國這種分散式、矛盾式的攻擊。針對這種現象，若我們必須有跨領域的戰略中心，即可做出正確的評估。

第三，台灣的在地協力者（內賊）可說是不勝枚舉，而他們作為攻擊的「節點」，已經成為中國政府重要的依賴。在這樣的架構之下，只要我們能夠用法律陽光法案的方式（例如境外勢力透明法案），即可將攻擊攤在陽光下。然而，由於威權體制下的台灣對於「抓共匪」一事有極大的不安與恐懼，在合乎人權的做

法之下，台灣應該參考國外登記制度，將代理人的透明化以公開聽證的方式進行，而且允許團體在登記之後仍可繼續活動（除非法事務外），只是要將其金流、人事等曝光。既然對方是針對民主國家的弱點進行攻擊，我們就應該用民主國家的優點來強化防禦，一來一往之下，可讓內賊無所遁形。

不過，正如本書所述，內賊的問題可能比想像中還要糟糕。因為有些內賊可能不覺得自己是內賊，或者對方已經直接入駐——這正是中國所擅長的，以投資換取情報。

矽谷面臨的危機正是如此。中國大量對於華爾街與矽谷的投資，都著重在軍用技術與敏感技術，而內部的訊息，配合公司體制以及中國政府對出海公司的掌控，使得竊取正以合法的方式進行著。這一切都符合所謂混合戰以及超限戰的架構：我們都以為我們在和平時期，卻不知道我們在準戰爭狀態。

因此，請準備好閱讀本書的心情：其所描繪的，是一場確確實實的戰爭。有人以為這是一場科技的戰爭，搶的是 5G 的大餅和各式各樣的技術，有人認為是一場貿易的戰爭，搶的是商業利益。然而，若對混合戰一事有所認知的話，則會明確地得知，這其實是一場價值的戰爭，是獨裁與民主的戰爭。民主的危機已然浮現，民粹的指控已成為常態，當社群媒體武器化，駭客國家化之時，我們信奉的民主價值將不斷地流逝，最後可能不得不選擇我們所痛恨的體制。

我在撰寫此序時，發生了 NBA 被迫要跟中國道歉一事，這個在台灣司空見慣的事情，或許讓美國敲醒了警鐘。金錢和價值，有時候只能擇一。當牛津大學網路研究中心（Oxford

Internet Institute）＊列舉了全世界 70 多個資訊戰受害國家時，台
灣該想的不是怎麼防禦而已，而是在價值上，我們必須要明確地
反抗中國侵略，並且在堅守民主價值下，開始我們的進攻。

＊ 編按：可參考 Samantha Bradshaw, Philip N. Howard, *The Global Disinformation
Order: 2019 Global Inventory of Organised Social Media Manipulation*,
Oxford Internet Institute, 2019, https://comprop.oii.ox.ac.uk/wp-content/uploads/
sites/93/2019/09/CyberTroop-Report19.pdf

目　次

致雪若
你的愛與才華實現了人生的美好

前言

　　在川普的總統任期屆滿一年之際，他的國防部部長馬提斯向這位新任總司令提出了一項令人震驚的建議：鑑於全球許多國家皆威脅利用網路武器破壞美國的電網、手機網路與自來水供給，因此川普應對外公開他已準備好採取規格外的步驟來保護美國。[1] 若有任何國家打算採取毀滅性行動攻擊美國的重要基礎設施，就算並非使用核武攻擊，這些國家在採取行動前仍應有美國可能會以核武回應的心理準備。

　　就像華府大多數的資訊一樣，這項建議的風聲立即走漏。[2] 許多人表明那是一種瘋狂的想法，也是野蠻的濫殺行為。雖然近年來已有不少國家多次以網路武器彼此相向數十次之多，至今仍未發生任何致死的攻擊，至少皆非直接造成人員死亡。無論是美國對伊朗和北韓武器計畫執行的攻擊，或是北韓對美國的銀行、著名好萊塢製片公司與英國保健系統的攻擊，抑或是俄羅斯對烏克蘭、歐洲與後來對美國民主核心所進行的攻擊，皆未奪走人命。然而可以想見，這種好運很快就會結束。但是，為什麼川普或他的繼任者需要冒著龐大風險，將網路戰升級到核武交戰呢？

　　原來，五角大廈的這項建議只是其他提案的序曲而已，在向

這位重視強悍與「美國優先」的總統所提出的其他提案中，還建議以更具侵略性的方式來運用美國強大的網路武器。這也讓我們察覺大家對毀滅性網路攻擊的憂懼，已經從對科幻小說或《終極警探》電影等等的害怕，迅速地轉變為對美國國防策略重點的擔憂。在短短十多年前，情報單位於 2007 年為美國國會製作的年度全球「威脅評估」中，完全看不到網路攻擊的蹤影。當時清單上的首要項目是恐怖主義，以及其他在「九一一」事件後令人擔憂的問題。[3] 現在，這樣的排序已然相反：數年來，從癱瘓某國城市的攻擊，到嘗試削弱大眾對公家機關的信心等各種不同的網路威脅，已成為清單上的頭號威脅。自從蘇聯在 1949 年進行原子彈試爆之後，美國就再也沒有見過如此迅速演變的威脅情勢。晉升至四星階級的馬提斯過去主要在中東地區服役，他擔心美國在花了二十年於全球追緝蓋達組織和伊斯蘭國（ISIS）後，注意力已經偏離了眼前最重大的挑戰。

「目前，美國國家安全的主要焦點是強權競爭，而非恐怖主義。」[4] 馬提斯在 2018 年年初表示。美國「在每個戰爭領域擁有的競爭優勢已逐漸減弱」，就連在最新的「網路空間」內也不例外。馬提斯交給川普的核武策略道出眾多國防部人員逐漸萌生的擔憂，那就是網路攻擊帶來了獨一無二的威脅，而且是我們完全無法阻止的威脅。

諷刺的是美國仍為全球最善於隱匿、技巧也最高超的網路權力，伊朗在他們的離心機失控旋轉後察覺到這一點，北韓則在飛彈從空中墜落後猜測到這一點。然而，其中差距正在縮減。網路武器的開發成本低廉，又易於隱藏，因此具有讓人難以抗拒的吸

引力。美國官員也發現在這個電話、汽車、電網與衛星等幾乎一切皆有連線的世界中,任何事物都可能遭到擾亂中斷,甚或摧毀。在過去的 70 年裡,五角大廈一直以為只有配備核武的國家才會威脅美國存亡,現在這種假設已令人質疑。

幾乎所有五角大廈設想未來美國與俄羅斯和中國間發生對峙,甚至是跟伊朗及北韓發生衝突時的機密假想情境裡,都假設對手對美國的第一波攻擊包含以民眾為目標的猛烈網路攻擊。這類攻擊會讓電網失效、導致火車停駛、手機無法通訊,以及讓網際網路超出負荷。最糟的情況可能導致糧食和水開始短缺、醫院無法接收病患等等。當美國人無法使用電子裝置並因此中斷連線後,可能會陷入恐慌,甚至彼此敵對。

五角大廈本身的作戰計畫中,有許多計畫的起始步驟正是採用類似的癱瘓性網路攻擊打壓敵人,因此五角大廈現在也在對這類情境進行規劃,此舉也反映出我們的新策略,那就是在開火之前搶先贏得戰爭。最近幾年,我們透過外洩的資訊稍微了解到那會是何種情況,這一部分要感謝史諾登,另一部分則要感謝「影子掮客」這個神祕集團;疑似與俄羅斯情報單位有密切關聯的「影子掮客」取得了數 TB 的資料,其中含有許多美國國家安全局用來侵入外國電腦網路的「工具」相關資訊。沒過多久,這些遭竊的網路工具就被用來對付美國自己與其盟友,於是忽然之間,每週在新聞頭條上都能看到諸如 WannaCry 等各種怪異名稱的攻擊。

但是,由於這類計畫皆層層保密,導致大眾幾乎無法公開討論運用這些工具是否明智,或是若我們喪失控制工具的能力時所

隱含的風險等等。美國政府對新型軍火庫與影響範疇閉口不談的態度，跟核武時代的前數十年情勢形成強烈對比。當時在廣島和長崎的駭人毀滅景象雖然在國家心理上留下烙印，卻讓大家難以否認美國擁有顯而易見的毀滅能力，而很快地俄羅斯和中國也展現出同等能力。雖然美國政府對原子武器的製作方式、存放地點、有權下令發射的人員等細節保密，不過美國國內對於何時應威脅使用原子彈、是否應禁止使用原子彈的政治議論，仍延續了數十年之久。最後，這些爭論以跟開始時完全不同的論調收尾：1950 年代時，美國隨口就會說要投下原子武器來終結韓戰；到了 1980 年代，美國國內形成共識，認為除非國家存亡危在旦夕，否則美國皆不會使用核武。

雖然網路武器的毀滅性力量逐年漸趨明顯，但是截至目前為止，就網路武器而言，尚未出現與前述情況相同的論辯。網路武器仍無法用肉眼看見，網路攻擊則能矢口否認，而造成的結果更充滿不確定性。向來守口如瓶的情報官員和同等職務的軍方人員，皆拒絕討論美國網路能力所涵蓋的範疇，深怕這麼做可能會進一步縮減美國與對手之間殘存的狹小差距。

於是，在我們能完全了解這類極度強悍的新武器會造成何種後果之前，美國已在運用這些新武器，而且大多都是根據個案祕密進行。同樣的行動在由美國軍方執行時，美國稱之為「利用網路漏洞」，而瞄準美國人民的行動則稱之為「網路攻擊」。漸漸地，「網路攻擊」一詞涵蓋了各種情況，從讓電網停擺到操控選舉，到讓人擔心為何自己會一而再、再而三地收到警告信函，通知有罪犯或中國人之類的某人取得了我們的信用卡資訊、社會安

全號碼與病歷等等。

　　冷戰期間，各國領袖雖然無法在回應威脅的方式上達成共識，但是他們皆了解核武從根本上改變了國家安全的情勢。然而在數位衝突的時代中，很少人能充分理解這股新變革會如何重新塑造國際權力。川普在他喧騰一時的 2016 年總統競選活動中，曾於受訪時向我表示美國「在網路上極為落伍」[5]，而忽視了美國和以色列曾以史上最精密複雜的網路武器對抗伊朗的事實（若他那時對此知情的話）。更令人擔心的是，川普顯然不甚了解現今日常發生的各種惱人網路衝突態勢，這些非戰爭的攻擊已成為新常態。他拒絕承認俄羅斯在 2016 年大選時的惡性干預，深怕他的政治正當性因而降低，但他這麼做卻只是使制定國家策略時的相關問題更加棘手。不過，此問題的影響範圍遠超過川普政權。美國國會在進行了十年的聽證會之後仍幾乎毫無共識，無法確定網路攻擊究竟是構成戰爭行為、恐怖主義行為、屬於單純間諜活動或網路人為破壞，也無法確定在何種情況下可視為前述行為。科技變遷的速度飛快，已然超越了政客的理解能力，因此他們無法了解發生了什麼情況，遑論對此擬訂國家回應了，而在日常網路空間鬥爭中蒙受間接傷害的一般民眾同樣無力理解相關情勢。更糟的是俄羅斯在 2016 年美國大選期間，利用社群媒體加深美國國內的極化，科技公司與美國政府之間原本已因四年前的史諾登洩密案而彼此敵視，如今關係又繼續惡化。矽谷和華府現在就像是分居美國東西兩岸的離婚夫妻，彼此互傳著怒氣沖沖的簡訊。

　　川普毫無異議地就接受了馬提斯使用核武的建議。而五角大

廈發現川普願意在網路空間展現美國於其他軍事領域所展現的壓倒性力量之後，向川普提出了一項新策略，這項策略的構想為在輕微網路衝突持續不斷的時代裡，讓美國新成立的網軍每天深入敵陣，藉此在他人對美國的威脅成真之前，就先攻擊外國的伺服器。這是經典的先制（preemption）概念，不過已根據網路時代更新，以求「在攻擊滲入我們的網路防線或侵害軍力前，先終止攻擊」。其他提案則提議總統無須再一一核准每次網路攻擊，就像不需要核准每次無人機攻擊一樣。

在混亂紛擾的川普政權中，無法明確看出美國會如何使用這些武器，也不清楚會根據哪些原則使用。不過，突然之間，我們已進入全新的領域。

網路衝突仍介於戰爭與和平間的灰色地帶裡，那是一種難以維持的平衡狀態，似乎旋即就會失控。隨著攻擊步調逐漸加快，我們的弱點也漸趨顯著：美國聯邦政府在 2018 年頭幾個月裡曾警告公用事業，指出俄羅斯駭客已在美國的核電廠和電網中置入惡意軟體的「嵌入程式」（implant），接著在幾週後，又補充表示那些嵌入程式已大舉侵入控制小型企業網路、甚或一般個人住家網路的路由器內。在前些年裡，也曾有類似證據顯示伊朗駭客侵入金融機構內部，亦有證據指出中國駭客劫走了數百萬個檔案，而且檔案內含美國人民為了取得安全許可所提供的最私密詳細資料。不過，為了擬出既符合攻擊程度又可有效因應的方案，至今已讓三位美國總統深感苦惱。雪上加霜的是美國英勇的網路攻擊能力遠遠超越防禦能力，因此官員也遲遲不願反擊。

某個冬日下午，在維吉尼亞州麥克萊恩往中央情報局總部路上的一家餐廳裡，歐巴馬總統的國家情報總監克拉珀告訴我：「這就是我們與俄羅斯之間的問題。」大家想出了很多回擊普丁的方法：將俄羅斯與全球金融體系隔離、揭露普丁與俄羅斯財閥的關係、讓他藏在世界各地的眾多私有財產部分消失無蹤等等。

　　不過，克拉珀指出：「每當有人對普丁在美國大選時的所作所為提出反擊方式，就會有其他人回頭問：『那接下來要如何？如果他侵入投票系統該怎麼辦？』」

　　克拉珀的問題指向了其中一項網路權力難題的核心。美國無法想出該如何在無需背負使情勢升級的嚴重風險之下，即可還擊俄羅斯的攻擊的方式。美國可能會因這個問題而顯得綁手綁腳。在俄羅斯干預選舉的行動中，包含了因應這類非戰爭的新型侵略行為時所會面臨的挑戰。大小國家已逐漸發現何謂完美的數位武器。這類武器的隱密性與效果不相上下。它讓敵人無法確定攻擊來自何處，因此也不知道該向哪裡回擊。而且我們仍在絞盡腦汁想出最佳的威懾方式。以壓倒性的反擊施加威脅會比較好嗎？應該採取經濟制裁或使用核武等網路之外的方式對應嗎？還是要實施可能耗時數十年的計畫來強化我們的防禦能力，讓敵人因而放棄攻擊呢？

　　想當然耳，華府決策者都會不禁先將這項問題比喻成自己更熟悉的事務，也就是抵禦威脅國家的核武。不過，跟核武相比並不正確，如同網路專家路易斯指出，這種錯誤的類推使我們無法正確理解網路在日常地緣政治衝突中所扮演的角色。

　　核武唯一的設計宗旨就是在作戰時大獲全勝。「相互保證毀

滅」遏制了以核武交戰的情況，因為雙方都知道自己可能會遭到殲滅。相較之下，網路武器則具有從高毀滅性到操控人心等等多種巧妙型態。

　　美國人直到最近都只將目光放在毀滅能力最高的網路武器上，例如可中斷一國電力或干擾該國核武命令與控制系統等類型的網路武器。雖然那確實是一大風險，但卻是非常極端的情境，或許也是較易於防範的情境。然而較常見的其實是日常使用網路武器攻擊民用設施目標的情況，這麼做可以達成更特定的任務，例如使沙烏地阿拉伯的石化工廠運轉受創、讓德國煉鋼廠的溫度升高到熔毀、癱瘓亞特蘭大或基輔市政府的電腦系統，或威脅操控美國、法國、德國的選舉結果等。如今，每天都有國家採用這類「規模縮小」的網路武器執行行動，他們的目的不在於摧毀敵手，而是要讓對方嘗到挫敗滋味、拖慢其步調、侵蝕政府機關的基礎，以及讓該國的人民感到憤怒或迷惑。同時在大部分事件中，施用這類武器的規模總是維持在會引發報復行動的門檻之下。

　　川普手下的喬伊斯在新政府運作的前十五個月裡一手獨攬網路事務，他也是新政府內第一位執行美國攻擊性網路行動的官員；喬伊斯在 2017 年年末說明了為何美國對這類行動格外脆弱，以及為何短期內這類弱點都不會消失的原因。

　　「我們的社會結構有許多部分都是以資訊科技為基石。」[6]喬伊斯表示，他曾多年主導美國國家安全局的特定入侵行動單位，這個菁英小組的任務是侵入外國電腦網路。「我們不斷地將事物數位化、把財富資產都儲存在數位環境中、執行各種作業，

此外我們也把自己的祕密都藏在網路領域內。」簡而言之，我們創造新弱點的步調遠快於消除舊缺陷的速度。

人類史上鮮少有新武器能讓我們如此迅捷地進行調整，還可針對眾多不同任務量身訂製。許多國家都採用了這些新武器，如此一來，各國無需公然開戰，就能重塑自己對國際事件的影響力。其中普丁領導的俄羅斯是適應最快的國家之一，雖然俄羅斯並非唯一身體力行的國家，卻堪稱是深諳箇中之道的高手。莫斯科已讓全世界目睹了混合戰的運作方式。[7] 其中策略無法算是國家機密，因為俄羅斯將軍格拉西莫夫曾公開說明相關策略，隨後還協助在烏克蘭加以實踐。烏克蘭成為了俄羅斯的測試台，遭俄羅斯用來測試後續將用在美國與美國盟友身上的手段。格拉西莫夫準則結合了新舊手法，也就是利用推特和 Facebook 的力量強化史達林主義政治宣傳活動的效果，並且以蠻力作為輔助。

本書提及的過往事件，清楚呈現美國政府部分人士與其他許多政府早就發現了的跡象，知道我們的主要敵手已轉為採用全新的攻擊方向。但是美國適應這項新事實的速度卻異常迂緩。我們知道十年前俄羅斯對愛沙尼亞和喬治亞的所做所為，那是俄羅斯第一次利用網路攻擊讓敵人失去行動能力或造成對方困惑迷惘。後來我們也看到俄羅斯在烏克蘭、歐洲等地所做的嘗試，俄羅斯將這些地區視為測試場，在當地實驗具大規模擾亂效果或影響細微的網路武器。缺乏想像力的美國不相信俄羅斯膽敢跨越大西洋，把相同手段用在我們的選舉上。結果美國跟烏克蘭一樣，花了好幾個月、甚或數年時間，才弄清打擊我們的來源究竟為何。

更糟的是，當我們開始理解所發生的情況時，向來自豪會對

各式意外擬訂計畫的軍情組織手邊卻沒有任何教戰手冊包含可供運用的回應方式。2018年年初，美國參議院軍事委員會曾詢問國家安全局和美國網戰司令部，若有人以最明目張膽的方式利用網路力量來對付美國民主機構時，國家安全局和美國網戰司令部會如何對應，那時即將卸下兩者首長職位的羅傑斯上將承認無論是歐巴馬總統或川普總統，都沒有授予他回應的權限。

羅傑斯表示普丁的「結論顯然是覺得自己對此幾乎無須付出代價，所以『我可以繼續執行這類行動』。」[8] 得出這種結論的不只是俄羅斯，其他確實還有許多敵人使用網路武器的原因，正是因為他們相信那不但能削弱美國實力，而且不會觸發直接的軍事回應。北韓攻擊索尼影視娛樂公司或洗劫中央銀行之後，並未背負多少代價。中國竊走約2,100萬位美國人民最私密的個人詳細資料時，則是根本沒有付出任何代價。

世界各地的美國敵人皆清楚察覺到一項訊息，那就是各式各樣的網路武器都是為了打擊美國最脆弱的目標而特別設計。而且由於這些武器很少會留下實際的攻擊殘骸，因此華府總是一頭霧水，就連規模最大、最露骨的攻擊都不知該如何回應。

羅傑斯告訴我，他在2014年接下職務時，首要優先事項是針對使用網路武器對付美國的行為「製造一些代價」。他補充道：「如果我們不改變此處的局面，這種情況就會一直持續下去。」羅傑斯在2018年卸下職務，而這時美國面對的問題已比他接任時更加艱鉅。

1909年7月下旬，威爾伯・萊特與奧維爾・萊特這對兄弟

抵達華盛頓，欲展示他們的「軍機號」飛機。[9]在留存下來的斑駁照片中，可看到在橫跨波多馬克河的橋上，眾多想要觀看這場表演的華府人士綿延成漫長人龍；就連塔夫脫總統都在其中，雖然萊特兄弟並沒有要冒險載他一程。

毫無意外地，這個破天荒的發明深深吸引了軍方。將軍們想像著可駕駛飛機飛過敵方陣線、包抄來軍後，再派出騎兵消滅敵人。一直要到1912年，也就是三年後，才有人想到可在新的「觀測飛機」上加裝機關槍。自此之後，在科技飛速進步的同時，局面則急轉直下。最初設想為革命性交通工具的科技，轉眼之間就讓戰爭改頭換面。在1913年，美國國內製作了14架軍機；而五年後，在第一次世界大戰爆發時，則有14,000架軍機。[10]

這些飛機的運用方式皆是萊特兄弟從未想像過的方式。紅男爵里希特霍芬在1916年4月於凡爾登上空擊落第一架法國飛機。漸漸地每個月都會發生空戰，接著變成週週發生，最後成為日常便飯。第二次世界大戰時，日本的零式戰機轟炸珍珠港，在太平洋對我父親搭乘的驅逐艦執行神風特攻隊襲擊。（他們失手了兩次。）在奧維爾首次於塔夫脫總統面前試飛的三十六年後，空軍軍力的廣大觸角，跟全球最新終極武器的毀滅性武力互相結合，於是在「艾諾拉·蓋伊號」於日本廣島上空斜轉飛過之後，永遠改變了戰爭的樣貌。

在現今的網路世界中，我們有點像處於第一次世界大戰之際。十年前，有三四個國家擁有有效的網路部隊，現在這個數字已增加到超過30個。過去十年的武器生產曲線大致跟軍機的生產曲線軌跡相同。雖然新武器的成效仍具爭議性，但大家已使用

這些新武器發起多次攻擊。本文撰寫於 2018 年年初，根據此刻的最佳估計，在過去十年左右，已知曾發生超過 200 起國家對國家的網路攻擊，而這還只是成為公開事件的數據而已。

另外，如同第一次世界大戰的局勢演變，許多國家在窺見未來趨勢後，開始迅速自我武裝，美國也是率先這麼做的其中一個國家；美國政府稱為「網路任務部隊」的軍隊應聲在 2017 年年末成立運作，其中包含 133 個班，總計超過 6,000 位兵士。雖然本書大多半內容在探討美國、俄羅斯、中國、英國、伊朗、以色列、北韓等網路衝突的「七姐妹」，不過從越南到墨西哥等多個國家都在仿效前述舉動。不少國家是從自家開始下手，將國內異議人士或質疑政治的人士作為他們測試網路能力的對象。所有現代軍隊都需要仰賴網路能力才能生存，就像所有國家在 1918 年後都無法想像沒有空軍軍力的生活。而現在也跟當時一樣，我們都無法完全推想這項發明會讓行使國家權力的方式發生多麼強烈的轉變。

1957 年，隨著世界在核武懸崖邊緣搖搖欲墜，一位年輕的哈佛大學學者季辛吉撰寫了《核子武器與外交政策》一書。該書旨在向焦慮的美國大眾說明在該書出版的十多年前，當人們首度使用一種大家都不甚了解其衝擊的全新強大武器後，如何使世界各地的權力從根本重新洗牌。

我們無須擁護季辛吉在書中的結論，尤其是他暗示美國能夠在打完一場有限度的核武戰爭後仍繼續生存的部分；不過即使無須擁護他的結論，我們還是能推崇季辛吉的另一項見解，那就

是在發明原子彈之後,一切都跟從前不一樣了。「理解變革之後,才能精通這項變革。」他這麼寫道。「我們總是不禁想把變革套進我們熟知的規則裡,藉此否定眼前正在發生的變革。」他表示,現在應「試圖評定我們過去十年目睹的科技變革」,同時也應理解這對我們曾以為熟知的一切將帶來何種影響。古巴飛彈危機在該書出版後的短短五年後爆發,由於誤算,讓這起事件成為全球在冷戰期間最接近毀滅的時刻。發生這場危機之後,大家首度嘗試施行控制核武散布的措施,以免我們的命運遭到核武主宰。

雖然大多數核武比喻都無法完美詮釋全新的網路衝突環境,但下述概念卻可以適當地描述現今情況:我們所有人都居住在恐懼國度中,擔憂自己對數位技術的依賴可能會成為其他國家脅持的把柄,因為在過去十年裡,那些國家已找出能繼續發起過往戰爭的新方法。大家已發現網路武器跟核武一樣,是能消除不均的絕佳工具。

我們也有良好的理由擔心隨著這類武器與人工智慧融合,將導致這些武器在幾年內即能以飛快的速度運作,於是在人類有時間或有智慧著手干預前,就會先發生升級的攻擊行動。我們不斷追求新穎的技術解決方案,例如更廣大的防火牆、更強的密碼、更優異的偵測系統等等,試圖建置如同法國馬奇諾防線的屏障。而敵人的行動則與當年的德國一樣,一直持續找出可以繞過屏障的方法。

現今的強權及過往強權如中國、俄羅斯等都已開始放眼新紀元,屆時實體城牆不再構成障礙,大家會趕在衝突爆發前利用網

路，以搶先得勝。量子電腦在強權眼裡是能突破所有加密形式的技術，或許還能靠它進入美國核武軍火庫的命令與控制系統。對他們來說，「機器人」（bot）不只可在推特上假扮真人，還可用來癱瘓預警衛星。從美國密德堡的國家安全局總部到發明原子彈的國家實驗室，科學家與工程師正竭力讓美國保有領先地位。此處的難題在於須考量如何防護不受美國政府管控的民營基礎設施，以及各家公司與美國人民的私人網路；畢竟雖然防禦行動是為了保衛民眾，但大家通常仍不希望政府潛伏在自己使用的私人網路內。

不過在前述眾多爭議中遺漏了一件事，那就是除了技術性解決方案之外，也應針對地緣政治認真規劃相關解決方案，而且至少到目前為止，大家都不曾留意這一點。我在為《紐約時報》做國家安全報導時，常因缺乏與網路相關的大戰略議論而訝然，畢竟在第一個核武年代中，大戰略議論是社會主流。如今缺乏這類議論的原因，有部分可能是因為參與的玩家數量遠高於冷戰期間的數量，另一部分也可能是因為美國的政治觀點極度分歧。此外，也可能是因為網路武器是由美國情報機關一手打造，這些機構的本能就是想要守密，因此總會犯下保密過頭的錯誤，他們常常辯稱若公開討論美國對這類武器的使用或管控方式，可能有損這些武器的功用。

我們可以理解其中某些部分為何需要保密。因為在電腦和網路中的弱點皆會快速消逝，例如美國在拖延伊朗的核計畫進度、窺探北韓內部、追蹤俄羅斯於 2016 年選舉中扮演的角色時所利用的弱點正是如此。但是，保密是有代價的，而美國已開始付出

代價。除非美國也願意公開我們的能力，並對自己的行動設限，否則我們將無法對網路空間應有的行為常態展開交涉。例如，美國絕不會支持禁止網路間諜行動的規定。此外，也不願制定禁止於外國電腦網路置入「嵌入程式」的規範，因為美國自己也會置入嵌入程式，藉此因應我們某天得破壞外國電腦網路的不時之需。然而若我們在美國的電網或手機系統中，發現有俄羅斯或中國的嵌入程式，卻會感到驚恐萬分。

曾在小布希總統任內於司法部任職的哈佛大學法律教授戈德史密斯表示：「在我看來，關鍵問題是美國政府不照鏡子。」

在 2017 年的某個夏日，我前往康乃狄克州探訪當時九十四歲的季辛吉。我問他相較於他在冷戰時所對付的局面，現今的新時代有何差異。「現在的複雜度高出許多。」他表示，「從長期角度看來，危險度可能也高出許多。」

本書將說明這種複雜性與危險性正如何重塑我們身處的世界，同時探討我們是否仍然能夠熟稔操控我們自己的發明。

來自俄羅斯的心意和愛

在 2015 年聖誕夜前一天，隨著烏克蘭西部的燈火熄滅，奧茲門特也開始覺得反胃不適。

從白宮沿著波多馬克河駕車不用多久，即可抵達毫無識別標誌的美國國土安全部大樓，奧茲門特的辦公室也在此處。在他辦公室外的走廊另一端是戰情室，裡頭的龐大螢幕顯示在四面楚歌的烏克蘭境內，似乎發生了比冬季風暴或變電所爆炸更詭譎的事件，導致這個前蘇聯共和國成員的某個偏遠地區突然陷入黑暗。這起事件具備精密網路攻擊的所有跡象，而且是從距離烏克蘭甚遠的位置，透過遠端控制執行的網路攻擊。

普丁才剛在不到兩年前強占克里米亞，宣布當地將重回母國俄羅斯的懷抱。普丁的軍隊會用軍服換取一般民眾的服裝，後來以「小綠人」之名聞名。這些軍隊與坦克在烏克蘭東南部的俄語區散播混亂種子，竭盡所能地在首都基輔製造不穩情勢，藉此影響烏克蘭新成立的親西方政府。

奧茲門特知道由於正值佳節期間，所以俄羅斯選在遠離交戰

區的位置對烏克蘭發動網路攻擊十分合理，因為這時發電廠只會留下基本人員協助廠房運作。對普丁的祕密愛國駭客大軍來說，烏克蘭是他們演練的操場兼試驗場。[11] 奧茲門特曾向員工表示，在烏克蘭發生的事件都是在預演未來很可能發生在美國境內的情況。他經常提醒大家，在網路衝突的環境中，攻擊者會以五種不同類型現身：「破壞者、竊賊、暴徒、間諜與顛覆者」。

「我不是那麼擔心暴徒、破壞者和竊賊。」奧茲門特會很快地補充道。公司行號與政府機關可自行決定是否要防範網際網路上常見的惡意份子。讓他夜不成眠的是間諜以及特別令人擔憂的顛覆者。在 2015 年攻擊烏克蘭電網的顛覆者並非業餘人士。「攻擊者占盡所有好處。」奧茲門特警告道。普丁顯然在烏克蘭事件中強調了這一點。

快四十歲的奧茲門特留著鬍子，這位電腦科學家似乎刻意塑造宛如剛從喬治亞理工學院畢業不久的形象，而且他看來也像是寧可去健行，而非破解惡意軟體的人。奧茲門特與挪威籍妻子住在華盛頓國會大廈北側的時髦地區裡，住家位於一棟兩層樓高的紅磚連棟房屋內。他總是讓自己看似剛從附近某個週末農人市場走出來一樣，感覺不出剛離開美國日常網路戰前線的氣息。奧茲門特能辦到這一點堪稱是令人欽佩的技藝，因為就網路攻擊而言，奧茲門特在美國政府內負責主管的事務其實是最接近消防隊的職責。當銀行或保險公司受到攻擊、公共事業公司在網路中發現病毒潛伏或懷疑有不法行為，或是當美國人事管理局等能力不足的聯邦機關察覺中國情報員帶走了幾百萬個高敏感性的安全許可檔案時，奧茲門特在阿靈頓的團隊就是第一線應變人員。換句

話說，他的團隊隨時都會接到呼叫，跟鄰居都是縱火犯的消防車分隊沒兩樣。

奧茲門特的網路戰辦公室在官僚用語中稱為「國家網路安全與通訊整合中心」，這裡看來有如好萊塢布景。長達三十公尺的螢幕顯示著網際網路流量狀態、發電廠運作等各式各樣的資訊。資訊區中則快速地變更顯示著各種新聞項目。螢幕前的辦公桌坐著不同美國政府單位的人員，這些單位的縮寫都是三個英文字母，包括聯邦調查局（FBI）、中央情報局（CIA）、國家安全局（NSA）、能源部（DOE）。

乍看之下，這個房間類似過去在科羅拉多泉附近山中，美國的上一個世代配置人員全天候運作的地下碉堡。不過第一印象會騙人。冷戰期間，在科羅拉多州緊盯巨大螢幕的人員要尋找的是難以忽略的跡象，例如瞄準美國城市或飛彈發射井的核子飛彈正疾速飛向太空的證據。雖然常有假警報，不過如果看到飛彈發射，他們知道自己只有數分鐘可確認美國是否為攻擊對象，並向總統提出警告；接著總統必須在首次轟炸前決定應否採取報復行動。不過當年的一切皆明確而清楚，至少他們知道是誰發射飛彈、飛彈來自何處，以及應採取何種報復行動。這種明確性為威懾手段建立了基本架構。

相較之下，奧茲門特的螢幕則證明在數位時代中，威懾碰到了鍵盤即宣告終止。在各個螢幕上播放的現代網際網路亂象，通常都是難以理解的雜亂資訊。其中包含非犯罪的服務中斷，也包含無法無天的攻擊行為，但我們幾乎無法判斷任一特定攻擊究竟來自何處。駭客天生善於愚弄系統，也能夠十分輕易地隱藏自己

的位置。即便是大型攻擊，也需要經過數週或數月的時間，才會有美國情報單位提出正式的情報「歸屬」（attribution），而且屆時可能仍無法確定究竟是誰策動攻擊。簡單來說，這與過去的核武年代完全不同。分析師可以向總統警示發生了何事，奧茲門特的團隊就常常這麼做，但是他們無法即時且確切地指出攻擊行動的起始地或應報復的對象。

隨著更多說明烏克蘭在那個冬日陷入何種局面的資料湧入，奧茲門特愈發感到喪氣。他後來回想道：「那是我們多年來一直在討論的噩夢，也是我們一直試圖遠離的情境。」那週正值假期，難得可以稍微喘息一下，脫離每天連串不斷的危機。奧茲門特用了幾分鐘時間專注觀看同事輪番轉傳的手機影片，其中景象令人心寒。在烏克蘭遭受攻擊的期間，電力供應商基弗布倫內格公司的一位操作人員在這家陷入困境的設施內拍下了那段影片。在畫面上可看見電網操作人員感到迷惑而混亂，驚慌地試圖重新掌控電腦系統。

影片顯現出操作人員的無助。不管點按哪裡都沒有用，他們的鍵盤和滑鼠似乎都遭到斷線，彷彿有某種超自然力量從他們手中奪走了控制權。在烏克蘭的主控制中心內，彷彿有無形的手驅使游標開始在各個螢幕間跳動。攻擊者透過遠端控制，有條有理地中斷電路連結、刪除備份系統，並且關閉了發電所。一個接一個的街區燈光逐漸熄滅。「我們瞠目結舌。」奧茲門特表示。「我們過去擔憂的情境不是偏執妄想，它就在我們的眼前發生了。」

駭客的招式還不只於此。他們植入了一個名為「KillDisk」的廉價程式，這個惡意軟體能清除可讓操作人員重拾控制權的系

統。隨後，駭客著手執行最後收尾步驟；他們將控制室的備援電力系統斷線，於是操作人員現在不但感到無助，還陷入一片漆黑之中。[12] 所有基弗布倫內格公司的員工都只能坐在座位上咒罵而已。

二十年來，早在奧茲門特開始從事網路防禦之前，專家們就開始警告駭客可能會關閉國家的電網供電，這是打倒整個國家的第一步。因此在大部分時間裡，大家似乎都認定若發生大規模攻擊，那麼從波士頓到華盛頓之間的地區，或從舊金山到洛杉磯間的地區將會失去電力。「我們二十年來一直對此感到憂心忡忡，而這種情況還未發生。」奧茲門特回憶道。

「現在卻發生了。」他表示。

事情確實發生了，不過規模更為龐大，而且是以奧茲門特不曾想過的方式展開。

當奧茲門特竭力了解在半個地球外的烏克蘭所發生的網路攻擊有何涵義時，俄羅斯已開始深入執行三管齊下的網路攻擊，瞄準的地點正是奧茲門特腳下的土地。第一階段以美國核電廠與水電系統為目標，俄羅斯在系統中插入惡意程式碼，讓他們能隨心所欲地破壞廠房或讓廠房停擺。[13] 後來根據美國情報單位的結論指出，一連串的升級攻擊中的第二步是根據普丁本人的要求，將美國民主黨全國委員會作為攻擊目標。第三階段則是瞄準美國的創意核心矽谷。十年來，Facebook、Google 與蘋果的高階主管皆深信為他們賺進數十億美元的技術，也能加速將民主散播到全世界。而普丁則出手駁倒這項論點，讓大家看到他能以相同的工具

破壞民主，而且還用此來強化自己的權力。

　　前述步驟結合之後構成了以美國基礎設施與機構為目標的多面向攻擊行動，這場攻擊不但規模龐大，而且明目張膽到令人咋舌。雖然美國大感震驚，但是普丁的行動並非突如其來之舉。十年來的大多數時間內，在無形網路上的國際大戰未曾停歇過，最初還有幾槍是美國率先發射的，而普丁的行動只是這場大戰的最新階段而已。

第 1 章
原罪

這帶有一絲 1945 年 8 月的氣息。某人使用了新武器，於是再也無法把武器收回箱子裡。

──麥可·海登將軍，
美國國家安全局暨中央情報局前局長

在 2012 年早春的某天，我沿著林木茂密的曲折道路駛向中央情報局，停在中央情報局取了個奇特名稱的「舊總部」建築前。[14]

此行是為了與中央情報局副局長莫雷爾會面，我很清楚這可能是一場棘手的會談。幾週前，白宮請我與莫雷爾會面，討論《紐約時報》準備發表的一篇高敏感性報導。我們兩人前往白宮西廂的地下室，在時任策略通訊副國家安全顧問的羅茲辦公室內短暫會晤，我說明了自己了解的情況，也就是小布希與歐巴馬這兩位氣質截然不同的總統是如何做出相同判斷，決定使用史上最精密複雜的網路武器對付伊朗，將此視為最後一個能預先阻止中東地區爆發新戰火的最佳機會。

羅茲或莫雷爾並未對我拼湊出這篇報導感到意外;將近兩年前,代碼為「Stuxnet」的武器已意外地散布至世界各處,讓大家發現有人試圖以惡意軟體摧毀伊朗的核設施。Stuxnet 中滿是數位指紋以及其他跟軟體編寫地點與時間相關的線索。因此,最後勢必會有人追蹤這些線索,找出啟動這次行動的計畫。我在進行數個月的報導後,得知這場行動的代號是「奧運」(Olympic Games),它的規模太大、涉及的人員太多,因此不可能永遠保密。好一陣子之前,伊朗就已根據相較之下非常少量的證據,斷言攻擊行動的幕後推手是美國與以色列。不過這兩國政府從未發表承認的言論,一如他們總是本能地將所有網路行動保密一般。

　　只有美國總統能授權使用網路武器執行摧毀行動,這點與核武相同。但是,由於所有攻擊性的網路行動幾乎皆屬於祕密行動(covert operation),根據美國法律皆必須規劃成易於否認的形式,所以從未有任何證據可以證明美國總統曾授權進行這類行動。《紐約時報》的報導將會描述在白宮戰情室中曾發生的爭辯,爭議主要針對是否應利用網路武器,執行那些過去只能透過炸彈轟炸或派遣破壞份子才能發動的攻擊。

　　中央情報局內有個著名的中庭,牆面上綴有古銅色星徽,每顆星皆代表一位為國捐軀的中央情報局人員。當我穿越那個中庭,前去搭乘電梯至莫雷爾的辦公室時,我無從得知這篇報導會造成何種威脅,進而損及美國十年來包覆在網路能力發展競爭外的神祕面紗。我也不知道自己會引發當代其中一起大規模的聯邦洩密調查案,或是這會導致一位深受歐巴馬總統器重而且率先引領美國軍方進入現代網路戰時代的軍官,受到不公平的起訴。

原來，美國政府尚未準備好討論自己決定在和平時期使用網路武器對付其他國家的後果。而且美國也不急著評估自己的行動對伊朗、俄羅斯、北韓與中國皆參與其中的網路軍備競賽，造成了多大的影響。

穿過常出現在相片中的大廳後，就是老舊的中央情報局行政辦公室，看來就像幾十年前，我還是個年輕科技記者時曾報導過的一些逐漸凋零的電腦公司，例如現今已消失的寶來公司與迪吉多公司。尤其在七樓，放眼望去幾乎都是這種復古樣貌。這裡的辦公室由杜勒斯設計，他在艾森豪總統和甘迺迪總統任內曾任中央情報局局長。辦公室的設計讓他可與副局長比鄰而坐，監督竊取機密、攻克敵人等複雜的大規模冷戰行動。這個全球最著名的間諜機構的外觀具有些許欺敵效果；畢竟根據「奧運」行動的相關報導，可明顯看出中央情報局其實早已深入數位時代，只是這個機構沒興趣彰顯自己的強大力量而已。

我前往舊總部是為了聆聽莫雷爾與其同僚對這篇即將發表的報導中哪些細節抱有嚴重疑慮，甚至讓他們因而準備要求《紐約時報》暫緩報導，以免我們走漏風聲，讓其他目標得知美國正在進行的行動。這類對話原本就會令人感到焦慮。雖然新聞組織必須願意聽取政府的疑慮，但是，根據美國憲法第一修正案，新聞組織顯然也應該堅持將報導發表與否的決定權握在自己的手裡，而非由政府決定。向來友善而專業的莫雷爾已經表示從他的角度看來，任何關於「奧運」的報導皆不應發表。不過個性務實的莫雷爾也知道，這次意外的資訊外洩與 Stuxnet 蠕蟲四散的情況，

代表相關報導絕不會消失。對中央情報局來說，那天的會議只是一場演練，除了了解我所得知的資訊之外，也藉此練習應如何指揮執行損害控制行動。

「奧運」行動主要為美國國家安全局與以色列軍事網路組織8200 部隊的成果。不過隨著時間經過，我逐漸得知原來中央情報局也在其中扮演關鍵角色；中央情報局負責實施總統對祕密行動的授權，華盛頓稱這類授權為「決定」（finding），目標則是拖延伊朗的核子計畫。因為「決定」屬於機密，在公開情況下皆應一口否認，所以我也預期那天會面的中央情報局官員都不會承認自己曾參與部署武器的行動，更別說是坦承那次行動隨後摧毀了約 1,000 台在伊朗沙漠地底運轉的離心機了。而他們也確實沒有承認這些事。

但是前述報導似乎有某些部分異乎尋常，讓報導發表在即的情況變得更加緊張。網路武器是情治單位打造的首批戰略武器，並非由軍方製作；相較於核武、生物武器或新一代的匿蹤戰機與無人機，對網路武器的掩飾更為審慎縝密。美國政府內部認為，若有人發表任何關於使用網路武器的資訊，皆可能會在未來運用網路武器時成為阻礙。雖然美國政府願意鉅細靡遺地說明政府對那些以美國為目標的網路攻擊有多麼震怒，甚至願意提出跡證證明有其他勢力進入美國銀行或電力系統，但是美國政府卻認為任何觸及美國的能力、意圖或原則的言論，都該遭到禁止。就連某些政府內部人士也覺得這種保密程度很可笑，如果我們不承認擁有某種武器，更不承認會加以運用的話，又怎麼可能著手展開訂立相關國際規則的對話呢？

顯然，歐巴馬政府內部對這類武器的合適使用方式毫無共識。歐巴馬在核准對伊朗核工廠發動新攻擊之際，心中其實也抱有疑問。如同我們的報導所述，歐巴馬在總統任期的第一年中，曾多次詢問美國是否創下了使用網路武器摧毀核設施的先例，而這項先例未來可能會讓美國倍感後悔。[15] 歐巴馬和其他部分人士皆指出這種精確導引式武器，正是其他國家未來了解後會用來對付美國的那種武器。「這是合理的疑慮。」一位在 Stuxnet 攻擊事件結束後進入政府任職的資深官員表示。「但沒有人知道那天會有多快來臨。」

　　說來有趣，先前歐巴馬已證明自己願意公開論述關於無人機的類似疑慮。歐巴馬就任時，所有無人機戰爭相關事務皆屬機密，不過隨時間經過，歐巴馬漸漸公開了計畫的基本要素，並且確實願意說明他在決定部署這些遙控殺戮機器時所依據的法律與理據為何。此舉逐漸掀開圍繞在無人機使用上的神祕面紗，讓全球能知道無人機是否正在攻擊恐怖份子，或者是否有失控而誤殺孩童或婚宴賓客的情形等等。

　　網路武器卻不一樣。政府鮮少承認擁有這類武器，遑論探討有關使用時機與使用理由的原則。但是無人機和網路武器的問題其實非常相近，過去有不少報導探討無人機攻擊帶來的意外代價，促使大家針對無人操控的武器展開議論。所以，我和我的編輯也認為自己身為新聞工作者，有義務向讀者說明政府目前以何種態度使用網路武器，而這些網路武器最終可能遭用來攻擊我們自己的家園。「奧運」行動開啟了一扇大門，通往尚無人全然了解的嶄新戰爭領域。

我們唯一清楚的是這一切已無法倒退。麥可‧海登將軍曾在美國的網路武器實驗中擔任要角，他表示 Stuxnet 程式碼帶有「一絲 1945 年 8 月的氣息」，那是指當年在長崎與廣島投下的原子彈。他清楚指出新時代已經降臨。海登的安全許可層級意味著他無法承認美國與 Stuxnet 有牽連，不過他對於 Stuxnet 的重要性倒是表達肯定態度。

「我只知道一件事，」海登總結道，「如果我們出手執行某種行動，世上其他地區將會認為這項行動訂立了新標準，讓他們覺得從事相同行為十分合理。」

情況正是如此。[16]

海登討論 Stuxnet 的方式顯然有備而來，他彷彿是自行深入探究的外部人士，像是某位觀察到動物的異常行為並宣布自己發現新物種的動物學家一樣。但是，其實他可能完全了解眼前所看到的一切資訊。在「奧運」行動初期，海登擔任中央情報局局長；他與其他某些人員在 1990 年代中期率先認定網路武器不僅是一種新工具，也是戰士們所稱的「新範疇」，一個未來將上演各式大小權力衝突的領域。

當海登於 1970 年代一路於空軍晉升之際，社會的共同認知是戰爭長久以來，可界定為四種實體範疇：人類已在陸地與海上彼此討伐千年，隨後從第一次世界大戰時開始進入空中戰鬥。在1950 及 1960 年代時，在對抗衛星的反衛星武器問世、洲際彈道飛彈催生反彈道飛彈系統之後，太空也加入戰爭範疇。但是網路空間呢？正如之前在科羅拉多泉美國空軍學院，某位退休多年的

將軍曾打從心底倍感困惑地問我：「我們要如何在看不到的地方打仗？」

麥可・海登早在二十多年前就洞察到網路衝突具有改變局勢的本質，那時他獲派到德州聖安東尼奧擔任空軍情報局的指揮官。在這個空軍單位中，海登得以搶先一睹新一代電子武器的威力。他還記得自己訝異地看著人員停用遠端工作站，以及利用電子戰技巧欺瞞試圖追蹤戰機的雷達示波器等等。不過最令他震驚的是美軍明明才剛結束巴爾幹半島戰爭，卻在和平時期不斷遭受攻擊。

在麥可・海登前往德州的隔年，也就是 1998 年時，聯邦調查局接到要求，須調查一系列看似古怪的入侵行動。[17] 這些入侵行動浮現的位置頗為奇特，都是在一些連結軍方網路或情報網路的地點，例如設計核武的洛斯阿拉莫斯國家實驗室與桑迪亞國家實驗室，或是與美國海軍簽有重大合約的科羅拉多礦業學院等數所大學。[18] 此外在當年萊特兄弟於俄亥俄州試飛初期飛機的地點，也就是現在萊特派特森空軍基地的網路也出現了特別集中的入侵行動。

最初是一位科羅拉多礦業學院的電腦操作人員看到一些無法解釋的夜間電腦活動，因此發現了駭客行動。原來這場攻擊是一起規模極大的持續性攻擊，源頭似乎是來自俄羅斯。那些駭客已在部分系統中潛伏了兩年，而且竊取了跟敏感技術相關的幾千頁非機密資料。[19]

大家的震驚的情緒很快就遭隨後認知到的全新現實取代。這場攻擊後來取名為「月光迷宮」（Moonlight Maze）。最初俄羅

斯願意協助調查，直到他們發現聯邦調查局握有證據證明入侵行動背後的源頭是俄羅斯政府，而非某些青少年駭客。莫斯科終止了這段合作關係。富有書卷氣息的國防學者哈姆爾向來沉著冷靜，那時擔任國防部副部長的他向國會情報委員會表示：「我們正身陷網路戰。」

「這對我們來說是貨真價實的警鐘。」[20]哈姆爾告訴我，「雖然我們在此之前也曾遭到入侵，但從未發生外國勢力侵入系統後就逗留不去的案例，而且還難以將他們驅離。」

某些研究這場侵入行動的專家主張「月光迷宮」從未真正結束，而是轉化為新的攻擊，在隨後二十年間持續不斷地進行著。無論事實為何，俄羅斯的攻擊都激勵了美國首度認真展開網路防禦行動，並且建立自有的網路攻擊部隊。

前述攻擊迫使美國正視數位時代的影響。海登指出在 1980年代，當他駐守於韓國時，軍方的通訊都是在打字、掃描並傳送到華盛頓後，再列印出來供某人著手處理，跟所有機密文件的處理方式一樣。可是突然之間，電子郵件與機密線路成為預設的通訊模式，讓世界各地技能高超的情資單位能從此截取更加廣泛的「傳輸中」資訊。

數位資料爆炸為美國國家安全局帶來全新任務。國家安全局須負責加密與保護敏感資訊，服務對象大多為軍方與情報單位，但現在這個單位瞄準了一組龐大的新目標，那就是儲存在世界各地的電腦資料。對於國家安全局中迅速成長的駭客幹部來說，這類資料都是他們可輕易攻擊的對象。這類資訊有許多都不是國家安全局數十年來截取的「傳輸中資料」，而是深鎖在電腦複合設

備中的資料，而外國政府都天真地以為這類資料幾乎不會受到侵害。當然那只是幻想。國家安全局花了數十年時間截取在電話線路與衛星間穿梭傳遞的電子資訊，現在突然要將重心放在所謂的「靜態資料」上，而若要取得這類資料，代表必須侵入全球各地的電腦網路。

麥可・海登後來寫道：「一切都是要前往端點，即目標網路」，而不是抱著可以憑空取得訊息的期盼空等。[21] 為了達成目標，需要找出侵入系統的方式。很快地，國家安全局、中央情報局與國防部合力創立了一個以達成前述目標為宗旨的組織，名稱是聽來平淡無奇的「資訊行動技術中心」。

中央情報局的老古板對這個中心深感懷疑，他們認為那等於是一群明明該從事真正間諜活動的人員在玩遊戲。不過那些資深人員只是活在一個早已消逝的世界裡。回溯過去，美國曾投資數十億美元開發出第一枚氫彈，接著是第一批洲際彈道飛彈，之後還開發出更多的多彈頭飛彈，而如今美國同樣在 2000 年代初期加入了全新的軍備競賽。不過，即使是五角大廈也不知道該如何看待這類新武器，也不知道該把這些武器安置在龐大官僚體系的何處。倫斯斐於 2001 年返回接任他在 1970 年代晚期曾執掌過的國防部部長職位，著手在軍方廣大的作戰指揮體制中，為「攻擊性網路武器」這個特殊新能力尋找安身之處。

根據倫斯斐近期銷密的「雪花」，即他命令下屬進行研究的短訊，顯然他那時察覺到網路武器是格外強大的工具，不過他為了了解五角大廈可運用網路武器的方式煞費苦心。當然，軍方早就針對各種技巧、弱點與軍火庫中的武器擬出了相關術語。「利

用電腦網路漏洞」是竊取敵人資料的好聽說法,「電腦網路攻擊」則是能製造實質效果的網路攻擊行動,後來在「奧運」行動中測試的網路攻擊就是這類行動。

「五角大廈裡的所有事務都需要有個家。」哈姆爾對我說。「倫斯斐正確地判斷網路武器是一種戰略武器,並把它交給戰略司令部的『何斯』卡特萊特。」

卡特萊特將軍是海軍飛行員,他的綽號「何斯」取自 1960 年代電視劇《牧野風雲》中的一個角色;在每天疲於應付伊拉克與阿富汗戰爭的軍隊中,卡特萊特的戰略頭腦名列前茅。在伊利諾州羅克福德長大的卡特萊特看來平凡無奇,他在巡視戰略司令部時總是舉止低調,臉上因為微笑起著皺紋。卡特萊特曾是愛荷華大學的醫學預科生,也是游泳選手。他在越戰即將結束時加入海軍,擔任海軍飛行員。在航空母艦上起降時容不得發生任何錯誤,卡特萊特的精準觀感正好能充分應對這種高風險。不過,他還學習到海軍飛行員絕不能看來擔憂不安,就算是當飛機在甲板降落時只有一次能勾住鋼索的機會,否則就會墜入海中時,也不能顯露憂懼。

到了 2001 年,小布希總統就任時,網路武器的前景及危險性已經讓卡特萊特深感著迷。他以慣有的低調作風和積極態度,開始針對五角大廈於第二次世界大戰後耗費數十年建立的系統與戰略提出質疑,懷疑這些系統和戰略是否足以因應未來五十年的挑戰。對他而言,其中答案是不言自明。

但是,雖然在這個年頭,侵入工業控制網路可能比派遣新坦克與轟炸機更加重要,但若質疑那些曾讓美國度過越戰與兩場波

斯灣戰爭的傳統武器是否仍然重要，可能還是會在五角大廈內樹立眾多敵人。「五角大廈中有很多人認為何斯提出了一個讓人耳目一新的問題。」跟卡特萊特同期擔任美國參謀長聯席會議成員的某位人士告訴我。「不過也有許多人認為這問題帶來威脅。」

這點在 2004 年更是得到印證；那時卡特萊特以海軍將軍身分接下第一個重要職位，擔任位於內布拉斯加州奧馬哈的戰略司令部部長。這個職位堪稱是最講求精準度與戰略性世界觀的職位。戰略司令部又稱為「Stratcom」，負責管理美國的核武軍火庫。在冷戰期間，這個單位是美蘇發生核武衝突時的第一道防線，當年戰略司令部負責維護與運送核武、根據可能啟動核武的所有情境執行人員訓練，同時也要負責確認所有下令使用核武的命令皆為真實且合法的命令。進行這些工作時，隨時都有可能發生規模駭人的錯誤。

卡特萊特在檢視戰略司令部的軍武庫後，提出了一項重大的問題：這些武器真的能確保美國未來半世紀安全無虞嗎？這包括安全問題，例如核武軍火庫正逐漸老化、飛彈發射井仍在使用五吋軟碟片等。而在發射井內工作的飛彈作戰人員都士氣低落，因為他們不但身處在潮濕又老舊的指揮站裡，還得為了可能永遠都不會下達的命令，演練各種煩人的程序。

卡特萊特也同樣關切戰略真空的情形。在面對中東、東亞地區等美國日常的敵手時，美國對核威懾的仰賴心態其實已經局限了總統的因應能力。由於使用核武的後果與傷亡數十分嚴重，具有癱瘓性的影響力，所以卡特萊特開始從戰術角度考量倫斯斐交由他指揮的全新網路武器。這些武器有如一個龐大的益智謎題，

海登後來回憶道：「何斯在戰略司令部中顯得異常大材小用。」卡特萊特開始思考網路武器可以如何讓總統手中的選項，跨過核武數十年來所畫下的界線。

卡特萊特在 2012 年向美國海軍研究所表示：「在外交手段與軍事力量之間可供總統或國家運用的其他工具 [22]，皆非極度有效。」那時卡特萊特已經退伍，正開始逐一揭露自己對這項議題的想法。他相信美國總統需要更具脅迫力的工具，藉此輔助外交手段，而核武在這方面派不上用場。因為所有敵手都相信除非美國存亡已危在旦夕，否則美國總統絕不會動用核武。

後來，卡特萊特表示他在戰略司令部任職時，一直在尋找各種可供軍方實際部署的新技術，若這些技術可進一步提供軍方充分運用，讓美國無須發射任何子彈就能在爭鬥中占有上風，那就更臻理想了。這類網路武器是他口中所稱的「光速」武器，這些經過改良的「電子戰」武器可中斷敵方的通訊或癱瘓防禦機制，而其他如雷射等導能武器也屬於這類武器。這類武器與核武不一樣，是可以用於戰爭第一波攻擊的武器。

更重要的是網路武器除了能在戰時造成傷害，在和平時期更具有脅迫的威力。卡特萊特曾談到可利用這些武器「重設外交」，或迫使某國理解除了同意交涉之外，自己手中並沒有多少其他選項。在卡特萊特的 2012 年演說中不曾提及伊朗，不過他也不需要這麼做。那時美國正在同步準備與伊朗協商以及對伊朗開戰，所以在任何關切當下情勢的人士看來，卡特萊特的話中涵義是再明顯也不過。

倫斯斐將網路武器交給戰略司令部負責後不久，戰略司令部

即成立類似祕密獨立小組的團隊，負責深入了解部署網路武器的成本、網路武器的運用方式，以及軍方跟國家安全局對這些武器的管理職責有何差異。漸漸地，卡特萊特創建的團隊成為今日美國網戰司令部的原型，雖然當時大多只會在文件上看到網戰司令部，隸屬其中的人員甚少。

在 2007 年，中東與南亞地區的戰爭仍如火如荼進行時，卡特萊特轉任美國參謀長聯席會議的副主席。這次轉職並不容易，因為那時若要擔任高階指揮職位，必須滿足一項備受重視的先決條件，也就是擁有從伊拉克戰爭退役的榮譽經歷。而卡特萊特不具備這項條件。卡特萊特與美國參謀長聯席會議主席馬倫上將之間的關係緊繃，並且隨時間經過持續惡化。雖然面臨不少挑戰，但是卡特萊特也是從此職位開始將美國的網路部隊付諸實現。

在同一年，也就是 2007 年的 1 月，美國國家情報總監尼格羅龐提向國會進行年度全球威脅評估簡報。[23] 不難理解這是美國高級情報官員都討厭的作業，因為他們必須將美國面臨的主要威脅公開排名，而且這麼做通常只是為了向國會報告他們想聽到的話而已。不過作為美國在某一時期恐懼和困擾的簡要說明，這份簡報仍揭露了不少資訊。

尼格羅龐提在那年 1 月坐上證人座位後，他的開場白直截了當地指出：「恐怖主義仍是我國的嚴重威脅。」參議員皆點頭同意。不過深入檢視他的報告後，一項事實躍然紙上，那就是網路攻擊根本沒有包含在他的清單內，完全不見蹤跡。

然而，其實美國的情報主管那時都很清楚強權間的日常小衝

突堪稱是愈演愈烈。中國對美國公司的攻擊與日俱增，這也包括對軍方承包商的攻擊在內。[24] 在 2008 年，尼格羅龐提作證後的隔年，中國人民解放軍僱用的駭客進入洛克希德馬丁公司的網路[25]，並迅速帶著全球最精密複雜、當然造價也最高昂的 F-35 戰機相關計畫成功逃離。同年稍晚，這些駭客侵入歐巴馬與麥肯[26] 這兩位總統競選對手的陣營。當時執掌司法部國家安全處的摩納可，還清晰記得第一次與歐巴馬的資深人員會面的情景。她在幾年後笑著說：「我前去向他們解釋，說明他們的系統裡到處都是中國駭客的蹤跡。」這時她已轉任白宮國土安全顧問，並負責督導強化美國網路防禦的作業。

不過，真正的警鐘[27] 在 2008 年 10 月 24 日響起，距離美國人民選出歐巴馬接任總統的日子已經不遠。普隆凱特對此記憶猶新。她剛在一個月前接下主導國家安全局高級網路行動處的新工作，獲派的職責為開發與部署工具，藉此判斷是否有任何外人進入美國政府的機密網路內部，或是嘗試進入其中。

普隆凱特並非經由傳統途徑進入國家安全局。她是長程卡車司機的女兒，在離密德堡不遠的地方長大，不過直到大學畢業後才知道有國家安全局這個單位。普隆凱特某位朋友的男友在國家安全局工作，當普隆凱特在巴爾的摩警察局鑑識小組經歷兩年的辛苦工作後，那位朋友的男友建議她參加國家安全局的入職考試。雖然對方只向普隆凱特說明粗略的國家安全局工作內容，然而她向來熱愛謎題，因此聽到的內容還是深深吸引了她。她隨後通過考試，在 1984 年進入國家安全局。

接下來的二十五年裡，普隆凱特成為少數晉升至國家安全局

領導階級的非裔美籍女性之一。「在工作地點與組織中，我常常是唯一的少數族群，而且絕對是唯一的少數族群女性。」她從密碼學部門爬升到管理高級網路行動處的職位，之後很快就開始領導搜尋網路入侵者的任務。

就在歐巴馬當選前夕，2008 年某個秋高氣爽的日子裡，位於密德堡的普隆凱特團隊發現了一件讓她背脊發涼的事：在五角大廈的加密網路內發現了俄羅斯入侵者。對國防部而言，這是全新的侵入型態，因為在此之前，國防部從未在稱為「保密網路協定路由器」（SIPRNet，冗長的英文名稱是「Secret Internet Protocol Router Network」）的網路中發現入侵行為。保密網路協定路由器連結了軍方、白宮高階官員和情報單位，因此它不只是單純的內部網路而已。簡而言之，若俄羅斯進到這個通訊管道中，就能夠存取所有重要資訊。普隆凱特回想起「我們很快就直接上呈亞歷山大」，也就是時任國家安全局局長的亞歷山大將軍。

調查人員迅速著手釐清俄羅斯駭客進入內部的方式，找出的結果相當令人震驚。原來俄羅斯在中東地區的美軍基地停車場與公共區域內，棄置了多個 USB 隨身碟。[28] 只要有人撿起一個隨身碟，插入連線至保密網路協定路由器的筆電時，俄羅斯駭客就可以進入內部了。當普隆凱特與團隊發現這個情況時，問題程式已經散布到整個美國中央司令部內以及其他地點，而且也已開始挖掘與複製資料，並將資料回傳給俄羅斯。

這讓五角大廈學得一次慘痛教訓，原來攻擊者利用中央情報局與國家安全局侵入外國電腦系統的慣用手法，就能輕鬆竊取五

角大廈的資訊。「大家徹夜工作，想找出解決方案。」普隆凱特回憶道。「我們擬出了認為合理的解決方案，最後也證明那是一個極佳的解決辦法。」那項補救措施名為「洋基鹿彈行動」（Operation Buckshot Yankee），五角大廈在當天稍晚即開始實施。之後為了防止再發生類似的入侵事件，美國國防部電腦的所有 USB 連接埠都以強力膠封死。

不過損害已經造成。當時擔任國防部副部長的林恩後來解釋，那次入侵「是美軍電腦史上最嚴重的入侵事件，大家皆視此事件為重大警訊。」

或許如此，但不是所有人都因而心生警惕。普隆凱特離開國家安全局後向我表示，即使採行了數量可觀的眾多行動，但外部人士似乎還是能輕易闖進政府與企業的系統，她感到十分訝異。每次發生大型駭客攻擊時，「像我這種人就會覺得差不多了，現在應該就是分水嶺了，但卻從未如此。因為我們對安全所秉持的態度過於鬆散，也無法一貫地對安全投注心力。」她補充道。

「我們只是讓駭客的工作變得更輕鬆。」

當普隆凱特試圖鞏固五角大廈網路對俄羅斯的防禦時，同樣在密德堡園區裡，附近的國家安全局攻擊小組已經讓位於伊朗納坦茲的多台離心機爆炸。

小布希總統在受到卡特萊特將軍、國家安全局的亞歷山大與其他多位情報官員勸說後，授權執行一項祕密行動，將惡意程式碼置入伊朗地底工廠的電腦控制器中。此計畫有部分是為了延緩伊朗的步調，強迫他們上談判桌協商。不過還有一項同樣重要的

動機，那就是想藉此說服以色列總理尼坦雅胡放棄轟炸伊朗的設施，這是他每隔幾個月就會重提的威脅。[29] 小布希非常認真看待尼坦雅胡的威脅。過去以色列曾兩度發現其他地區正在進行會對以色列構成威脅性的核計畫，一個是在伊拉克，一個則是在敘利亞，而以色列把兩個計畫都摧毀殆盡。

「奧運」行動讓以色列可將注意力放在妨礙伊朗實施計畫上，而且無須發動地區戰爭。然而，想將程式碼放入廠房內不是小事一件。納坦茲的電腦系統跟外部環境之間存在「氣隙」（air gap），也就是這些電腦系統並未連線至網際網路。中央情報局與以色列嘗試了各種手段，包括讓伊朗工程師在不知情或知情的情況下使用 USB 金鑰偷渡程式碼。雖然偶爾會碰上障礙，不過這項計畫還算有效的運作了幾年。伊朗弄不清為何某些離心機會突然加速或減速，最終邁向自毀之路。他們驚慌地中斷其他離心機的運作，以免其他裝置遭逢相同的命運；同時伊朗也開始開除工程師。

在密德堡和白宮看來，這項計謀的成功完全超越了構思者的預期。但隨後一切開始失控。

沒有任何記者或新聞組織揭露「奧運」行動，是美國與以色列政府自己失手暴露了行動。之後眾多人員一直互相指責該由誰承擔責任，以色列聲稱美國的動作太慢，美國則主張以色列過於躁進又草率行事。不過有一項事實無庸置疑，那就是 Stuxnet 蠕蟲在 2010 年夏天成為脫韁野馬，快速地在全球電腦系統中自行複製。

從伊朗到印度的電腦網路中都可看到這個蠕蟲的蹤跡，這

個蠕蟲最後甚至還繞回美國。忽然所有人手中都有了蠕蟲的複本，包括伊朗、俄羅斯、中國與北韓，世界各地的駭客也不例外。這時大家混合了幾個擷自程式碼內的關鍵字，將蠕蟲取名為「Stuxnet」。

事後看來，「奧運」行動其實是現代網路衝突的第一炮，不過那時沒有人發現這一點。當初唯一能肯定的是有個來自伊朗的奇特電腦蠕蟲在世界各地現身，而在 2010 年的夏天，伊朗的核計畫似乎是個理所當然的攻擊目標。

在《紐約時報》的編輯部裡，我們一直保持高度警戒，留意有無跡象證明有人將網路武器瞄準伊朗的核複合設施，而不是使用炸彈與飛彈攻擊。在 2009 年年初，歐巴馬正準備要上任時，我曾報導小布希總統祕密授權了一項計畫 [30]，欲藉此暗中破壞伊朗賴以為生的電力系統、電腦系統與其他網路，希望藉此拖延伊朗製造出可用核武的時間。經過十八個月後，當逐漸浮現的證據指出 Stuxnet 就是我們在尋找的程式碼時，我們都沒有感到意外。

沒過多久，賽門鐵克的歐莫楚與艾瑞克·錢（音譯）這對銳不可擋的網路偵探開始對此感到好奇。他們是一對專精網路防禦的奇特搭檔；有著濃重口音的歐莫楚是喜歡熱鬧的愛爾蘭人，在賽門鐵克提出警訊的就是他；而艾瑞克·錢則是沉默寡言的工程師，負責深入探究細節。[31] 這對搭檔花了幾週時間埋頭鑽研程式碼，包括使用篩選工具處理程式碼、與其他惡意軟體比較，並且嘗試對應其運作方式。艾瑞克·錢後來回憶道：「那份程式碼的大小是普通程式碼的二十倍大」，但卻幾乎沒有程式問題。「那是極為罕見的情況。惡意程式碼內部總是會有問題，但 Stuxnet

卻不一樣。」他頗為欣賞這個惡意軟體，就像藝術收藏家發現了林布蘭從未問世的畫作一樣。

這份程式碼似乎有部分為自動執行；它不需要任何人扣下扳機，而是靠著利用四個精密的「零日」漏洞，讓程式碼無須人工協助就能擴散，自動尋找目標。*這項事實為艾瑞克・錢與歐莫楚提供了一條關鍵線索。這種零日漏洞是稀有商品，駭客會悉心蒐集，好在黑市中以數十萬美元的價格兜售。Stuxnet 顯然不可能是單一駭客、甚或一群業餘愛好者的作品。只有國家才能擁有如此規模的資源與工程時間，可彙編出這麼精細繁雜的程式碼。「這讓其他一切都浮上檯面。」歐莫楚後來這麼告訴我。

不難想像這對搭檔開始疑神疑鬼，懷疑可能有人在監視他們研究程式碼的舉動。某天艾瑞克・錢半開玩笑地跟歐莫楚說：「聽著，我不是會自殺的人。所以如果星期一發現我死了，你知道，那不是我的選擇。」

Stuxnet 的內部運作方式包含另一條線索，顯現此惡意軟體的目標為伊朗的核計畫。這個蠕蟲似乎用於探查某種對象，在這次事件中為尋找一種特定的硬體，亦即由德國工業巨擘西門子製作的「可調程式邏輯控制器」（programmable logic controller）。這款硬體為專用電腦，能控制水泵、空調系統與汽車內的許多作業。程式邏輯控制器可以開關閥門、控制機器速度，還能監督一系列的現代精密生產作業，例如控制化學廠房內的混合作業、控

＊作者注：「零日漏洞」是指未能先行識別的軟體漏洞，由於在漏洞造成損害前，能通知進行修復的天數是零，因此稱為「零日漏洞」。

制水處理廠內的加氟作業和水流、控制電網中的電力，還可在核材料濃縮廠內控制以超音速旋轉的大型離心機運作等等。

艾瑞克・錢與歐莫楚著手發表他們的發現，希望能出現某個專家，知道這份奇特程式碼可能針對的目標為何。他們的計畫奏效了，一位荷蘭的專家向他們解釋道，他們公開的程式碼中有部分用於搜尋「變頻機」，這種裝置可用來改變電流，有時也會用於改變電壓。

沒有什麼清白的理由能解釋為何要偷溜進他人的基礎設施以改變電流的流動。在伊朗設於納坦茲的核設施中，變頻機占有舉足輕重的地位，因為這些機器屬於核離心機控制系統的一部分。而美國政府中的專家已根據自身的苦澀經驗得知離心機非常敏感。由於這些機器以超音速旋轉，因此，若因電流變化等情況而觸發劇烈變動，就可能會讓轉子的運作異常，變得有如小孩搖晃不穩的頭一樣。當離心機漸趨不穩時，離心機就會爆炸，連帶傷害鄰近的機械或人員。鈾氣也會散布到離心機廠房的每個角落。

簡單來說，為了阻止製造核彈，美國的新網路軍隊製造出另一枚炸彈，一枚數位炸彈。

當伊朗的離心機失控旋轉時，納坦茲的操作人員完全不知道發生了什麼事。顯示在螢幕上的速度、氣壓等資料看來一切正常。他們無從得知那是程式碼假造的數據，此外，暗示災難即將降臨的跡象也遭到程式碼掩飾。等到操作人員發現可能大事不妙時，他們已經無法關閉系統，因為關閉程式也已受到惡意軟體感染。

另外還有其他線索。雖然這個惡意軟體最終感染了世界各地

的電腦，但它只有在發現某種極為特定的裝置組合時才會發動：以一百六十四台機器組成的機組。對惡意軟體偵探來說，這數字看似隨機亂數，但是卻在我心中引發警訊。根據我報導伊朗核計畫與採訪國際原子能總署視察員的多年經驗，我很清楚納坦茲核設施的離心機編制正是以一百六十四台裝置為一組。

於是，試圖瞄準的目標幾乎已不再神祕。

隔年夏秋期間，布羅德、馬可夫等《紐約時報》的兩位同事與我根據 Stuxnet 程式碼顯現的線索，發表了幾篇報導。馬可夫發現了一些形式上的證據與實質證據，可證明以色列在程式碼編寫作業中所扮演的角色。接下來，我們發現了其中一個嵌入程式碼內的美國呼叫卡，那是一個到期日，讓程式碼到了那個時間點就會失效。青少年不會在程式碼中加入到期日，律師才會這麼做，以免惡意軟體跟遺棄在柬埔寨的地雷一樣成為數位地雷，在埋入的二十年後仍等待著被某人踩到。最後，布羅德察覺到我們所需的最後一條線索。證據指出以色列依照納坦茲的濃縮廠，在自家的核武站址迪莫納建造出龐大的複製建物。（那時我們還不知道美國也在田納西州從事一樣的行動。）這時目標已經明朗。這兩個國家皆建造模型來練習攻擊；這與美國差不多在相同時間根據賓拉登在巴基斯坦亞波特巴德的房屋建造模型，用以演練即將對全球頭號通緝恐怖份子執行的襲擊一樣。

時至 2011 年 1 月中旬，我們認為已握有充分資訊，可以發表首篇針對 Stuxnet 攻擊幕後黑手所做的報導。於是，在一篇於星期日出版的文章中，我們列出了有力的證據，證明美國與以色列聯手製作惡意軟體，藉此拖延伊朗的核計畫進度。這篇報導包

含豐富的細節與特徵，直指程式碼來自位於密德堡的大門，即國家安全局所在地；不過發表報導之後，並未出現政治上的抗議辯駁，也沒有進行任何調查。這些行動都在經過一年之後才發生。＊

不過，即使在我們發表報導後，顯然仍有幾個重大問題未能獲得解答：這是一場失去控制的小型行動嗎？還是高明隱匿蹤跡的大規模行動？假如是美國與以色列合力設計出這個極其複雜的網路武器，那麼又是誰下令動手？畢竟我們都知道，在美國只有總統能授權進行攻擊性網路行動，就像他必須在使用核武時提供發射碼一樣。

而且，若「奧運」行動象徵了美國祕密行動的走向，我們是否已準備好以國家的身分打開這個潘朵拉的盒子？開啟盒子之後，是否還能再闔上？

得知以色列已根據納坦茲的工廠建造出複製建物後，從這項發現可清楚看出以色列在開發 Stuxnet 惡意軟體時所占有的中心地位。隨著我採訪的來源愈多，也愈發了解尼坦雅胡總理與間諜頭子達甘之間因網路計畫而漸行漸遠。光頭矮小的達甘十分聰穎，曾在尼坦雅胡總理任內擔任間諜組織的領導人[32]。達甘年輕

＊作者注：相關行動延後的原因可能在於時間上的巧合。發表第一篇大規模報導的幾小時之前，埃及正好爆發解放廣場起義，讓該國陷入一片混亂，這條消息隨後占據所有頭條，迫使歐巴馬總統採取行動讓穆巴拉克總統下台，情況令人緊張。

時在以色列軍隊服役，曾領導小隊追捕巴勒斯坦的武裝份子。以色列前總理夏隆是達甘的司令官兼導師，他曾發表過一段毫無修飾的著名言論，表示「達甘的專長是將阿拉伯人的頭身分離」，即使在以色列最著名的情報機關，深具男子氣概的「摩薩德」中，這都是很野蠻的形容方式。達甘最後領導摩薩德的時間長達九年，這是極為罕見的長久任期。雖然達甘駁斥相關報導都是捏造的故事，但他似乎樂在其中。

不過，捏造的故事忽略了達甘眼中其實並非只盯著阿拉伯人。許多觀察家都懷疑達甘涉及殺害伊朗核子科學家；那些伊朗科學家都是在德黑蘭車陣中駕車上班時遭人暗殺，摩托車騎士會騎到他們的車旁停下，接著將「黏性炸彈」[33]貼上車門後即加速揚長離去。如果達甘確實是這些暗殺事件的背後推手，那麼此舉也與他的觀點相符，因為達甘認為備有核武的伊朗將會是以色列的生存威脅。沒錯，只要與達甘交談五分鐘，就會發現他是透過大屠殺事件的角度來看世界的人。他在書桌上[34]放了一張祖父跪在納粹俘虜者前的照片，他的祖父在照片拍攝後沒多久即遭殺害。那是達甘個人的「絕無下次」紀念物，彷彿道出他在針對以色列仇敵規劃殲滅行動時的堅定決心。

達甘不曾隱瞞他派遣摩薩德探員執行殺戮任務時從未猶豫。但後來有一起任務出現問題；在 2010 年，伊斯蘭巴勒斯坦組織哈馬斯的一位高官遭到殺害，而達甘手下的探員被拍到在事發前後進出杜拜的飯店；從此之後，達甘的職涯也開始邁入尾聲。穿著輕便網球球衣的以色列探員進出飯店的畫面，一次又一次地在電視上播放。隨著達甘的摩薩德首長任期進入倒數階段，達甘希

望留在大家記憶中的是由他管理的另一場行動，也就是讓納坦茲喪失運作能力的惡意軟體攻擊，對他來說那是一場大獲全勝的行動。

雖然達甘在公眾間的名聲是一位殘忍的間諜首腦，大家知道他曾於年輕時殺害許多阿拉伯人，而且還從摩薩德總部下令殺害了更多人；然而就戰略而言，他遠比大多以色列人所了解的更為精明。他在內部愈來愈直白地指出轟炸伊朗是瘋狂的行為，這麼做只會驅使核計畫變得更加隱密。隨後當計畫重現時，會變得比先前更大、更先進。達甘在任期的最後幾年裡，致力說服尼坦雅胡總理放棄空襲。[35] 達甘後來向以色列調查記者伯格曼表示：「採取（軍事的）暴力行動會造成無法承受的後果[36]。」他說：「如果以色列打算執行攻擊，哈米尼將會感謝阿拉真主。」他話中提到的是伊朗最高領袖。「那會讓計畫幕後的伊朗人團結一心，使哈米尼能藉口需要防禦伊朗免遭以色列侵犯，宣稱伊朗必須製造原子彈。」

前述一切情況意味著達甘在 2010 年面臨龐大壓力，需要向尼坦雅胡提出某種更為隱密且細膩複雜的方式，可以成功地癱瘓伊朗計畫。

達甘仍在職時，我們從未見過面。後來我之所以決定與達甘會面，是因為聽說在他的某場退休派對上，許多乾杯時的致詞與玩笑話都拐彎抹角地影射納坦茲的網路攻擊。知情者都聽得懂其中含意，其他人則只能不明就裡地猜想大家在笑什麼。

我們第一次對談是在 2011 年，就在尼坦雅胡總理將達甘撤下職位的幾個月後。那時他顯然仍對自己遭到免職深感不滿。他

以各種方式嘲諷尼坦雅胡是個糟糕的管理者，也是一位能力不足的戰士。無論是否正確，達甘那時皆認為尼坦雅胡之所以排除他，是因為這位摩薩德首長跟其他以色列情報主管一樣，都反對總理轟炸伊朗核子設施的行動。

「在我們能採取的所有行動中，轟炸最為愚蠢。」達甘告訴我。那不同於在 1981 年攻擊伊拉克的奧斯拉克核子反應爐[37]，或在 2007 年攻擊敘利亞反應爐的行動。達甘相信伊朗計畫蔓延擴展的範圍已經太大，而且伊朗不會重蹈鄰國的錯誤。達甘某天下午對我表示，若以空襲攻擊伊朗的設施，「或許能讓我心情大好」，空襲是一種虛幻的解決方案。他表示雖然衛星照片會顯現伊朗的設施都夷為平地，大家會歡呼喝采。不過他預期在幾個月內，伊朗就會在地下深處重建那些設施，而且會深入到第二場攻擊無法穿透的位置。達甘認為那將會是以色列這個國家的災難。

達甘表示，嘗試拖延伊朗的進展並無問題，但若以色列試圖公然透過攻擊行動摧毀伊朗的核設施，肯定會讓伊朗成為核武國家。一定還有其他更好的辦法。

在達甘看來，網路武器是解決這項複雜難題的途徑。我們最初幾次會面時，達甘都避而不談自己在開發 Stuxnet 時扮演的角色，即使我提及曾聽說他參與討論攻擊後續步驟的安全視訊會議，情況也沒有改變。他常微笑答道自己不大了解電腦，彷彿這麼說就能證明他跟我們雙方都心知肚明的角色毫無關聯。

不過，後來當他因肝臟移植失敗而逐漸病重時，他述說的資訊也更貼近曾發生的事件與其中緣由。在我們於那幾年進行的數次對談裡，達甘偶爾會在話中使用「如果我們有這麼做」之類的

詞語，如此一來，他就無須違背須對摩薩德祕密行動守口如瓶的誓言，但是仍可以解釋自己的基本邏輯。他談論到以色列的技術如何讓伊朗找出攻擊源頭的努力變得極為困難。他表示對伊朗執行的行動示範了以色列未來應採行的自衛方式。公開展現軍力的時光已經不再，那麼做會引來報復行動、情勢升級與國際譴責。占據領土的時光也已不再。他堅定認為以色列的防禦措施需巧妙而間接。

「我懷疑他是否了解如何寫出一條程式碼字串，」一位常與達甘往來的美國人告訴我，「但是他非常了解如何玩弄敵人的想法。」達甘深信利用情報活動才能終結伊朗的核計畫，仰賴空軍軍力無法達成這個目標。這種心態讓達甘與卡特萊特抱有相同立場。許多曾與達甘共事的情報主管在離職後，皆表態支持達甘的論點。

我從未聽過達甘直接承認自己在網路攻擊中的角色。不過他曾暗示網路攻擊的設計可避免尼坦雅胡為了阻止伊朗進行鈾濃縮作業，而失手引發中東戰爭。達甘提到尼坦雅胡時，表示：「我不信任他。」他向我指出，將伊朗人塑造為會使用炸彈攻擊以色列又不明事理的宗教狂熱份子，可以讓情勢變得對尼坦雅胡有利。不過根據達甘對伊朗的觀察，他認為這群毛拉（了解伊斯蘭教義的知識份子）大多只對持續掌權有興趣，而不是想要展開自取滅亡的戰爭。

達甘告訴我，小布希總統之所以不會將可能炸毀地堡的最強力炸彈交給尼坦雅胡，其中是有理由的。「他怕尼坦雅胡會使用這些炸彈，」達甘表示，「而且我也怕。」

這種憂懼解釋了達甘為何如此熱中採用網路武器對付德黑蘭。網路武器是一種可讓核計畫挫敗的手段。或許更重要的是這麼一來，也讓小布希與歐巴馬能向尼坦雅胡主張既然網路攻擊奏效，也就沒有需要用炸彈轟炸的理由了。

我最後一次與達甘見面時，他指責了我撰寫的「奧運」行動報導。但是跟抱怨我寫出太多資訊的美國同級人士不同，達甘抱怨的是我寫得太少。

「你遺漏了一大部分的事件。」他表示，並且主張報導內容把太多功勞歸在美國身上，而歸在以色列（擴大來說也包含達甘自己）身上的功勳則根本不夠。某天晚上，他堅持我受到美國相關人士的蒙騙，他表示那些美國人陶醉於宣傳自身的成功，即使盟友負責吃力的工作、將程式碼放入離心機內，還根據需要修改程式碼，也不願將功勳歸在那個盟友身上；這時他同樣謹慎地沒有明說盟友是誰。

我向他表示，我樂意更深入地從以色列的角度來報導這起事件，但是他必須提供更明確的行動細節來證明他的論點。達甘微微一笑，笑容中帶著厭惡。

他說：「我又老又病。我可不希望人生最後的日子在牢裡度過。」

到了 2011 年年底，進行幾十場採訪後，我針對圍繞著放手使用 Stuxnet 決策的爭議與策略，串連出報導的重點，或者至少是我所能蒐集到的最多重點，畢竟其中涉及了一層又一層的機密掩飾。我諮詢編輯與《紐約時報》的內部法律顧問後，就該前往

歐巴馬執掌的白宮，看看他們是否已準備好討論所發生的事件，以及政府對公開細節可能有哪些國家安全疑慮。一如在所有類似情況下一樣，我清楚聲明報導發表與否將由《紐約時報》單獨全權決定，但若會對現行行動或人身安全帶來風險，我們就需要立即討論相關事項，而非在發表後才討論。

我第一位拜訪的對象是羅茲，這位前小說家也是一位優雅的講稿撰稿人，他後來為歐巴馬總統處理了各式外交問題，包括開放對古巴的限制等等。當記者帶著複雜敏感的國安報導前往政府時，羅茲的職務就是與記者打交道，此外，如果白宮會做出回應，那也是由他來決定回應方式。羅茲沒有深入討論事件詳情，而是建議我與卡特萊特將軍見面。這很合理，因為卡特萊特在職的時間橫跨了小布希與歐巴馬總統的任期，而且在所有攻擊性網路行動論辯中，他一直居於中心地位，也了解其中的敏感性。在2011 年，當卡特萊特被排除在參謀長聯席會議主席人選之外後，他即從海軍退役；此外，卡特萊特還比任何人都了解美軍建置網路軍火庫的歷程。

我在卡特萊特於參謀長聯席會議任職時就知道他；在我參與的某些會議中，我也曾聽到他於會中探討全新的網路衝突時代帶來了哪些戰略挑戰。我的「奧運」行動報導裡常提及卡特萊特的名字，因為他負責向歐巴馬解說 Stuxnet 的運作方式（雖然那時尚未取名為「Stuxnet」），並且提出了納坦茲的「全方位時程」圖表，讓歐巴馬能了解最新資訊。

但是，卡特萊特可直達歐巴馬總統的關係，讓國防部長蓋茲和參謀長聯席會議主席馬倫感到不滿。他們相信卡特萊特曾在多

項問題上操控五角大廈體系或規避指揮系統。卡特萊特沒有在伊拉克與阿富汗服役的經驗更是雪上加霜。馬倫準備退休時，蓋茲跟卡特萊特提出反對意見，成功阻止將卡特萊特晉升至馬倫的職位。雖然卡特萊特曾一同率先為美國勾勒出建立專屬軍方指揮部的方法，藉此因應全新戰爭領域，但他卻突如其來地遭到驅逐。後來我也發現，就運用網路執行攻擊與防禦行動而言，某些最富創意的戰術發想也隨著卡特萊特離職而一併消失。

退休後，卡特萊特接下戰略與國際研究中心的主任職位，並與數家國防公司簽約合作，其中包含生產飛彈防禦與國防電子裝置的雷神公司。卡特萊特開始審慎地發表反對言論，否定美國對全新網路軍火庫保密到家的態度，他主張若美國想要實現網路威懾，就需要稍稍展現自己的能力。「你不能把祕密當成威脅，」我曾在多場公開論壇中聽到他這麼說，「如果對方不知道它的存在，就不會感到害怕。」

他說得沒錯，五角大廈開始極其謹慎地在公開證詞中透露隻字片語，承認國防部擁有網路攻擊能力，這有點像是承認早上太陽會升起一樣。不過，情報界並非普遍接納這種做法，他們害怕若洩漏武器的類型與使用方式，會造成機密外流的滑坡效應。此外，卡特萊特也提出有力論點說明美國就算大幅減少持有的核武數量（太感謝了），同樣能夠安然生存，由前戰略司令部首長提出這項主張，感覺更具分量。一樣地，卡特萊特說得沒錯，但就連鮮少會不喜歡某種武器系統的國防部舊同僚，也並未友善支持他的論點。

我接受羅茲的建議，打電話給卡特萊特。等到我去與他見面

時，我不但已經了解了「奧運」行動過程的概要，還在我以歐巴馬總統第一任任期為主題的書籍草稿中，把這些資訊加入了其中兩個章節內，利用我們那時所能挖掘出的最詳盡細節來說明「奧運」行動。那本書已預定在幾個月內發行，稿子也都編輯完畢。後來這項事實顯得格外重要，因為聯邦調查局之後做出錯誤的結論，認為卡特萊特是相關報導的資訊來源；想必聯邦調查局的特務以前從未接觸過書籍出版時間表。

我跟卡特萊特見面的目標有兩個，除了檢查我是否正確理解過往事件與影響之外，也希望藉此獲得獨立見解，了解我的報導是否可能危及美國的國家安全。卡特萊特知道是白宮要求我前去會面，因此認為自己應盡力說服我放棄發表相關行動細節，以免報導成為美國敵人的助力。他表明自己無法討論機密細節。但是，當聯邦調查局打算找出洩密者時（彷彿真的存在某位「洩密者」），我們才發現自己先前的心態略嫌天真。卡特萊特雖認為自己行得正、坐得端，之後卻因此付出慘痛代價，直到現在我仍深感愧疚。

就在幾天後，我前往中央情報局總部，到莫雷爾副局長位於七樓的辦公室拜訪他。莫雷爾把 30 年職涯中所獲得的不同紀念品擺放在辦公室四周，包括來自刺殺賓拉登那場突襲行動的加工品。莫雷爾與歐巴馬總統的關係緊密，我知道若政府欲駁回報導的出版，將會由莫雷爾提出要求。

我們開始快速瀏覽我的報導與我準備闡述的事件內容。我逐項列舉讓專家得以識別出美國與以色列的鑑識證據、國際視察員

所發現的離心機爆裂殘骸，以及以色列與美國根據納坦茲廠房，分別在迪莫納與田納西州所仿造的建物等等。我說明了莫雷爾曾參與的白宮戰情室議論。他覺得其中幾項主張有所不妥，出言反駁了幾項結論。在說明報導的期間，莫雷爾有時會放慢速度記筆記，表示他可能須請我避提某些技巧，那些都是中央情報局將惡意軟體放入目標電腦與網路的手法。（有趣的是幾週後，莫雷爾又要求我恢復提及其中一項技巧。雖然莫雷爾沒有多加解釋，但顯然中央情報局已改為採用其他方式，所以希望伊朗以為中央情報局仍在使用舊方法。）

最後，莫雷爾僅要求刪除少數內容，這些內容大多著重在技術性細節上，例如說明美國如何將「信標」（beacon）與惡意軟體放進外國系統與網路等。在報導史上最精密的國家主導網路攻擊時，那都不是必要資訊。莫雷爾後來表示肯定：「你同意了我們所要求的一切。」不過莫雷爾仍反對我們發表有關美國機密行動的任何資訊。

然而在報導出版時，前述一切都不重要了。共和黨人士試圖為歐巴馬塑造出他在對應恐怖主義時過於軟弱的形象，但這在殺害賓拉登之後並不容易。共和黨人士指控由於白宮洩密，因此讓我們做出前述報導和另一篇不相干的《紐約時報》報導；那篇報導的內容說明了在核准無人機攻擊目標的恐怖份子「殺戮名單」時，總統是扮演何種角色。

「我們知道洩密來源一定是政府內部，因此現在可能需要進行調查。」參議員麥肯表示。他稱該報導是「某種手法」的一部分，「藉此渲染總統掌握的國家安全能力，每個政府都會這麼

做，但我認為這屆政府的程度更甚以往。」[38]

歐巴馬則回以精妙的一步。他當然無法確認報導的真實性，也無法否認，但是他希望讓全世界知道自己的人員不是消息來源。在媒體發表細節指出白宮是「奧運」行動洩密來源的幾天後，歐巴馬語氣嚴厲地說道：「我對所有應屬於機密的細節皆不予置評。無論真假，當這類資訊或報導出現在報紙頭版時，會讓前線人員的作業更艱難，也讓我的工作更困難，這也是為何我從上任後即對這類洩密與臆測抱持零容忍態度。」

「現在我們已建立機制，若能追根究柢找出洩密的人員，他們將須承擔相應後果。在某些情況下，他們的行動屬於犯罪行為。」[39] 他迅速補充道：「指稱我們白宮刻意釋出國家機密資訊非常無禮。那是錯的。」

歐巴馬在 2012 年 6 月發表以上意見，明白顯示了美國對所有網路事務都會本能保密的舉止，不過在這次事件中，這麼做卻顯得格外異常，因為程式碼已在全球散布達兩年之久。實際上，歐巴馬的發言也迫使美國司法部需展開洩密調查，於是司法部長霍爾德幾乎在同一時間即宣布進行調查。白宮幕僚長要求所有員工保留與我往來的電子郵件或通訊。由於我報導歐巴馬國家安全團隊的時間已超過三年，所以通訊資料甚多。很快地，聯邦調查局就開始與眾多可能的證人面談，他們獲得了祕密搜查令，可取得前中央情報局暨國家安全局局長麥可·海登將軍收發的所有電子郵件。聯邦調查局也利用中央情報局針對我與莫雷爾的對談所保留的紀錄，試圖將矛頭指向卡特萊特將軍。為什麼他們會從我在美國與海外採訪的眾多官員中挑上卡特萊特，至今我仍覺得是

個謎。（他們曾從卡特萊特的演說中標記出部分言論，帶著這些資料跟我在報導內使用的撰文語法前去找卡特萊特，想尋求其中的共通性。當然，我的所有引述言論都來自卡特萊特公開且正式的非機密發言。）

卡特萊特後來承認自己那時判斷錯誤，同意於律師不在場時接受聯邦調查局的約談，他表示自己當時以為大家都站在同一陣線。歸檔在卡特萊特案件中的訴狀指出，當卡特萊特跟聯邦調查局間的談話變得針鋒相對時，他即因生病而需短暫住院治療。稍後卡特萊特之所以受到起訴，是因為他對我們兩人會面的時間與方式向聯邦調查局說了謊。

卡特萊特從未因洩漏任何機密資訊而遭控訴。就我所知，他也從未洩密。但是，這項關鍵事實似乎無足輕重。*

卡特萊特一案格外諷刺，因為這位曾協助推動聯邦政府打造精密措施來因應世上最複雜武器的推手，卻因其他人對討論前述措施的偏執心態，而成為首批受害者。在回應「奧運」行動曝光的情況時，美國政府原本可以一口承認遭洩漏的資訊，同時藉此提醒伊朗、俄羅斯和北韓等等敵人，美國其實可對他們採取更具傷害性的行動。美國政府原本可以說明網路為何是避免中東地區發生戰火的關鍵。此外，政府原本也可利用這個時機，探討我們應建立何種全球性規定來規範使用網路武器對付平民、商業設施與他國政府的行為。

＊作者注：卡特萊特在 2016 年認罪。歐巴馬總統於即將卸任時給予卡特萊特完全赦免，甚至恢復了他的安全許可。

然而美國政府完全沒有採取上述任何行動。五角大廈與情報單位都不願公開討論在戰爭與和平時期，他們可採取哪些方式來限制網路武器的使用。

　　這種抗拒心態多少反映出美國相信自己在網路技術領域仍占有領先地位，雖然差距正逐漸縮小。在核武年代初期，曾有許多官員連討論軍備控制措施都不願意，他們辯駁美國沒有理由縮減我們大幅領先競爭對手的差距。（對核武的首批限制規定直到1960年代初期才確立，那時蘇聯已經坐擁完善的軍火庫，而英國、法國與中國則正在建置自己的軍火庫。）不過美國政府三緘其口跟執著保密的態度，或許有更深層的動機，因為美國情資機構正在全球醞釀其他一系列的網路行動，從傳統間諜活動，到可將整個國家打回類比年代的高毀滅性惡意軟體，都包含在內。

第 2 章

潘朵拉的收件匣

科幻小說中的網路戰場面已經出現了，那就是「宙斯炸彈」（Nitro Zeus）。[40] 但我的疑慮，我現在之所以會對你說這些事，是因為若把一國的電網關閉後，供電不會立刻復原。那更像是一跌倒就爬不起來的矮胖子。如果所有政府人員連續好幾週都無法再次讓電燈亮起、無法過濾水，會導致很多人喪命。此外，我們可施加在他人身上的行動，對方也能回敬到我們身上。這是我們該噤口不語的事嗎？還是應該公開討論？

—— 某位美國國家安全局官員
透過電影《零日網路戰》的半虛構角色所說的話

當俄羅斯於 2008 年駭進五角大廈的保密網路後，新上任的歐巴馬政府清楚察覺到兩件事，第一是普丁的駭客一定會再回來，第二則是美國需要一個能力成熟的網戰司令部，而且技巧必須比分派至陸海空三軍的小隊跟卡特萊特的戰略司令部更為高超。時機已到，該讓一個擁有專屬部隊的真正軍事組織來負責整

合數位攻擊與防禦行動了。

　　但是，沒有人能確定數位軍隊應是何種模樣，也不清楚會以何種方式交戰。政治人物很快就能理解陸、海、空與太空等所有其他戰爭「範疇」。他們可以想像出坦克、航空母艦、轟炸機與衛星等傳統設備。不過，就像當時擔任國家安全局局長，最後成為網戰司令部首位指揮官的亞歷山大所說的一樣，網路「讓大部分政治人物感到困惑」。

　　「我的孫子、孫女都懂。」他告訴我。「美國國會則花了一段略長一些的時間才了解。」

　　事實上，亞歷山大與其他人都察覺自己是在向某些鮮少使用電腦的國會成員進行說明，因此難以向他們解釋新軍隊如何設計惡意軟體來擊敗敵人。雖然「奧運」行動是個鮮明的例子，但那時仍是受到高度保密的行動，運作上高度獨立，只有少數重要成員才聽取過提及其存在的簡報。

　　在俄羅斯侵入五角大廈機密網路後，時任歐巴馬政府國防部長的蓋茲於 2009 年做出結論，認為美國網戰司令部的成立已經落在時代之後。坐落在於密德堡的網戰司令部於 6 月時才正式建立，大家認為這個新軍事單位若要能繼續留存，亟需仰賴國家安全局非軍職人才的技能與經驗。[41] 隨後，計畫逐漸成形，根據計畫，將會建置一支兵力超過 6,200 人的軍隊，其中包括陸軍、海軍、海軍陸戰隊與空軍兵士，並將其分為 133 支「網路任務部隊」後再分派到各單位內。密德堡的網戰司令部中已配有幾個網路攻擊小隊，其形態顯然是仿效所有美國總統最喜愛的特戰司令部，不過若要把這些小隊轉變為數位戰力，還得多花一些時間才

行。

　　「特種作戰的人才極難尋找，也很難培養。」卡特在 2013 年即將卸下國防部副部長職位前告訴我。不過他補充道，最困難的在於釐清新軍隊允許從事的確切行動為何。每項美國軍事行動都需要經過律師簽核，可是就網路空間而言，想要根據戰爭法判斷哪些是受到許可的行動，卻顯得格外艱難。（這是美國獨有的問題，俄羅斯、中國或北韓都不曾因此減慢速度。）

　　「那就像是詢問：『你確定對敵人的資訊系統採取的某項行動，只會中斷防空系統之類嗎？』」卡特問道。那起行動會不會也導致醫院關閉？或切斷對人民的供水？「我們必須了解行動造成的後果。」

　　基於這項理由，卡特補充道：「這（決策）至關重大，所以都保留給總統判斷。」[42] 這是關鍵重點；就像只有美國總統可下令發射核武一樣，網路武器的使用也受到類似的限制。

　　釐清相關規定的工作落到亞歷山大的身上，他轉而借重主副官中曾根來處理這項工作。亞歷山大總是在試圖突破限制，例如要求取得更多權限來蒐集傳入美國的資料，就像他過去曾蒐集傳入伊拉克的數位資料一樣；相較之下，中曾根則把全副心思都用來考量組織網路軍隊的方式。

　　「無論是他在大廳攔下人員詢問進展的樣子，或是於五角大廈與密德堡之間流暢執行職務的模樣，所有看過中曾根工作的人都發現他正逐步成長為未來網路領域的領導者。」國防部的助理基爾霍夫回憶道。後來五角大廈在矽谷執行實驗性的科技開發行動時，基爾霍夫也是參與合作的成員之一。

其實，中曾根還密切參與了網戰司令部首批大型機密計畫的其中一項計畫，這起關鍵行動為隸屬於行動計畫的子計畫，熱愛數字的五角大廈將該行動計畫稱為「行動計畫1025」。若美國與伊朗間的核計畫交涉失敗，或是伊朗為了對付以色列的轟炸攻擊等等而大舉出兵反擊，導致美伊開戰的話，美國即可依循行動計畫1025規劃的步驟行事。

網戰司令部的解決方案是為了輔助一個名為「宙斯炸彈」的行動；「宙斯炸彈」計畫採用網路與其他手段來讓整個國家停擺，而且在更理想的情況下，可能還不用發射任何子彈。如果「奧運」行動是瞄準伊朗的網路版無人機攻擊，「宙斯炸彈」就是一場全面性攻擊。

中曾根與電腦領域的第一次相會，不太像是洋溢發現與創新色彩的勵志矽谷童話。

「在1986年，我買了一台PCjr。」中曾根回想道。當時他就讀於明尼蘇達州聖約翰大學，這所美麗小巧的學校坐落在風景優雅的湖畔，地處偏遠，因為實在過於偏僻，所以與外界聯繫的能力重於一切。那台小小的電腦，以及其飽受嘲諷的「芝蘭口香糖」鍵盤和基本作業系統，「完全吸引住我。」他表示。即使經過數十年，他仍記得讓電腦運作所需的奇怪指令組合。「你知道嗎，以前得同時按下『Ctrl』和『7』才能列印。能做的事非常有限，但是我卻深深著迷。」

中曾根是日裔美籍語言學家的兒子，他的父親曾親眼目睹珍珠港事變。在第二次世界大戰期間，他父親的語言能力為政府解

決了戰時的迫切需求，因此在羅斯福政府下令將大多數日裔美國人囚禁於集中營之際，他們家得以倖免。戰爭結束的 20 年後，中曾根出生，他也是家族中於美國就讀大學的第一代。

中曾根在 1986 年敲打 PCjr 鍵盤時，幾乎未曾察覺這段與個人運算技術新世界的第一次簡短接觸，將會改變他的人生。他於該年收到了軍隊任命，沒有任何人在意他對運算領域的興趣，就連他自己也未曾留意。跟志在最高位階的職業軍官一樣，他依循著傳統職位一路晉升。這也意味著他對陸戰防範與作戰方式的概念，跟軍隊數十年來的思考方式一樣。

他在科羅拉多州卡森堡接受陸軍第二步兵師的訓練，隨後獲派駐南北韓非軍事區，在這個冷戰時期的最後一處邊界，南韓與北韓遙遙互瞪，試圖震懾對方，時光宛若停在 1952 年一樣。從他在首爾北方五十公里的站崗處望去，北韓似乎連讓燈泡亮起都辦不到，整個國家漆黑一片。

在 2008 年入侵伊拉克期間，中曾根終於有機會以數位方式思考。他隸屬於「策略性行動小組」，這個組織剛開始運用網路技術來對付伊斯蘭極端份子，當時尚無任何人的眼光遠到認為這是網路戰。他們進行了幾次實驗，例如感染筆記型電腦、癱瘓通訊線路等等，但都不足以讓網軍熱血沸騰。

中曾根告訴我：「2008 年出現了轉變。」那時蓋茲推動建立美國網戰司令部，而中曾根的經驗讓他成為協助建構此組織的最佳人選。他似乎可以流暢運用讓大多數同袍感到茫然的語言，不過，美國國防部五角大廈的新流行語「數位範疇」（digital domain）也讓他感到極度質疑。

就像他的父親一樣，中曾根一直在為軍隊翻譯：把程式設計師講的程式碼翻譯成戰爭規劃者用的行話。「國防部長與參謀長聯席會議意識到我們需要從不一樣的角度思考這項議題，需要將其視為一種全新的戰爭領域。」中曾根如此告訴我。他花了許多時間說明網路不會取代戰爭一般使用的武器。網路衝突並非獨立於其他各種衝突形式之外。網路會成為未來每場大小戰爭中的一環；它會搭配軍用無人機、戰斧巡弋飛彈、F-16 戰鬥機和特種部隊等一併使用。

　　但最初時，「我們什麼都沒有。」他表示。「沒有架構，也尚未獲得真正的任務。我們必須改變這種情況。」

　　對網戰司令部的新部隊來說，「奧運」計畫正好可作為個案研究，讓他們了解若美國改用網路武器，哪些部分能夠奏效、哪些部分則可能失控或違法。

　　電腦蠕蟲 Stuxnet 造成慘重的實質傷害，但卻沒有持久的效果。據說當時伊朗損失了約 1,000 台離心機，而且伊朗工程師怕設備發生進一步的損壞，所以還中斷了更多台離心機的連線。然而在程式碼流出之後，他們就著手統整。伊朗花了一年的時間來復原與重建，不但重拾產能，最終更裝妥約 18,000 台離心機，相較於遭受攻擊時的離心機數量，新安裝的數量是原先的三倍多。在維也納交涉伊朗協議的期間，某天伊朗外交部長扎里夫對我說：「到頭來，你們那些愛自吹自擂的工程師究竟實現了什麼成果？他們只是讓我們以更勝以往的決心開始建置設備，而且要建置出更大規模。」

這起攻擊較持久的效果在於心理層面，而非實體效果。從伊朗生產濃縮鈾的圖表上看來，「奧運」只是一場突發性的事件，沒有大幅改變局面。這是單一戰術層面上的勝利，而不是長期戰略上的成功。不過，這項計畫讓伊朗核機構內部籠罩在恐懼陰影之下。

一位前以色列軍官後來表示：「這次行動向伊朗傳達的第一個要點，就是我們已非常、非常深入他們的系統，因此也導致他們開始疑神疑鬼。我們不但已進入系統內部，而且只要我們有心，隨時都可以回去。換句話說，他們無法鎖上系統的大門。」

該軍官繼續說道：「第二個成果是我們傳達了以下的訊息：如果為了癱瘓離心機，美國跟以色列等國家就願意付出如此多的心力，那麼若是想要阻止製造炸彈，我們會願意耗盡多少苦心？」

他表示，行動呈現的第三個訊息則是表明核計畫「對伊朗來說，作為談判籌碼的價值可能勝過當成炸彈生產系統的價值。」

然而，隨著伊朗重建的核計畫規模比先前更為龐大，歐巴馬總統再也無法靠前述那些訊息來說服這些毛拉，讓他們相信此刻該做的事是上談判桌交涉，看看放棄核計畫可以換得什麼報酬。歐巴馬約束以色列的努力隨時都有可能失敗，以色列總理尼坦雅胡可能會決定轟炸伊朗的設施，或許進而導致美國陷入另一場中東戰爭。因此，歐巴馬需要更廣泛的戰略，為他提供可行的軍事解決途徑。

所以即使美國尚在執行「奧運」行動，歐巴馬總統還是下令制定作戰計畫。做出這項決策有部分是因為受到蓋茲推動，他清

楚表示面對伊朗加速生產炸彈的假設情境，美國政府在考量可從事的行動時，其思考的水準讓他難以恭維。蓋茲寫了一長篇備忘錄給美國國家安全顧問多尼隆，說明美國在「戰略奇襲」層面的準備有多麼薄弱。[43]

修正這項缺陷的責任落到當時任職美國中央司令部的約翰・艾倫將軍頭上；中央司令部位於佛羅里達州，負責監督美軍在中東地區的總體策略。直至今日，之後轉為領導布魯金斯學會的約翰・艾倫將軍仍不曾對他在中央司令部的工作內容提過隻字片語，不過美國得到了一套全面性策略，能用以因應坐擁核武的伊朗。中曾根與網戰司令部則將網路攻擊與較傳統的軍事行動互相結合，同樣為這項策略計畫提供了助力。

中曾根與網戰司令部在探討數位武器對作戰計畫有何幫助時，他們的焦點放在只要鑽進伊朗網路即可觸及的目標，例如伊朗的防空機制、通訊系統與電網等。「宙斯炸彈」將會是作戰計畫的開場行動，它可迅速讓整個國家停擺，使對方難以採取報復行動。此外，某些「宙斯炸彈」的製作者也認為這可以稍微展現未來的可能情境。「宙斯炸彈」的概念是讓目標國家在衝突的最初階段就陷入黑暗與混亂迷霧中。這麼一來，以色列與美國將有時間轟炸多處可疑的核設施場址、拍攝破壞成果的照片，並視需要再次進行轟炸。不過，其實對「宙斯炸彈」的期盼是希望藉此避免兵馬盡出的戰爭，因為理論上這應該可讓伊朗無法回擊。在這項計畫中，伊朗的飛彈能力也是目標之一。隨著北韓危機升溫，這個行動的核心概念將隨著北韓危機的升溫捲土重來，而且將會變得更為激烈。

因此，即使歐巴馬總統對美國電網的弱點感到擔憂，美國卻在鑽鑿通道以進入伊朗的電網與手機網路，甚或藉此進入伊朗伊斯蘭革命衛隊的命令與控制系統。

　　「這大幅超越了我的想像。」某位前官員這麼說道。他表示：「我們每天來這裡上班時，基本上就是待在密閉的門後，試圖找出無須發射子彈或拋下炸彈，就能癱瘓整國基礎設施的方法。所以我們將惡意軟體隨意散布到伊朗的各個網路中。」他指的是將嵌入程式置入關鍵戰略系統中，之後就可以藉此插入破壞性程式碼，或是單純地關閉網路。

　　「困難之處在於追蹤所有相關作業。」他表示。

　　由於網路會持續不斷地變動，而且無法根據現場條件來測試伊朗的漏洞，所以追蹤作業也相當棘手。因此，中曾根和數千位參與「宙斯炸彈」行動的人員借助桌上演練來模擬攻擊行動。他們重複在伊朗網路的虛擬模型上執行測試，確定伊朗人員無法看到嵌入程式，而且嵌入程式只會造成有限的間接傷害。

　　另外，他們也從零開始找出一系列問題的答案。如何破壞電網並讓它持續失效？該如何對付防空系統？如果伊朗試圖報復，該如何確定他們永遠無法展開行動？

　　「那是一個極其複雜的大規模計畫。」那位前官員表示。「在擬定這項計畫之前，美國從未統整出規模如此龐大，而且還結合網路與實體攻擊（kinetic attack）的計畫。」[44]

　　對美國的網軍而言，「宙斯炸彈」行動是轉捩點。若要成功執行攻擊行動，所需的大部分人才都是國家安全局的人員。但是，「宙斯炸彈」行動卻暴露出國家安全局與軍方新成立的網戰

司令部之間存在的眾多緊繃關係。理論上，這兩個組織應相輔相成。但實際上，這兩個組織的關係宛如典型媒妁之言的婚姻，彼此爭執不休；國家安全局的人員看不起網戰司令部，軍方的網戰司令部則將國家安全局視為一群從不需要完成軍事任務的自大老百姓。

這種衝突會一再上演。國家安全局投注大量資源好侵入外國系統，並將惡意軟體藏在隱密難尋的角落，定期前往檢查。網戰司令部卻常想利用這些嵌入程式來執行攻擊，進而暴露嵌入程式的所在位置。「這是永無止境的論辯。」一位前國家安全局成員表示。「這就是在長期從事類似行動的情報官員，跟領薪水規劃攻擊的軍官之間所存在的歧異。」

不過，「宙斯炸彈」行動中最引人入勝的要素可能不是複雜的技術，而是在地緣政治層面的影響。「奧運」行動是由情報機關主導，旨在迫使伊朗坐上談判桌；「宙斯炸彈」行動則是軍事計畫，意圖在外交手段失效時中斷伊朗的電力。這兩者都涉及網路武器，但是戰略目標大相逕庭。

不過綜觀這兩項機密網路計畫，可看出歐巴馬政府有多麼認真考量外交手段失效的代價，以及美國有極高機率會和伊朗發生公開衝突。[45] 在規劃作戰計畫的人員看來，若美伊爆發衝突，起因將會是某個完全超出美國控制範圍的事件，特別是尼坦雅胡決定襲擊伊朗核武設施的情況。「過去我曾多次覺得尼坦雅胡已極度逼近採取行動的臨界點。」以色列的前國防部長暨總理巴拉克在幾年後告訴我。「我們心中唯一的疑問是：『這麼做的話，美國會挺我們嗎？』」「宙斯炸彈」行動讓美國有機會視需要支援

盟友，但無須投入地面部隊；近年來，對美國政府來說，無須投入部隊即可提供支援已經成為宛如聖杯般難尋的條件。

後來某位內部人士對我的同事博特羅表示：「這項任務是無可比擬的。它的規模與耗資都十分龐大，除了幾個國家之外，再也沒有其他任何人能夠辦到。」不過，「宙斯炸彈」行動除了對伊朗帶來潛在影響之外，這次行動也展現出曾根與同僚在短短幾年內，就能讓美國的網路行動從監視工具轉型為國家軍火庫中的致命武器。

像「宙斯炸彈」一樣龐大的破壞性計畫，讓美國必須思考對伊朗基礎設施執行的行動，如果也發生在美國身上，是否會被視為戰爭行為。另外，美國也必須在不讓伊朗察覺的情況下進行相關準備工作，否則當他們發現網路內的嵌入程式後，會十分合理的推論，無論是誰置入了嵌入程式，都是打算對伊朗進行先制攻擊。

當美國展開這類行動時，五角大廈稱之為「為上戰場做準備」，而如果五角大廈真的要提及相關步驟時，則會描述那是為了因應戰爭爆發而採取的審慎做法。但是，如果美國在自家系統中發現同樣的嵌入程式，可以想見美國將會大為光火，而且會設想到最壞情況。

「我們曾看到許多國家耗費大量時間與精力，[46] 嘗試存取美國境內的電力架構與其他重要基礎設施，我們必須自問對方為什麼要這麼做。」[47] 羅傑斯上將表示，他截至 2018 年春天為止皆擔任國家安全局局長暨網戰司令部首長。「我認為他們這麼做是

有目的的，他們希望藉此為自己創造選項與能力，好在他們可能
決定採取行動時，因應自己的需要。」

　　當然，這正是我們對伊朗做的事。

　　前述方法能夠奏效，部分是因為伊朗是一個極不尋常的目
標。這個國家有許多部分都陷入極大危機，例如國際石油銷售業
務、對國內破損基礎設施的投資，或是想獲得護照簽證的伊朗年
輕人所擁有的遠大抱負等等。因此，美國和以色列搭配經濟制裁
實施網路攻擊時，在德黑蘭內部引發激烈討論，他們爭議著究
竟是成為獨立的核武強權才能讓伊朗更加強大，還是在全球經濟
中扮演要角才能更為強大？於是，此時核計畫突然出現了協商空
間。

　　當時伊朗並不知道「宙斯炸彈」行動，不過隨著 Stuxnet 脫
離掌控、「奧運」行動曝光之後，他們可能推測出有某種類似的
行動已然展開。不過，伊朗根據自己對美國網路攻擊的了解以及
停止核計畫的決策，採取了一項毫不令人意外的回應措施，那就
是著手打造自己的網路軍隊。

　　沒錯，當中曾根在網戰司令部的團隊正蠟燭兩頭燒，籌備
著「宙斯炸彈」行動時，伊朗已在準備反擊 Stuxnet。就火力而
言，相較於美國可讓伊朗舉國停擺的全面性計畫，伊朗手邊的網
路攻擊只能帶來極其輕微的影響。然而即便網路能力有限，伊朗
仍可成功暴露出網路衝突的一項棘手事實，那就是攻擊行動與防
禦行動的計算規劃彼此緊密交織，難以分離；這也是歐巴馬竭力
試圖處理卻永遠找不出因應之道的問題。美國廣泛綿延的金融系
統、股票市場、公用事業與通訊網路等皆為民間所有，因此防禦

整個美國幾乎是不可能的任務。

　　我小時候在紐約州的郊區長大，那裡的人都知道拉伊的鮑曼水壩。鮑曼水壩高六公尺，只有一道水門，看來不像真的水壩，反而比較像個玩具。水壩的水源來自盲溪，不過水壩裡大多沒有水，所以成為我們放學後攀爬玩耍的絕佳場所。這裡也是父母會擔心小孩跌倒骨折，因此不希望小孩逗留的那種地方。

　　我應該從國中那時就再也沒有看過或想起鮑曼水壩，直到執掌美國司法部國家安全處的卡林在 2016 年年初打電話給我為止。那時他剛因幾名伊朗人在 2013 年侵入鮑曼水壩的命令與控制系統，公開對他們的起訴。這些伊朗人顯然跟伊朗情報單位有所牽連，聯邦政府也暗示這些人的行動可能是為了釋放水壩內的儲水，讓紐約州某區淹水。

　　「卡林。」我對他說。「我想那個水壩的水可能連個地下室都無法淹滿。」鮑曼水壩具備命令與控制系統這一點已經很是誇張。在我的記憶中，水壩的水門是用一條生鏽的大型長門閂來開關，而且幾乎都是緊閉著的。後來雖然改由電腦控制這個水壩，但它根本不是胡佛水壩那樣的水壩。

　　原來伊朗駭客對鮑曼水壩的攻擊是個錯誤；他們當初想像的肯定是類似胡佛水壩的目標，但是卻弄錯了。或許這些駭客也可能只是想要展現他們的力量。出身紐約州的民主黨參議員舒默在起訴當日對我說道：「最有可能的結論為那只是他們的鳴槍警告。」其中訊息是：「別找我們麻煩，因為我們也可以找你的麻煩。」[48]

舒默繼續表示，從此案獲得的教訓是「我們不僅應部署網路武器，也應該要具備保護自己的能力」。

舒默認為這場攻擊行動的本質在於報復，如果他的看法正確，這項耐人尋味的觀察說明了「奧運」行動勢必造成的一種結果。美國採用網路武器的決策，給了伊朗毛拉與伊斯蘭革命衛隊藉口，讓他們能執行無論如何都迫切想要實踐的行動：找到可攻擊美國與其盟友的託詞。就為了保有尊嚴，伊朗需要證明自己能夠深入美國與美國盟友的基礎設施內部。

在 2010 年的夏天，伊朗公開宣布建立網路軍團，藉此對抗逐漸壯大的美國網戰司令部。[49] 在研究冷戰的歷史學家的眼中，這種情勢發展是一個熟悉的迴圈。美國部署核武，接著蘇聯也這麼做；美國在核武周圍建立起官僚體制，隨後蘇聯也這麼做。

「奧運」行動在 2011 年曝光後，伊朗駭客按照上述模式，著手將目標鎖定在 40 多家美國金融機構上，包括摩根大通、美國銀行、第一資本公司、PNC 銀行與紐約證券交易所等。[50] 那些攻擊行動皆並未採取格外創新的手法，大部分都屬於美國政府口中的「分散式阻斷服務」攻擊，我們通常稱之為「DDoS 攻擊」。這類攻擊會透過位於世界各地的數千台裝置，利用精心安排的眾多電腦要求使目標負荷過度。由於目標網路原先絕對不是為了對應如此大量的要求所設計，因此通常都會當機，導致網路本身與依賴網路進行的所有作業都中斷服務。於是銀行癱瘓，客戶無法使用線上銀行服務。之後自稱為艾茲丁卡薩姆網路戰士的組織順水推舟地發出聲明，表示他們是始作俑者。

那不是非常精密繁雜的攻擊。「那很基本，不是高階的行

動，」當時戰略與國際研究中心的國家駭客行為專家路易斯如此表示，「不過這樣就已經夠厲害了，而且駭客的態度十分堅定。」

由於客戶怒氣沖天，因此銀行需要做出某種回應，但銀行很快就發現自己面臨美國網路衝突的核心難題。雖然華府敦促公司行號應更坦誠地公開攻擊的相關資訊，高薪聘僱的律師與安全專家給的意見卻正好相反。他們表示若承認自己是攻擊目標，只會助長攻擊增加，進而讓公司面臨責任訴訟。對於想說服客戶把錢存到自家機構的金融組織而言，這相當令人困窘。（不過就像我們一再看到的事件一樣，即使是聯邦政府本身發生重大違規行為時，也鮮少依循自己的建議。）

大多數成為目標的金融機構都決定最好還是保持緘默，不承認攻擊的存在。過去曾公開承認遭受分散式阻斷服務攻擊的摩根大通，也因為這次攻擊的規模過大而判斷閉口不談才是較佳做法。因此所有銀行客戶都毫不知情。

銀行不是唯一對該如何發言而感到糾結的組織。其實隨著伊朗對銀行展開攻擊，歐巴馬政府也竭力想要做出回應。面對報導金融系統遭到攻擊的新聞，政府不能只是保持沉默，但是他們又猶豫著是否要將問題提升到國家安全層級。雖然政府官員仍舊拒絕公開說明攻擊的幕後黑手是誰，不過他們開始邀請銀行高階主管到白宮聆聽緊急簡報。隨後，官員們試圖釐清這些攻擊的實際本質為何。這是惡意破壞行動嗎？還是戰爭行為？或是介於兩者之間的行動？

某位熟知那次爭議的前官員回憶當時情況，表示白宮戰情室

內的人員基本上分為兩派。「有人說那等於伊朗潛水艇到美國沿岸發射武器之類。」美國參謀長聯席會議的部分成員與某些情報界的人員皆秉持前述看法。「也有人說不對，不是那樣；這應該像是街上有一群伊朗人開車經過，從車中傳出震耳欲聾的音樂，大家都覺得那很討厭，但是我們不會開槍射那些惹人厭的小鬼。」

一位曾參與前述政府爭議的情報官員承認這兩種論點之間有著鴻溝，他解釋道：「那次的攻擊不屬於任何一者。這是我們將網路比喻為現實情況時會發生的問題，因為……那是會降低大眾信心的攻擊，讓大家逐漸無法信賴全球最大經濟體的銀行體系。」

這位官員繼續說明：「我們不能讓他人胡搞我們的銀行系統，就算程度輕微也不例外，因為下次就不會僅止於輕微程度而已了。此外，這也會導致我們陷入金融亂象。」

伊朗可能幫了銀行一個忙。幾位官員指出發生攻擊後，金融業花了數十億美元建置起全美私部門中最優異的網路保護措施。

不過，對銀行的攻擊事件在華府仍引發了一場熟悉的議論：如果美國必須回擊，會怎麼做？這不是容易回答的問題，因為攻擊不是來自德黑蘭，而是來自位於其他數個國家的伺服器。後來某位前官員說道：「當伊朗攻擊我們的銀行時，我們可以關閉他們的殭屍網路，可是實際上，這次的伺服器不在伊朗境內，因此讓國務院感到緊張不安。所以在找出外交解決方案之前，歐巴馬總統只能讓私部門自行處理問題。」

事實上，歐巴馬總統擔心若美國政府出手拯救銀行，會讓銀

行喪失建置自有防禦機制的大部分動力。同時，白宮認為必須隱瞞伊朗是攻擊的幕後黑手的證據。因此這項重要事實立即成為機密。政府將國會成員送到安全會議室內，隨後告訴他們伊朗是真正的凶手，但同時也告誡他們不能公開揭露這項責任歸屬。當然，就像一位國會成員對我說的話，若揭露應負責的對象，將迫使大家得討論美國政府應對攻擊採取的行動，而政府有太多需要選擇按兵不動的理由。

上述做法顯得荒謬，因為無法持久保密。銀行需要知道侵入的駭客是誰，隱私安全小組也開始著手尋找犯人。政府拒絕發表任何關於攻擊幕後黑手的言論，只是讓明明知道答案的華府看來毫無頭緒而已。

不過，相較於同一時間，這些駭客對母國附近的敵手所發動的攻擊，美國金融機構所受到的傷害只能算是小兒科而已。在2012 年的仲夏，伊朗積極執行網路行動來對付美國銀行的約一年後，伊朗對沙烏地阿拉伯發動攻擊。沙烏地阿拉伯是伊朗最大的敵人、美國的加油站，而且沙烏地阿拉伯國王建議美國對付伊朗的方式是「直接砍斷蛇的頭」。[51]

駭客發現沙烏地阿拉伯國家石油公司是個容易攻擊的目標。該公司為沙烏地阿拉伯的國營石油公司，也是全球價值最高的公司之一。[52] 伊朗知道在 2012 年 8 月的齋戒月期間，大部分沙烏地阿拉伯國家石油公司的員工都會放假，於是伊朗駭客大舉發起破壞行動[53]，他們按下鎖死鍵，將一個簡單的清除病毒釋放到沙烏地阿拉伯國家石油公司的 30,000 台電腦與 10,000 台伺服器內。

於是螢幕畫面消失、檔案也不見了，某些電腦上還顯示著美國國旗熊熊燃燒的畫面。沙烏地阿拉伯國家石油公司的技師驚慌地拔除電腦伺服器的纜線，並且將該公司全球辦公室的實體插頭全都拔掉。

石油生產沒有受到影響，但是從用品採購到運送安排等周遭作業全都受到影響。沙烏地阿拉伯國家石油公司有一段時間都無法連線至沙烏地阿拉伯能源部、鑽油平台，跟運送大量沙烏地阿拉伯原油的龐大哈爾克島原油碼頭之間也無法連線。此外，沙烏地阿拉伯國家石油公司還無法使用企業電子郵件，電話也都不通。[54]

這場駭客攻擊彷彿立下某種里程碑。伊朗駭客並非僅利用網路攻擊中斷服務，而是證明了自己能夠運用惡意軟體造成實質傷害。在後續幾年中，想執行攻擊的國家都模仿伊朗所使用的「Shamoon」清除軟體。雖然初期證據顯示伊朗是單純靠駭客行動進入內部，不過美國情報單位很快得出結論，認為有沙烏地阿拉伯國家石油公司的內部人士提供協助，而且是某位幾乎能自由存取這家石油公司網路的人士。[55] 最後，沙烏地阿拉伯將受感染的電腦全都拆解報廢。為了重新恢復運作，他們一次買下 50,000 個硬碟，基本上等於壟斷了全球供應量；最後總共花了五個月才從損害中復原。

事後看來，伊朗對沙烏地阿拉伯、華爾街到鮑曼水壩進行的反擊不只是以牙還牙而已，這也是我們第一次看到永不停歇的輕微網路衝突會是何種模樣。

就像冷戰期間在非武裝地帶與東柏林發生的小規模衝突，這類攻擊似乎不會升級成規模更大的戰爭。大家反而會謹守某種祕而不宣的原則，將網路衝突維持在剛好不會觸發武裝衝突的臨界點之下。美國以伊朗最珍視的核計畫為目標，伊朗則以美國最重視的事物為目標，包括金融市場、石油入手能力、對國內基礎設施的掌控感等。雖然發生中斷、訊號四處傳送，但是沒有一個人遭到殺害。

「整體來說，我們花了許多時間處理沙烏地阿拉伯國家石油公司的駭客事件，以及伊朗使用網路的手法，」一位畢生研究中東的資深情報官員表示，「你必須考量他們的武器金字塔。我們習慣認為核武位於頂端，再來是生物武器，接著或許是化學武器與一般槍砲。但是伊朗已經把網路放在頂端了，高於剛剛提到的所有項目。」他用兩手的拇指和食指比出三角形的三邊。

為什麼？這不是因為網路武器具備如同核武或生物武器的高度殺傷力（除了在最極端的情況下）。「這是因為讓現代社會與石油經濟運作所需的一切，也就是讓沙烏地阿拉伯運作的一切，都要依靠電力、閥門與管線。沙烏地阿拉伯在這些層面異常容易受到傷害，而且這是他們無力解決的問題。」沙烏地阿拉伯的配送網路都已建造了幾十年，全都連接至其他國家，這些配送網路的控制系統也是一樣。伊朗不需要經由沙烏地阿拉伯進入系統，因為在中東地區就存在著他們數不盡的進入點。「伊朗也推敲出沙烏地阿拉伯不會因為無法證明源頭的石油服務中斷事件而發動戰爭。至少理論上是這樣。」

就美國自身弱點所造成的部分難題而言，沙烏地阿拉伯國家

石油公司遭攻擊的事件也讓我們提早學到了教訓。雖然美國付出不少代價才設計出可在爆發衝突時癱瘓伊朗的龐大計畫，但是「宙斯炸彈」卻擱在架上未曾使用；當然，「宙斯炸彈」成為了將網路武器整合至美國作戰計畫的原型，可用以對付其他潛在敵人。相較之下，雖然伊朗能觸及的範圍與擁有的能力皆遙遙落後，卻能執行小規模的攻擊，進而讓大家發現原來讓美國企業陷入麻煩是如此容易，同時也暴露出美國將網路事務保密的做法反而成為弱點。

因為美國從未提及對伊朗的攻擊行動，所以幾乎無法公開討論最初將伊朗基礎設施作為目標的決策是否明智，因此我們無法詢問：「再來該怎麼做？」這也是蓋茲口中在華府最少問到的問題。

美國對攻擊性網路行動保密到家，又對揭露來源與手法感到憂心，在在都意味著政府從未真正向美國的銀行與企業提出警告，表明他們是伊朗新網路軍團的合適目標。相反地，美國政府只是發出一般通知，說明需要採取網路防禦機制與分享資訊等等；在數位領域中，這跟在現實世界裡告訴大家應在發生核武交戰時躲到地下室裡，但卻沒有提及可能會讓人灰飛煙滅的輻射與爆炸一樣。

「這不是很可笑嗎？」我在伊朗攻擊期間詢問歐巴馬的一位資深助理。如果我們轟炸了伊朗的空軍基地，為什麼不警告美國人民這項報復威脅呢？

答案是：「我們不想讓大家因自己無能為力的事而擔憂受怕。」那位官員繼續解釋說政府已給予首長們特殊權限，彷彿這

麼一來政府就無需負擔責任。但其實這些首長對得知的機密資訊也幾乎是無能為力。

在我問到簡報時，其中一位首長表示：「我無法跟自己的資訊科技管理人員說明我所聽到的資訊。實際上，除了夜不成眠地憂慮不安之外，我真的無法利用那些資訊採取任何行動。」

當然，若網路防禦機制失效已成為問題，那麼自然會出現洩漏機密的管道。比攻擊美國銀行的真正犯人更重大的祕密，在不久之後就掙脫了美國政府的掌控。這一切只需要一位心生不滿又唯我獨尊的國家安全局約聘人員，以及可輕鬆不受監控地存取國家安全局最深層機密的權限，就能辦到。

第 3 章

百元擊倒

史諾登、網戰司令部、Stuxnet 的組合……是否在
美國的敵人中激發慌亂心態,導致大家展開網路攻擊行
動的軍備競賽,進而對美國帶來負面影響?……這是棘
手的問題,我們正處於令人不安的時代。

　　── 戈德・史密斯,哈佛法學院教授,前助理司法部長,

　　　　負責領導小布希總統政府的法律顧問辦公室

　　有關國家安全局最深層機密的首起大規模公開洩密案,以及
該單位侵入德黑蘭、北京與平壤等地的數十億美元計畫泡湯的結
果,都歸因於一種叫做「網路爬蟲」的商業軟體。而軟體的零售
價格,才不到 100 美元。

　　網路爬蟲的運作方式正如其名,基本上是數位版的 Roomba
掃地機器人,會有系統地穿越電腦網路,一如 Roomba 掃地機器
人會從廚房開始碰碰撞撞地前往書房後再到臥室,在途中吸進掉
在地上的所有東西一樣。網路爬蟲能自動往來不同網站,依循每
份文件內嵌入的連結行進,而且還可以調整讓它自行複製所碰到

的一切資訊。

在 2013 年春天，史諾登將這種特殊的網路爬蟲放置到國家安全局的網路內。史諾登是博思艾倫漢密爾頓公司的約聘員工，在國家安全局的夏威夷前哨基地工作。在許多人眼裡，他竊取大量國家安全局重要文件的行動是叛國之舉，他的支持者則認為那是基於愛國心的公民不服從行為，而且早該有人這麼做了。不過，史諾登行動中最驚人的部分，在於他的手段非常有效。這個全球頂尖的電子間諜機構居然毫無準備，無法偵測到有如此單純的入侵者正在浩瀚的最高機密文件大海中怡然悠游。

倍感困窘之際，國家安全局能歸納出的最佳藉口是聲稱他們對偏遠基地安全措施的更新作業，尚未實施到國家安全局的夏威夷基地。這個正式名稱為「夏威夷密碼中心」的基地鄰近歐胡島的瓦西瓦。「總得有地方是最後」[56] 才進行安全性升級作業，一位國家安全局的最高階主管有點難為情地對我說。

如果你相信的話，根據史諾登的說詞，他之所以洩漏國家安全局的內部機密，是為了揭穿某些機密計畫；這些計畫名義上是為了追蹤準備攻擊美國的恐怖份子，但計畫的監視對象其實卻包含美國境內的美國人民，而不是只針對外國人，從史諾登的角度看來，這是嚴重踰矩又不道德的行為。從國家安全局夏威夷基地的龐大資料庫取得的資料中，有數項計畫都能作為佐證史諾登論點的例子。這些計畫顯示國家安全局利用祕密的外國情報監控法庭、相關的國會委員會，將國家安全局的監督權限拓展至涵蓋美國國內電話與電腦網路。乍看之下，這似乎都是法律禁止的行為。

不過，位於夏威夷安全複合設施內的國家安全局部門，把主要關注焦點放在太平洋的另一頭上。國家安全局在距離珍珠港與美國太平洋司令部不遠的夏威夷地區，使用最優異的網路武器瞄準最敏感的目標，例如北韓的情報單位與中國的人民解放軍。前述網路武器包括全新的監視技術，可以越過「氣隙」與侵入未連接網際網路的電腦，此外也包含能在戰時觸發的電腦嵌入程式，能夠讓飛彈失效、屏蔽衛星等等。美國大眾與多數媒體發現政府不只追蹤自己撥打的電話號碼，還追蹤我們口袋裡的智慧型手機所留下的數位垃圾痕跡，這種「老大哥」般的密切監視讓大家目瞪口呆。不過另一方面，在史諾登的大批重要文件內，那些揭露最重大資訊的文件則讓我們看到了美國政府對國家的新網路軍火庫所抱有的龐大野心。

　　若說揭露「奧運」行動讓大眾能經由鑰匙孔一窺美國最老練精密的網路攻擊能力，那麼史諾登就是為我們提供了 Google 地球的衛星檢視功能，讓大家可從數英里高的上空鳥瞰，飽覽整片壯觀景象。[57] 這讓我們立刻發現過去十年來，美國已指派數千名工程師與約聘人員，在高度保密的工作環境內建置多種新型實驗性武器。其中某些武器只會在外國網路中穿刺出額外的窗口，讓美國能從中查看敵人與盟友的斟酌思慮及祕密交易，基本上等於是以網路來輔助傳統間諜行動。不過其他工具的功能更為強大，某些工具可以潛伏在外國網路的深處，當美國決定癱瘓或破壞那些網路時，那些工具就可派上用場。遭竊的大批機密文件內只包含關於這類計畫的暗示影射，因為史諾登的存取權限僅限於如此層級。不過將一切資訊拼湊起來後，就能十分有力地指出「宙斯

炸彈」只是個開端而已。

　　天真但又兼具狡猾、聰明、能言善道與高控制欲等特質的史諾登，在北卡羅萊納州的傳統軍人家庭中長大。史諾登求學時個性害羞，曾短暫加入特種部隊訓練課程，但很快就遭除役。他在二十多歲時曾轉學就讀數所不同大學，也曾涉足佛教、對日本深感興趣。後來史諾登在描述自己的第一份工作時，會略為誇大地說自己是國家安全局的警衛。事實上，他不曾在密德堡工作，而是在某所與國家安全局合作的鄰近大學研究中心內擔任警衛。

　　在 2006 年，史諾登二十三歲的那一年，他的人生有了重大突破。那時中央情報局因為反恐任務漸增，需要儘快聘僱人才以滿足相關需求。中央情報局將史諾登調職轉任電信工作，接著派遣他到日內瓦工作，而且還真的給了他臥底身分。史諾登於三年後辭職，他正確地判斷憑自己的專業素養，在私部門可以享有更高薪水。於是史諾登進入戴爾工作，為國家安全局提供更新電腦的建議；最後他前往國家安全局的夏威夷基地工作。不過史諾登真正的野心是在國家安全局內部工作。

　　史諾登在職涯早期曾聲稱他厭惡洩密和洩密者，以及利用相關題材的新聞組織，這可能是為了掩飾自己的行跡，也可能是因為當時他真的如此相信。我在 2009 年曾發表一篇文章，揭露以色列要求美國提供可炸毀地堡的炸彈，好用來因應伊朗的核計畫，而小布希總統為了拒絕這項要求，所以展開攻擊伊朗電腦網路的祕密計畫，也就是後來成為「奧運」行動的計畫。因為這篇文章，史諾登當時對《紐約時報》感到極為憤怒。[58]

「我的天啊，紐時真是他媽見鬼。」史諾登在 2009 年某天寫道。「他們真的想開戰嗎？老天爺，他們跟維基解密沒兩樣。」

後來洩漏大量敏感計畫，而且還樂在其中的史諾登這時似乎怒火中燒。

「到底是哪些該死的匿名來源跟他們說這些事？應該用槍射穿他們的睪丸。」

然而對於美國的網路祕密戰爭遭曝光一事的嚴重性，史諾登所抱持的看法卻在不知不覺中發生大幅轉變。「看到資深官員對國會撒一連串的謊，等於也是在向美國人民撒謊……這促使我採取行動。」史諾登逃離美國後在另一段線上聊天內發表了這段話。

那時，史諾登的動機一直是沸揚爭論的主題。他曾因為極度想在國家安全局工作而侵入政府電腦系統，偷出入職考試的資料。[59] 得知答案後，史諾登在測驗中獲得頂尖成績。然而接到國家安全局的聘書時，史諾登卻覺得自己遭到羞辱，因為那是一個中階的官僚職位，只有相應的中等薪水。所以，他應徵了次佳的選擇，一個在博思艾倫漢密爾頓公司的工作；這家公司在幕後為國家安全局設計許多最重要的電腦系統，並且會派遣員工去維持那些電腦系統正常運作。

史諾登會掛在脖子上的是約聘人員識別證，而不是他渴望的國家安全局識別證。但是他能概覽的資訊與正職員工一樣多，而且若能弄到較高層級的密碼，還可看到更多資料。

於是，史諾登以價值 100 美元的網路爬蟲所挖出的資料，包含了位居國家安全局第二把交椅的雷傑特對我形容的「進入王國

的鑰匙」。

　　擁有資深國家安全局資歷的雷傑特不得不做最吃力的差事，也就是率領國家安全局的專案小組。國家安全局稱此專案小組為「媒體洩密專案小組」，從這個容易令人誤會的名稱看來，彷彿國家安全局面臨的史諾登洩密問題，其實只是跟在全球散布國家安全局機密文件的報社、廣播電台與電視台有關。我曾建議他諸如「內部威脅與內部不當管理專案小組」才是比較妥當的名稱，雷傑特只是微笑著出言反對。

　　他主張：「史諾登是問題的一部分，但不是唯一的問題。」不過，雷傑特承認了關鍵的事實，國家安全局「完全不知道」有個在亞馬遜上就能買到的網路爬蟲，已經在該機關的系統內待了好幾週，並且處理了約 170 萬份文件。

　　有多少份文件、PowerPoint 投影片與資料庫遭到史諾登複製，並在他從夏威夷逃往香港時一併偷運出境，其中的確切數字仍存在爭議。大多數資料都不曾公開發表。但是幾乎所有資料都沒有加密，因為那時的假設是能夠進入國家安全局系統的所有人都是受到信任的人員，所以可在不引發警報的情況下複製任何資料；從國家安全局任務宗旨的本質看來，這種假設顯得十分異常。

　　國家安全局的運氣不錯，因為史諾登沒有拿到王國的所有鑰匙。國家安全局將機關內的資料劃分至多個層級，史諾登只能接觸到描述國家安全局計畫的文件，無法取得實現計畫的特定工具來源或細節。不過光是這樣，就已經有許多可揭露的資訊了；例如名為「稜鏡」之類的計畫允許在法院核准之下，有限度地存取

數千萬位美國人民的線上 Google 帳戶與 Yahoo! 帳戶。此外還有 XKeyscore，這項計畫提供嶄新的精密方法，可在資料於全球傳輸時，讓國家安全局篩選所截取的龐大網際網路資料流。

史諾登的大批重要文件宛如對過去十年的創新技術做了一場考古挖掘。他翻出的資料說明國家安全局破解手機資料加密的方式，甚至還包含暗中破壞「虛擬私人網路」的手法；公司行號與許多電腦專家為了保護自己的資料，都會改為採用簡稱 VPN 的虛擬私人網路，但顯然這些私人網路並沒有廣告上說的那麼私人。

我的一位《紐約時報》同事貼切地形容國家安全局成為了「食量驚人的電子雜食性動物」。[60]

這些文件明白顯現我們正處於數位監視的黃金時代中。美國為了因應未來可能基於「外國情資相關目標」而須進行資料探勘的情況，所以持續蒐集美國人民的資料，總統委員會後來將這些資料稱為「大宗未經整理的非公開個人資訊」。國家安全局廣納大量美國人民資料的行為是否已超過應有分寸，在國內引發激烈爭論；這項舉動幾乎讓「國內」與「國外」通訊之間的區隔消失無蹤。

然後在事件發生之初，美國的盟友與敵人就從史諾登的文件中了解到一項更為關鍵的要點，那就是國家安全局對全球監控與破壞行為的興趣，已遙遙超越了伊朗的離心機廠房。史諾登送了兩件禮物給這些觀察家，第一是讓他們了解國家安全局從柏林到北京的全球行動，第二則是讓世上各國有藉口在當地市場內妨礙美國的技術主導地位。

從 Stuxnet 與史諾登事件等經驗學到的最大教訓，就是網路世界至今仍在缺乏全球共同接受的行為準則下運作。歐巴馬描述網路世界是「荒蠻的西部」，國家、恐怖份子與科技公司不斷在網路中測試界限何在，而且幾乎無須承擔負面後果。[61]

中國與俄羅斯利用史諾登洩漏的資訊將當地的苛刻規定正當化。根據那些規定，在該國境內營運的美國公司必須依要求交出照片、電子郵件與聊天內容等，本質上等於合力協助專制國家永垂不朽。

在歐洲方面，當德國發覺國家安全局在美國大使館頂樓設置繁忙的監視辦公室，以監視知名的布蘭登堡門後，德國即開始討論建立「申根」路由系統，藉此將線上資料保留在歐洲內部。該系統的設計目標在於防禦盟友美國，而不是對抗敵手俄羅斯。個人手機遭受國家安全局監視的梅克爾大力支持這項提案。不過該計畫在技術層面的設計不周，最終德國發現根本無法藉此防止國家安全局駭進德國網路，事實上反而還讓駭進網路變得更容易。

在史諾登揭密事件爆發五年之後，令人驚訝的是國家安全局未曾被迫公開回答的問題數量還是很多。即使史諾登的大批重要文件讓全球能以史無前例的方式看見國家安全局的行動，國家安全局的官員還是可以躲藏在包覆行動的神祕迷霧之後。這個情報單位的領導階層公開地將史諾登的內部洩密案視為天災；他們雖然感到遺憾，但是無能為力。

克拉珀表示史諾登充分善用安全疏漏所造成的「完美風暴」，但是卻沒有任何人因為這些疏漏而受到公開譴責。[62]「他

完全清楚自己在做什麼。」克拉珀表示。「而且他以高明的技巧躲在不會被雷達偵測到的位置，所以沒有人看到他的行動。」

發生史諾登洩密案之後，國家安全局稍微做了點變更。國家安全局知道自己必須向美國人民說明該單位的行為，因此曾經短暫敞開大門。一位國家安全局的非軍職員工遭到撤職，根據推測，他可能讓史諾登使用自己的較高層級密碼。此外，還有一位約聘員工與一位軍官皆遭禁止存取國家安全局的資料。不過國家安全局並未提供任何關於史諾登的資訊。沒有人想要過度詳盡地解釋發生的事件，或說明應該將責任歸到誰身上。國家安全局的員工會半開玩笑地稱這個單位為「沒有這個機關」（No Such Agency，英文縮寫為 NSA，與國家安全局相同），這種時代該結束了，可是我們卻無法正確地指出責任應歸屬至何處。

博思艾倫漢密爾頓公司或國家安全局都不曾解釋史諾登如何將分量龐大的資料載入某種電子裝置內，並且在未經檢查下毫無阻礙地走出大門，史諾登也沒有說過他使用的電子裝置為何。雖然情報官員不斷隱晦暗示史諾登勢必是一直在為中國或俄羅斯工作，但他們從未提供任何證據證明史諾登是躲藏在國家安全局內部的潛伏特工。官員們反而私下向記者暗示正在細查史諾登於香港的居住地點，也在調查他安排逃亡至俄羅斯的方式。不過，就算官員蒐集到證據，可證明世上兩大強權將史諾登安插至國家安全局夏威夷基地中心，他們也從未提供那些證據，這或許是因為官員希望某天可以起訴史諾登，也或許是因為那些證據過於令人難堪。

更重要的是，雖有充分紀錄指出國家安全局在充滿內部威脅

的新時代裡具有許多漏洞，國家安全局卻忽視眾多相關警告，而且從未因輕忽警告而承擔相關責任。這些警告都是廣為人知的警訊。就在發生史諾登洩密案的短短三年前，現改名為雀兒喜・曼寧的二等兵在伊拉克做了基本上一模一樣的舉動後脫逃；她下載了數十萬支軍方影片和國務院電報，並將這些資料交給維基解密。

　　國家安全局慘敗史諾登手下後不久，宣布採取新的防護措施。擁有大型資料庫存取權限的系統管理員再也無法自行下載文件。為了防範獨行俠，國家安全局現在採取「雙人法則」，讓人聯想到保管核武啟動鑰匙的兩位保管者。

　　不過國家安全局的解決方案或許是實施得太晚，也可能是缺乏效果。[63] 因為在之後幾年內，還是會不時看到國家安全局發生暴露該單位缺乏保密能力的事件，史諾登只是至今為止最廣為人知的內部人士而已。

　　史諾登在香港現身後，開始從他的大批政府機密文件中挑出少量傳送給《衛報》，這時，美國對外部政府承包商的依賴成為矚目焦點。[64] 為什麼美國政府要靠博思艾倫漢密爾頓公司執行最敏感的政府情報行動？在 2013 年，當時擔任參議院情報委員會主席的參議員范士丹向我表示，很快地「我們一定會立法限制或防止承包商處理高機密資料和技術性資料」。但那從未實現。

　　難以置信的是，博思艾倫漢密爾頓公司從未公開說明為何指派史諾登負責如此敏感的一系列作業，也沒有說明為何對史諾登的監督如此鬆散，讓他得以下載跟系統管理員職務無關的高機密

檔案文件。該公司竟然也沒有因此失去與國家安全局之間的任何合約。

此外，華府對削減聘用承包商處理國家最高機密的討論幾乎是立即觸礁。「我們必須前往國會，低調地說明網路武器的開發方式。」一位國家安全局官員對我說道。簡而言之，國家安全局告訴國會，製作網路武器的方式跟製作其他所有項目一樣，都是由民營公司負責。五角大廈依靠洛克希德馬丁公司及眾多分包商與合作夥伴公司來製造 F-35 戰機。通用原子航空系統公司負責製造「掠奪者」和「死神」這兩款最著名的無人機。波音公司負責製作衛星。而博思艾倫漢密爾頓公司與從密德堡近郊到矽谷的多家公司，則負責建置網路武器。

這些公司會追尋或暗中購買「零日」漏洞，也就是入侵者可用來執行間諜活動或破壞行動的系統軟體漏洞。得用高薪才能聘僱到可將這類漏洞轉變為武器的程式設計人才，而只有承包商才付得起聘請這些頂尖人才的薪酬。承包商支付給最優異程式設計師的薪水，是政府能支付的數倍之多。某家最成功網路承包商的一位年輕職員跟我說：「政府依賴承包商來建造與維護武器的程度，會讓大家十分震驚。」而且即使外國系統也是如此。這解釋了為何在 2012 年擁有最高機密許可的 140 萬名人士中，約三分之一都是民間承包商人員。[65]（而且，沒錯，這些承包商的背景調查通常都是由其他承包商執行。）

將博思艾倫漢密爾頓公司安插到國家安全局布局內的人是麥可‧麥康諾，他十分了解在網路工業複合建物旋轉門內外的所有工作。麥可‧麥康諾曾擔任海軍情報官，在越戰期間的湄公河三

角洲回水處打響名號。戴著金屬細框眼鏡的麥可・麥康諾膚色蒼白、有些駝背，看來有點像勒卡雷筆下令人費解的史邁利，也就是勒卡雷描寫英國情報界內幕小說的主角。的確，麥可・麥康諾看來比較像官僚，而非網軍。外表是會騙人的。

麥可・麥康諾曾在柯林頓總統手下擔任國家安全局局長，在那些年間，他對美國逐漸擴大的網路漏洞愈發關切。之後當麥可・麥康諾於小布希總統任內重回政府擔任國家情報總監之際，他已準備好參與一場全新的軍備競賽。在小布希的第二任任期中，麥可・麥康諾、麥可・海登與卡特萊特透過督導「奧運」行動與其他攻擊性行動，一同推動美國邁入精密網路計畫的領域。當歐巴馬準備接任時，也是由麥可・麥康諾向他報告美國在阿富汗、伊朗等等地區執行的多項祕密海外行動。

麥可・麥康諾卸下職務後，於 2009 年返回博思艾倫漢密爾頓公司，回任第一年的薪資是宛如天價的 410 萬美元。麥可・麥康諾清楚察覺到衝突不斷的年代即將來臨，於是他著手大幅提升該公司的網路能力。麥可・麥康諾督促開發「預測性」情報工具，讓公司行號與政府能用來清查網路，找出可能表示有網路攻擊或恐怖攻擊逼近的異常動靜。這份努力為博思艾倫漢密爾頓公司帶來回報，就在發生史諾登揭密事件之前，該公司贏得了為國防情報局進行情報分析作業的 56 億美元合約，另外還有一份來自海軍的 10 億美元合約，協助海軍進行「新一代的情報、監視與戰鬥行動」。當阿拉伯聯合大公國打算為自己的全方位訊號情報、網路防禦與網路戰單位物色所需一切時，也同樣找博思艾倫漢密爾頓公司幫忙組織整合，而且特別尋求麥可・麥康諾的協

助。阿拉伯聯合大公國身為美國在阿拉伯地區關係最密切的夥伴之一，格外適合擁有這類單位。「他們教了我們一切。」一位資深阿拉伯官員向我解釋。「資料探勘、網路監視等等所有與數位情報蒐集相關的事務。」

在小布希的任期內，我看到麥可‧麥康諾以極具說服力的方式證明若要讓政府脫離老舊的體系，需要靠民營公司才能辦到。麥可‧麥康諾常會指出美國空軍為了無人機的構想，就努力奮鬥了好幾年。

不過於 2012 年，剛好就在博思艾倫漢密爾頓公司因史諾登案而一敗塗地，再也無法重拾過往商譽之前，麥可‧麥康諾主張私部門應當更認真看待公司系統的安全性。「那應該作為合約的條件。」他表示。「如果無法將安全水準提升到更高層級，就無法在網路年代裡擁有競爭力與人競爭。」

這句話有點問題。之後，他手下又有另一位員工遭到逮捕，眾人預期這家公司的問題不小，導致博思艾倫漢密爾頓公司的股票短暫下探谷底。但隨後投資人認為肯定能從最新軍備競賽中大撈一票，因此投入龐大資金，結果該公司的股票轉為反彈至史上新高。

就像美國某些公司的規模大到不會垮台一樣，某些承包商則是太過關鍵，所以無法將其割捨。

史諾登洩漏的資訊讓華府焦急了好幾個月。國家安全局跟中央情報局不一樣，從未受過內部人士或雙面特務的問題折騰。對於國家安全局堅稱鮮少檢視但卻盡數保留的那些美國人民相關資

料，大家顯露的不滿之情有真有假。

在史諾登揭露的文件中，有一份文件成為了美國部分最大頭條新聞的主題，那就是外國情報監控法庭的「威訊無線命令」複本。這份文件顯示該祕密法庭採用了一項法律理論來解讀在九一一事件後通過的《愛國者法案》，因此可基於該法案，要求威訊無線與 AT&T 等其他大型電信業者提交進出美國每一通通話的「元資料」。而且外國情報監控法庭後來還另外將「完全位於美國境內」的所有通話也納入法案的涵蓋範圍內。

「元資料」不包含通話者對丈夫、老闆或小孩所說的話。撥打的電話號碼、通話的持續時間與路由方式等等才是元資料。從九一一事件發生至今已過了近二十年，這種蒐集所有美國人民的市話與手機通話資料的舉動，明顯屬於監控國家的逾越行為。而且也確實如此，因為資料流量過於龐大，所以用途也極其有限。不過，蒐集資料的行為是一項很好的例子，從此可看出九一一攻擊事件如何扭曲了官員的判斷力，讓本來聰明的官員只為了某天可能會派上用場，而開始囤積各種資訊。他們可能根本沒多想自己是為全球設下了先例，尤其對中國和俄羅斯等國家來說更是如此，因為這些國家的領袖總是在尋找藉口，好勒緊綁在異議人士身上的繩套。

通話元資料計畫還存在一個更棘手的問題，這問題與運用方式無關，而是美國官員居然接連在國會上對計畫的存在說謊。史諾登揭密的文件讓這些人露出馬腳。這起事件又一次顯現美國政府在使用網路能力時保密過頭，迫使官員得跟著隱瞞計畫，但其實原本可以在不削弱計畫效力的情況下，輕鬆將計畫公諸於世。

到頭來，史諾登影響最鉅的部分不是對隱私的防禦。雖然在國會山莊跟有線電視台上，皆曾探討到安全與隱私權間的平衡關係應重新考量，但那些討論卻沒有造成多少改變。美國國會恢復國家安全局的監視權力時，也只有進行非常輕微的調整而已。

圍繞著隱私議題打轉的公開議論，讓史諾登大批重要文件所顯露的真正啟示反而變得模糊。在一個又一個的 PowerPoint 檔案中，其實記錄了國家安全局特定入侵行動單位（即 TAO）是如何找出方法，侵入全球隔離最徹底、戒備最森嚴的電腦系統。

雖然大家仍舊使用特定入侵行動單位這個不正式的名稱，但是正式來說，特定入侵行動單位已不復存在，它已經納入國家安全局的其他攻擊單位中。雖然最初規模偏小，但特定入侵行動單位從二十年前成立開始，就逐漸成為國家安全局內最具傳奇色彩的單位，並且派遣了上千位菁英駭客進駐位於馬里蘭州、夏威夷州、喬治亞州、德州的各處據點。

雖然這個單位的薪水無法比擬矽谷，但是其任務宗旨令人難以抗拒。這個駭客小組吸引了國家安全局內的眾多年輕新星，這些人員都對以愛國祕密行動之名，行網路竊盜之實的概念感到無比興奮。他們的目標清單包羅萬象，例如中國的領導階層、沙烏地王子、伊朗將軍、德國總理、北韓的國家偵察總局等等。特定入侵行動單位的許多成果都標示為「特別控管資訊」，通常都足以納入美國總統的每日情報簡報內。

根據曾任職特定入侵行動單位的人員表示，在這個單位內存在長幼順序。老鳥負責規劃進入外國網路的方式，然後把具有挑戰性的行動交給較資淺的團隊成員執行；跟中央情報局撤離位於

外國的間諜一樣，這些資淺人員也會夜以繼日地「滲出」資訊。
「有時行動進度很快；有時則需要較長的時間。」一位該組織的
前資深成員告訴我。而且這週有效的做法，到下週可能就沒用
了。

　　因此，特定入侵行動單位人員總是不斷地設計新的惡意軟體
嵌入程式，不但能潛伏在網路中達數月或數年之久，也可在暗地
裡將檔案回傳給國家安全局。此外，同樣的嵌入程式還可以修改
資料或照片，或是成為攻擊的跳板。

　　根據史諾登持有的報告，讓特定入侵行動單位獲得最豐碩成
果的其中一個目標，也是美國擔心對方正把矛頭指向我們的國
家，就是中國。

　　多年來，美國官員都認為中國電信巨擘華為會對美國造成嚴
重安全威脅。美國害怕華為的設備與產品，包括手機、企業電腦
操作系統與電話網路的大型交換器等所有品項，都可能藏有祕密
「後門」。美國的機密情報報告與非機密的國會研究，全都警告
中國人民解放軍與國家安全部某天可能會運用這些後門來進入美
國的網路。

　　美國空軍於 2005 年僱用蘭德公司評估中國網路公司帶來的
威脅，而華為在威脅清單上名列前茅；蘭德公司的結論是中國的
公司、軍方與國有研究團隊構成「數位三角」，他們聯手合作，
深入鑽研維持美國與其盟友運作的各個網路。[66] 蘭德公司認為在
前述行動中，華為的創立人任正非位居中心地位；美國懷疑這位
前人民解放軍工程師其實從未卸下他先前的職務。

但至少在公開層面上，對前述論點提出的證據少得可憐。不過風聲已經傳遍華府，大家都說若是買了中國的設備，就得自行承擔風險。當時華為正逐步成為亞洲最大的電信設備公司，從中國北京到緬甸曼德勒都可見其廉價手機的蹤跡。同時，華為也將成為全球第三大的電信設備公司，因此不可能禁止在全球網路中使用華為產品。包括小到手機使用的華為晶片在內，從英國到南韓，在世界各地皆能看到整合華為設備的產品。華為對於該公司串連起全球三分之一的人口感到自豪。但是，華府在受到華為的美國競爭對手鼓動之後，決定在美國周圍築起防火牆。當華為試圖買下衰敗的美國公司 3Com 時，鮮為人知的美國投資委員會，這個財政部分支單位以國家安全為由，阻止了華為的購買行動。[67]

國家安全局在對國會進行的機密簡報中，列出了其憂心之處：美國幾乎無法得知華為可以隱密地將哪些功能蝕刻至硬體上或埋藏在軟體內。如果跟中國發生真槍實彈的戰爭，或甚至只是地區之間惡言相向的口角爭辯，中國可能會將華為當成關閉或癱瘓美國電信網路的媒介。一旦電信系統遭到破壞，其他網路也會跟著受損。另外，美國對遭竊的擔憂從未消失過；若想將祕密通訊轉至人民解放軍，已有深厚基礎的手機公司不就是最理想的途徑嗎？

當然，這種偏執猜疑並非僅針對華為。中國的新興電腦公司聯想於 2005 年買下 IBM 的個人電腦部門，隨後美國國務院與五角大廈即廣泛禁止採用聯想堅固耐用的筆記型電腦。不過由於華為產品占有主導地位，因此華為一直是眾議院情報委員會與美國

情報機關的調查重點。問題在於他們無法提出證據，至少在非機密報告中都沒有證據可證實中國政府在背後操控華為，或是命令該公司蒐集資料。（這並未阻止眾議院最終決定禁止華為與另一家中國公司中興通訊在美國進行「收購、接管或合併」，而且「無法相信該等公司未受到外國政府影響」。）

因為明顯缺乏證據，所以「獵巨人」（Shotgiant）應運而生。

這是一項經小布希政府核准的祕密計畫名稱，計畫目標是鑽出一條通往中國工業中心深圳的通道，藉此深入華為與世隔絕的總部。[68] 雖然美國官員不會如此描述這項計畫，不過其實計畫的概念就是要將美國擔心中國正對美國從事的行為，如法炮製到中國身上，包括利用爬蟲走遍華為的網路、了解華為的弱點，以及竊聽最高階主管的通訊等。不過美國的計畫還要更進一步；美國打算利用華為的技術，如此一來，當華為向南韓等盟友與委內瑞拉等敵人銷售設備時，國家安全局就可以在那些國家的網路內漫遊。

「我們有許多目標都使用華為生產的產品通訊。」一份說明「獵巨人」計畫的國家安全局報告文件指出。文件中還補充道：「我們希望能確實了解利用這些產品的方式」，藉此在全球「存取所需網路」。

此外，計畫尚有另一個目標，那就是證明美國的指控無誤，包括人民解放軍其實正祕密控制華為，以及華為正在隱密地執行中國情報單位的要求等。

美國對華為的疑慮情有可原。畢竟投注最多心力好深入美國

網路內部的國家，正是中國。在調查「獵巨人」計畫中期時，專家路易斯向我表示：「就網路間諜行動而言，中國採取的行動比其他所有國家加總之後還要多。現在問題已不是中國駭進哪些產業，而是還有哪些產業尚未遭中國駭入。」

因此，華為自然成為美國的疑慮源頭。在專制環境內，一切全歸政府所有，而在這種環境下成立的公司，無論政府要求他們交出什麼資料，公司皆須聽命行事。美國官員向我表示，相同的擔憂也適用在卡巴斯基實驗室公司身上，這家俄羅斯防毒軟體製造商的產品，讓俄羅斯情報特務可更輕鬆地滲出美國機密文件。

不過，當德國《明鏡》週刊與《紐約時報》根據史諾登的文件發表「獵巨人」計畫的細節之後，美國深入骨子裡的虛偽態度不但打擊了中國，也打擊到眾多美國盟友。某天在早餐會上，一位歐洲大使對我說：「你們對中國做的事，基本上跟你們指控中國對美國做的事一模一樣。」這位大使的母國也正在與華為問題角力。他說完後暫停了一會兒。「很合理，」他表示，「我們可能該助你們一臂之力。」

「獵巨人」計畫在 2013 年遭曝光後，願意談論此計畫的美國官員當然都採取不同解釋。他們主張美國侵入外國網路只是基於「合法」的國家安全目的。「我們不會將蒐集的情報交與美國公司，讓他們藉此強化國際競爭力或提高利潤。」時任國家安全會議發言人的凱特琳・海登表示。「很多國家都無法這麼說。」

問題是中國並未將「經濟優勢」與「國家安全優勢」劃分為二。對於透過維持經濟成長以確保強大權力的國家來說，前述那種區隔並不存在。因此在中國官員的眼裡，美國的解釋在最理想

情況下會被視為自私自利，在最糟的情況下則會被視為欺瞞。當時一位派遣到華府的資深中國外交官向我指出，顯然國家安全局的真實目的「是要阻止華為銷售產品，好讓思科系統公司可以銷售自己的產品」。

在史諾登的大批重要文件中，解釋「獵巨人」計畫的投影片讓我們感受到國家安全局的想法，其中某位分析師寫道：「我們希望能透過判斷該公司的計畫和意圖，讓我們能循跡而上，了解中華人民共和國的計畫和用意。」此外，國家安全局從中發現了一個額外的良機。在華為投資新技術、鋪設海底電纜串連起自家的網路帝國之際，國家安全局感興趣的是美國可藉此鑿出通往中國重要客戶的通道，這些客戶包含「高優先目標，如伊朗、阿富汗、巴基斯坦、肯亞、古巴等」。

簡而言之，雖然國家安全局急著釐清華為是否為人民解放軍的傀儡，但其實國家安全局更想在華為的網路中安置自己的後門。這項任務格外重要，因為在美國難以接觸的那些國家裡，美國電信公司幾乎不可能贏得任何合約，但是中國公司在那些國家中卻十分受歡迎。換句話說，華為可能是中國人民解放軍的後門，但是也能成為另一道後門的宿主，那是華為本身不知情的一道門，一個通往國家安全局的後門。

根據間諜技巧守則，這完全屬於邊線球戰術。因為美國、中國與俄羅斯都各自執行間諜行動，所以將情勢扭轉成對自己有利算是公平競爭。不過，史諾登或許無意地凸顯出一項長期成本。如果美國欲訂立讓其他國家依循的規則，例如首先從禁止使用能破壞重要基礎設施的技術開始，那麼美國必須願意割捨某些部

分。但是，從「獵巨人」計畫卻可清楚看出，在國家安全局內外都沒有人願意深入考量可能需要割捨的是什麼。

　　與中國相關的檔案顯示華為不是國家安全局唯一盯上的目標。國家安全局在 2013 年侵入中國最大的兩家手機網路，開心地發現某些戰略重要性最高的中國軍方單位過於依賴容易追蹤的手機，而且其中還有幾個單位是負責維護中國核武的單位。在史諾登的其他文件中，則列出了國家安全局是如何找出中國領導階層的確切住址與工作地點。受到高牆圍繞的中南海是美國眼中的重大目標。鄰近紫禁城的中南海過去為供皇帝與妾妃休憩之用，如今在古雅華麗的氛圍中，這裡散布著幾棟外觀老舊的樸實住家，以及防護薄弱的無線網路，至少在發生史諾登洩密案之前都是如此。原來中國領導階層也跟其他所有人一樣，總是抱怨著無線網路太慢，因此不斷升級設備。這也為國家安全局創造了機會。

　　而特定入侵行動單位已準備好利用這個機會。在 2013 年年末，《明鏡》發表了「ANT 目錄」，這是一份詹姆士・龐德可能會大為讚賞的設備目錄。[69]

　　從 2008 年左右開始，國家安全局開始使用新型工具，即使電腦沒有連接至網路，這些工具也能竊取或修改其中的資料；國家安全局在伊朗就是利用這種方式，穿過將納坦茲廠房與數位世界隔離的「氣隙」。

　　在這類裝置中，最精妙的部分是一個祕密頻道，透過這個頻道，就可傳輸由暗中插入目標電腦的迷你電路板及 USB 隨身

碟所發出的低頻無線電波。當然，為了將這類設備置入所需電腦內，美國或某個盟友必須在裝置出廠前先將硬體插入裝置裡或在運輸途中改動裝置，抑或是尋找手法隱密又能夠接觸裝置的間諜，但這可不是容易的事。不過，有時候也可欺騙目標，讓他們自行插入裝置。ANT 目錄中有個名為「Cottonmouth I」的裝置，看起來跟我們在辦公室補給站辦公用品店購買的普通 USB 插頭一樣。但是這個裝置內嵌迷你收發器，會連上祕密無線電頻道，以進行「資料滲透和滲出作業」。

根據 ANT 目錄的內容，將非法電路安置就位之後，就會將電腦訊號傳送到公事包大小的中繼站，大家貼切地將中繼站取名為「床頭櫃」。情報機關可把中繼站安放在距離目標達十三公里遠的位置。換句話說，美國情報人員可以坐在遙對中南海的北京另一頭，從某家煙霧繚繞的咖啡店裡輕鬆收取中國領導階層彼此往來的郵件，或是跟他們的配偶、兒女互傳的電子郵件，再回傳至華盛頓。

若想理解 ANT 目錄究竟是什麼，最簡單的說法就是它更新了「竊聽器」，讓情報特務人員從 1920 年代起就會放到電話中的竊聽器改頭換面。不過這麼說的話，會遺漏了新設備能從電腦網路中截取資訊的規模，也漏掉了這類設備可用來執行網路攻擊的功能。在 ANT 目錄中，我們可看到兼具規模與精密設計的全新硬體類型 [70]；即使從操作人員的角度看來，某些電腦與網路已完全與網際網路隔離，所以外部攻擊皆無法滲入，但美國國家安全局一樣能進入其中並竄改資料。國家安全局甚至還不嫌麻煩地利用掩護公司做表面功夫，在中國設立了兩所資料中心，主要目

標在於將惡意軟體插入電腦系統裡。

國家安全局稱為「量子」的這套系統不只用在中國身上，國家安全局也同樣試圖將惡意軟體置入俄羅斯的軍方網路，以及墨西哥警察與毒販所使用的系統內。

毫無意外地，《紐約時報》準備發表部分前述細節時，國家安全局官員拒絕確認相關文件是否說明了國家安全局的任何計畫，至少在公開場合是如此。而在私底下，他們表示那全都屬於一項「主動防禦」的新原則，用於應付外國的網路攻擊。簡而言之，其目標更偏重在監視上，而不是放在國家安全局所稱的「電腦網路攻擊」上，也就是攻擊性的行動上。

想當然耳，問題在於中國絕對不會相信這種說詞。若美國在天然氣配送網路或金融市場內發現類似的「嵌入程式」，立即就會想到最糟的情況，也就是中國正在準備進攻。我曾詢問一位國家安全局資深官員，想知道他們如何向中國或其他敵手示意說明那些嵌入程式只是監視工具，不是設定在幾年後就會爆炸的數位地雷。

「問題就在這裡。」他說。「我們無法說服他們，他們也無法說服我們。」

此外還有另一個麻煩。國家安全局官員認為 ANT 目錄並非來自史諾登的「爬蟲」所觸及的任何一份文件。於是他們開始尋找另一位內部人士，第二個史諾登。

史諾登洩漏的資訊如今已是多年前的資料，其中提及的某些行動在歐巴馬當選總統前就已展開。因此，現在有部分官員主張

雖然爆發洩密案時，曾對國家安全局造成嚴重傷害，不過傷害已經大幅降低。就像新款 iPhone 或速度飛快的筆電一樣，監視與攻擊的技術過了一、兩年後可能就顯得落伍。而在擬訂計畫時，那些看似不可或缺的計畫也可能因情勢發展或新興技術誕生而不再適用。

當我在 2014 年前往國家安全局，首度拜訪羅傑斯上將時，他也對我提出上述主張；那時他剛接任國家安全局局長與網戰司令部司令的職位。在羅傑斯的國家安全局密德堡辦公室內，他一面踱步伸展著發疼的背部，一面表示確實有某些恐怖份子組織弄清美國竊聽他們的手法後，就改變了策略。他也承認很多美國盟友確實都感到火大，部分盟友是因為發現自己受到華府暗中監視（例如德國），其他則是因為史諾登揭穿了他們暗中協助美國的行動（這份名單很長，不過德國同樣包含在內）。

但是羅傑斯隨即補充道：「我並沒有以局長的身分對你說：『天啊，天要垮了。』而是儘量以十分明確且慎重的方式來描述情況。」[71]

然而在我們繼續討論後，可看出羅傑斯對洩密案另一項更持久的影響感到擔憂；他表示外洩的資訊可能造成無形的傷害，進而影響盟友跟美國合作及分享所知國際情勢的意願。德國、法國或英國的情報機關並非因為他們所看到的資訊而震驚，因為他們早就知道美國暗中監視自己，而且這些國家也透過許多計畫來監視美國。羅傑斯害怕的是這些國家的領導人需要公開譴責美國的踰矩行動，而這可能會侵蝕未來的合作關係。

顯然，最令人擔憂的是梅克爾總理。某份文件有力地暗示梅

克爾在成為德國基督教民主聯盟的黨主席後，個人手機就開始受到監聽（現在發現前述文件也不屬於史諾登擁有的大批重要文件，而是來自另一起內部洩密案）。那已經是十五年前的事，遠早於有人認真考量梅克爾可能崛起成為國家領袖之前。這不是網路行動，而是老式的電話竊聽。

梅克爾大為光火，而且也讓歐巴馬知道這一點。[72] 某次她說：「暗中監視盟友不是應有的行為。」同時對記者揮舞著她那支已不可能跟上時代的老舊個人手機。不過，大家當然都會暗中監視盟友，向來都是如此，梅克爾手下的情報機關德國聯邦情報局也在這麼做。

國家安全局是否積極聽取了梅克爾的話，一直都無法獲得確切證明。不過這倒是迫使歐巴馬採取了少見的行動，那就是公開聲明會從國家安全局的目標清單上移除這位親密盟友。

梅克爾後來表示她因為深感不滿，所以曾致電歐巴馬，提醒他自己是在東德國家安全部「史塔西」的管制下長大。[73] 梅克爾用她獨有的嘲諷方式向歐巴馬坦白指出，她認為美國施加在盟友身上的舉動，跟祕密警察監視人民的行為幾乎毫無差異。「那像是史塔西的行為。」梅克爾對歐巴馬說。

不過，梅克爾並非唯一的目標，因為美國也竊聽墨西哥和巴西的領導人。（歐巴馬公開宣布從目標清單移除梅克爾後，不願表示美國還將哪些國際領袖也一併從清單上移除，以及更重要的一點，還有哪些人仍保留在名單上。）

梅克爾事件讓我們了解到國家安全局一心一意地想要儘量蒐集到最多的外國情資，卻沒有考量過這些行動曝光時可能造成的

傷害。中央情報局都會對祕密行動進行一個簡單的檢驗：如果
《紐約時報》與《華盛頓郵報》在頭版多頁上顯著地報導某項行
動，是否有人必須因此蒙羞下台？但是卻沒有人用這種方式檢查
國家安全局的目標清單。事實上，歐巴馬的某位資深國家安全官
員向我表示，雖然中央情報局的祕密行動每年都會受到檢討，但
卻沒有人定期對國家安全局執行這類檢討作業。這種情況很快就
改變了。

　　不過，情報界的領導者除了對遭到發現略感歉疚之外，毫無
認錯之意。[74] 他們表示，情報機關的建立宗旨就是暗中監視外國
人士，而盟友與敵人都包含在內。發生揭密事件後，克拉珀將軍
察覺自己成為眾人矛頭的目標，他對國會成員解釋道：「我們現
在討論的是規模龐大的事業，其中具有數千種不同的個別要求。」

　　他以一句簡單的口號將監視盟友的行為合理化，那就是「誰
都不能相信」。他補充表示，美國暗中監視友國是為了查看「對
方的說法是否符合現實情境」，以及其他國家的言行「在各種議
題上會對我們造成何種影響」。

　　克拉珀說的是事實。然而此刻證明了美國的現實政治心態，
因為從揭密資訊可清楚看出美國對資料的胃口其實漸趨貪得無
厭。國家安全局在德國與世界各地都竭盡所能地蒐集外國官員的
手機與市內電話號碼，通常是透過美國外交官取得這類電話號
碼。竊聽到的電話內容則儲存在電腦資料庫中，可定期使用關鍵
字執行搜尋。

　　「他們在德國搜刮了所有可到手的電話號碼。」一位前情報
官員對我的同事麥哲提與我說道。發生史諾登洩密案後，美國與

德國的情報主管曾激烈爭辯，美國那時明言不會停止這類行為，唯一可倖免的例外是德國總理本人的手機。

歐巴馬與梅克爾努力修補傷害。那時一位德國資深官員告訴我：「萊斯對我們說得很明白。」他提及美國的國家安全顧問。「美國不會創下先例」，因此也不會發誓停止監視盟國政府。

德國對第二次世界大戰後的盟友所抱持的看法，在爆發史諾登洩密案後從此變得不同。華府與柏林的政治人物們喜歡頌揚兩國間的緊密結盟，形容那是無法動搖的關係。這段關係確實緊密，但顯然可以動搖，而且還植入了一些懷疑猜忌。

克拉珀堅持史諾登只是讓美國人民得知國會建立國家安全局時的行動目標，也就是侵入外國的訊號情資。因此在克拉珀眼裡，史諾登只不過是個惡意犯行者，嘴裡說著要保護美國人民免受窺伺，但他對美國敵人揭露的資訊量卻遠勝於此。克拉珀說：「他暴露的資料遠超出所謂的國內監視範圍。」[75]

克拉珀在退任後向我表示，史諾登揭密事件迫使美國在阿富汗終止一項曾協助阻止簡易爆炸裝置攻擊的計畫；這種隨意製作的爆炸裝置造成許多美國人和當地民眾喪命或傷殘。克拉珀聲稱：「當格林華德在《衛報》報導這項計畫後，計畫就結束了。」他提到那位成為史諾登最大擁護者的美國人。「史諾登造成了嚴重傷害，讓我們所有人都需付出代價。」克拉珀堅定表示。「他是個自戀又自我中心的空想家。」

這都沒錯。不過，史諾登可能也幫了我們一個忙；他迫使華府和 Google、Facebook、微軟、英特爾等網際網路領域的新興大廠重新思考自己與美國政府之間的關係。

第 4 章

中間人

> 別見怪，不過我的工作就是要讓他們的工作難過。
>
> ——Google 安全主管格羅斯提及國家安全局

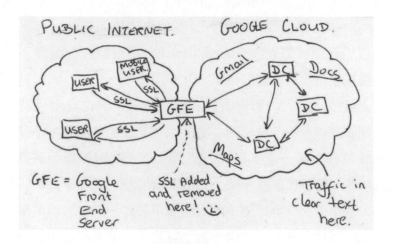

那張笑臉讓 Google 工程師感到不快。

在一張黃紙上的手繪簡圖下方畫著笑臉，看來有點像工程師在咖啡店隨手塗鴉的圖案。不過，這個笑臉是畫在一張標為「最高機密 // 特殊情報 // 外籍禁閱」（TOP SECRET//SI//NOFORN）

的投影片上，並且包含在史諾登外洩的大批重要文件裡。

這張簡圖顯現美國國家安全局試圖透過名為「中間人」攻擊的行動，介入「公共網際網路」和「Google Cloud」間的連結，而且或許已經成功介入其中。換句話說，在連結 Google 全球客戶的 Google 國際資料中心裡，進出其中的所有資料都可能遭到截取。簡圖內有個箭頭指向國家安全局嘗試介入的對應位置。投影片的作者還在箭頭旁信手畫了個笑臉，有如往傷口上灑鹽一樣。

這張簡圖非常赤裸地表達出一項事實。Google 在全球各地設有多個「前端伺服器」，這些伺服器也用於儲存 Google 客戶格外重視的所有資訊，而國家安全局正試圖祕密地滲透連結前述伺服器的通訊連結。Google 之所以將伺服器分置於全球各處，是基於一項十分實際的理由，那就是存取資訊的速度。這樣一來，位於新加坡的人從 Google Cloud 取出資料時，就無須等待資料從蘇格蘭繞過半個地球了。

若能找出介入兩個伺服器之間的方式，國家安全局就可截取在伺服器與外界間往來的各種流量，無論是 Gmail 電子郵件、Google 文件，甚至是在 Google 地圖上的搜尋等等皆不例外。利用這項高明的數位間諜手法，國家安全局及可存取數億個帳戶的資料，其中大部分都是非美國人的帳戶資料，但是數百萬個美國人民的帳戶也同樣包括在內。為了蒐集「美國人民」的資料，國家安全局必須取得法院命令，但若是外國人，也就是根據法規並非「美國人民」的任何人，那麼國家安全局無須取得法院命令就能對其下手。於是，國家安全局首度能存取數百萬名海外民眾的思想、搜尋習慣和私密通訊，無論是盟友和敵人都不例外。這是

情報機關的夢想。

　　那張簡圖沒有確切說明國家安全局計畫要如何介入伺服器，不過可以採取的選項也只有幾種而已。國家安全局必須從世界某處的基地以遠端方式駭入伺服器內、實際竊聽海底電纜，或是與英國等外國夥伴聯手合作。可能性最高的做法是在海底電纜上岸處的某個國家內，實際竊聽終端點。由於 Google 並未將所有傳經電纜的「傳輸中」資料加密，因此只要進入網路本身，就等於換到了取得資料的門票。

　　史諾登揭露首批文件的四個多月後，在 2013 年 10 月 30 日，《華盛頓郵報》於首度刊出了前述投影片，旋即在山景城的 Google 總部內引發了可想而知的反應。[76]

　　「去他們的。」[77]Google 安全工程師道尼在他的 Google+ 頁面這樣寫道，接著他用貨真價實的矽谷說法，把情況比擬成《魔戒》的一幕：「這有點像在跟索倫戰鬥、摧毀至尊魔戒，終於重返家園後，卻發現國家安全局正在砍斷夏爾前廊上的派對樹，然後把哈比人農夫用外包的半獸人與鞭子取代。」

　　Google 的官方回應只是稍微多了一些外交修辭：「對於政府不惜耗費心力，從我們的私有光纖網路截取資料之舉，我們深感憤怒，這也凸顯出進行改革的迫切需要。」

　　毫無意外地，美國政府對討論「改革」不是特別感興趣。國家安全局眼中的 Google 網路是可輕鬆截取訊息的目標，就像跨越世界各地的光纖纜線全都是門戶大開，可以從中截取訊息流量一樣。只要涉及的通訊是外國人之間的通訊，並且沒有任何法律定義為「美國人民」的人參與其中，那麼截取那些人士的 Gmail

流量及搜尋資料，就只是美國數位間諜的日常工作之一而已。

但是，如今智慧型手機資料和筆記型電腦資料的隱私性，在美國人心中的重要地位已與過去大相逕庭，而美國政府，特別是國家安全局，卻遺漏了這種轉變。當電話還是以硬布線連接至房屋中的市內電話時，國際電話費高昂，一般美國人民極少使用，因此若政府監聽國際電話線路，不太容易引起公憤。而在發生九一一攻擊事件後的幾年間，民眾對於政府想要追蹤恐怖份子通訊的努力則是非常能夠感同身受。

可是發明智慧型手機後，這一切就變得不同了。忽然之間，國家安全局搜刮的資訊已不只是通話量。人們開始將生活的所有大小事存放在口袋中，包括醫療資料、銀行資訊、工作的電子郵件，或是跟配偶、戀人及朋友傳的簡訊等等，這是前所未見的情況。這些資訊都儲存在 Google 伺服器內，或是由 Yahoo!、微軟和其他較小競爭公司所經營的類似伺服器中。根據每個人所在的位置而定，這類資料的儲存地點也各不相同。「國際」通訊和「國內」通訊間的區隔幾乎消失無蹤。因此，美國政府打算進入 Google 伺服器內部的想法忽然也變得格外令人擔心。

外洩的笑臉文件對 Google 的全球業務帶來嚴重威脅，Facebook、蘋果與其他所有象徵美國最新軟實力型態的眾多企業也同樣面臨威脅。從該文件可看出 Google 對美國政府的駭客行為並不知情，然而隨著大眾對各家企業的信任遽減，不禁導致 Google 與其他科技大廠看來像是同謀者。身在德國或日本的客戶會懷疑美國公司正偷偷將他們的資料交給國家安全局。（這種假設並非完全錯誤：如果外國情報監控法庭發出命令，Google

與其他大型通訊業者也只能選擇遵循命令。）世界各國的政府都可能利用史諾登洩漏的資訊為由，表示美國公司天生就不值得信任，因此應管制美國公司，甚或禁止美國公司進入該國。

發生史諾登洩密案後不久，時任 Google 執行長的艾立克·史密特對我說：「我們的處境不太好。」不過就像艾立克·史密特自己承認的，Google 與美國政府間的關係複雜，而且比道尼憤怒發言中所暗示的情況更為複雜。

解決眼前迫切問題的重擔，包括妥善鎖上 Google 系統、讓全球客戶相信他們的資料並未被直接傳送給密德堡等等作業，都落在和藹的 Google 安全主管格羅斯身上。淡色眼睛的格羅斯有著一頭逐漸灰白的頭髮，看來不像是矽谷的重要人物，反而更像郊區某位戴著眼鏡的爸爸；不過他擁有史丹佛電腦科學博士學位，興趣則是駕駛自有的上單翼飛機，在在都印證了他的矽谷身分。

當我和同事珀爾羅思於 2014 年夏初抵達格羅斯在 Google 園區邊角的辦公室時，他正密切投入作業，欲設法防堵國家安全局切入這家科技大廠網路的所有途徑。原為空軍基地的莫菲特基地，從飛機在第二次世界大戰前重塑全球勢力的年代留存至今，如今正好位於矽谷中心。在能眺望莫菲特基地的開放式辦公室隔間內，格羅斯與他的工程師團隊正夜以繼日地將 Google 系統打造為可阻擋國家安全局的系統。

格羅斯表示，實際上在他們看到笑臉簡圖的許久之前，就已展開這項計畫。早從 2008 年開始，Google 一直在聯合投資鋪設海底電纜。但是共用存在風險，因為公司無法徹底掌控有權存取

電纜的其他人士；此外若發生緊急情況，Google 的流量也可能被排除在線路之外，導致使用者無法存取資料，這是無法抹滅的風險。因此不到十年後，Google 投入數十億美元的資金，自行鋪設跨越大西洋和太平洋的光纖線路，如此一來，Google 即能控管在伺服器與使用者之間的資訊流動速度和可靠性。

除了鋪設自有電纜外，Google 在發生史諾登洩密案前也已決定推行計畫，打算將在資料中心間傳輸的所有資料加密。然而就像電纜鋪設作業一樣，當笑臉文件暴露美國政府試圖侵入 Google 網路之際，加密作業仍在緩慢進行中。於是突然之間，確定公司網路內部沒有其他外人變成緊急的優先要務。

格羅斯向我們表示，情報機關可能鑽進 Google 網路的情況向來都是受到關注的議題，但在出現該文件前，那似乎只是理論上的威脅。「講求合理性的人對風險的看法可能各不相同。」他說道。在史諾登事件之前，格羅斯的同僚普遍認為若要侵入 Google 伺服器間的通訊線路，「成本過於高昂」，即便對國家安全局來說也不例外。他解釋道：「流量中大部分內容都不具敏感性，因此若想挖掘出任何宛如金塊般的寶貴資料，將需要進行巨量的處理作業。」哪個腦筋正常的人會想要在大海裡撈針呢？

不過，格羅斯承認在 Google 內部與外部，都有某些安全工程師更了解國家安全局的心態，因此認為國家安全局可能有足夠動機想到大海裡撈針。「他們曾讀過『常春藤鐘』（Operation Ivy Bells）行動的相關資訊。」他說道。

格羅斯指的是美國於 70 年代初期進行的龐大情報計畫，計畫的目標為竊聽蘇聯海軍設於鄂霍次克海的海底電纜。國家安全

局祕密開發出長六公尺的裝置組，隨後冒著可能遭發現的龐大風險，派遣一艘潛水艇將該裝置組包覆在電纜周圍好記錄所有訊息流量。每隔一個月左右，潛水員就會潛至海面下一百二十公尺的位置取回紀錄。這項行動一直順利無礙地進行，直到 1980 年，一位面對個人破產問題的四十四歲國家安全局通訊專家步入華盛頓的蘇聯大使館，並揭穿計畫的祕密為止。

　　「常春藤鐘」行動執行了數年，是一項具有重大技術挑戰的複雜行動。為了克服這些挑戰，需要靠當時的科技龍頭 AT&T 貝爾實驗室提供協助。這家公司除了自視為一家美國公司之外，也認為自己是合作創立情報工業複合組織的一員，而美國最終也是靠這個情報工業複合組織才在冷戰中贏得勝利。當時公開貝爾實驗室所扮演的角色不會讓該公司蒙羞；因為蘇聯軍方使用海底電纜是為了與潛水艇通訊，而那些潛水艇上所載的洲際彈道飛彈全都瞄準美國的城市。所以，貝爾實驗室所採取的行動也符合許多美國人對他們的期望。

　　然而，從「常春藤鐘」行動展開到笑臉圖案文件描述的行動為止，已經過了四十年的時間，世界也已轉變。Google 工程師大多不是在冷戰背景下長大，也不認為自己應扮演支援美國國防與情報體制的夥伴。而且無論如何，這都不是協同合作，因為美國政府是打算侵入 Google 的網路後自行取得資訊。雖然 Google 是在美國誕生的公司，然而相較於貝爾實驗室在其極盛時期的自我定位，Google 顯然認為公司的定位更偏向為世界公民。對坐在格羅斯四周小隔間內的 Google 工程師來說，他們的第一要務並非維護美國國家安全，而是要向客戶保證客戶的資訊安全無

虞。這不只包含美國人民，更包含 Google 的國際客戶。

格羅斯回憶起 Google 對風險的觀感突然轉變。當我們在不同 Google 辦公室走動時，他對我表示國家安全局利用了「我們剩下的最後一個缺陷」；在 Google 的辦公室裡，某些程式設計師放著用斜線劃過的國家安全局總部建築照片。前述的 Google 加密計畫「原本有數個月的期間執行」，現在必須「在幾星期內完成」。

格羅斯推動投入更多精力執行計畫。他知道矽谷與國家安全局間的戰爭可能會是長期抗戰，這只是其中的另一場小衝突而已。當我們穿越 Google 為了封死公司弱點而設立的安全中心時，格羅斯對我們說：「別見怪。不過我的工作就是要讓他們的工作難過。」

Google 很快就在產品線中加入了新的電子郵件加密功能，而且還猛力回敬了國家安全局一拳，因為程式碼的結尾是個笑臉。[78]

史諾登事件開啟了一個值得我們關注的時代。在第二次世界大戰之後，美國公司有史以來第一次普遍拒絕與美國政府合作。雖然各家公司都在自己的拒絕聲明外包覆著矽谷常見的自由主義意識形態作為掩飾，但其實大家真正害怕的是若跟國家安全局有任何公開牽扯，都可能使客戶懷疑華府已經鑿出可侵入該公司產品的孔洞。

史諾登讓美國的盟友與敵人都能基於類似的理由主張使用美國技術具有風險，就像美國也經常聲稱在美國電腦上執行俄羅斯

設計的卡巴斯基防毒軟體並不安全，或允許中國公司在美國銷售手機與網路設備具有危險一樣。史諾登洩密事件架起了上演大規模衝突的舞台，一邊是 Google、Facebook、蘋果與微軟等科技界大老，另一邊則是天真以為美國的公司仍像冷戰期間的洛克希德馬丁、波音與雷神一樣，全都跟自己站在相同陣線的國家安全局。

Google 當然不是國家安全局的唯一目標，進入 Google 伺服器的計畫只是一個大規模行動的冰山一角而已。在 Google 笑臉文件遭公開的幾個月前，史諾登外洩的資訊揭露了一個國家安全局計畫的存在，在這個代號為「稜鏡」（PRISM）的計畫中，國家安全局可根據外國情報監控法庭發出的命令，汲取所有類型的網際網路通訊。[79] 多家公司受命須對此計畫守口如瓶，並且獲得了數百萬美元的合規補償金。「稜鏡」計畫是由國家安全局內部，一個名為「特殊來源行動部門」的單位執行；發生九一一攻擊事件後，特殊來源行動部門即負責招募美國公司以實現前述計畫目標。從微軟、蘋果、Yahoo! 到 Skype 等多家公司皆參與計畫，不過並非每家公司都是心甘情願地參與其中。所有負責處理加密系統的政府情報分析師，都能從這些公司的龐大資料庫搜尋資訊。

根據笑臉文件與外洩的「稜鏡」資訊，可看出國家安全局實際上正用兩種不同的方式存取企業伺服器，一種是根據法院命令，並在依法監督之下進行；另一種則是透過海外的祕密行動，雖然無需仰賴法院命令，卻需要高度隱匿地行事。

在全球大多數地區，這兩種方式之間幾乎毫無差異。對沒有深入了解情況的人來說，矽谷的公司似乎就是單純地向國家安全

局敞開大門而已，而且成為了蠻橫美國政府的左右手。於是很快地，科技公司被迫必須發表疏遠關係的聲明。當《衛報》於 6 月 7 日揭露「稜鏡」計畫可存取 Facebook、微軟與其他公司的消息時，祖克柏貼出一段激昂的防衛性發言，他堅定地主張道：「Facebook 沒有且從未參與任何讓美國或其他政府直接存取本公司伺服器的計畫。」[80] 同一天，微軟也公開聲明該公司僅遵循「對特定帳戶或識別碼提出的資料要求命令。若政府設有較廣泛的自願性國家安全計畫，欲藉此蒐集客戶資料，本公司並未參與其中。」

　　然而事實上，其他某些公司的確參與了這類計畫。史諾登的外洩文件指出國家安全局與掌控網際網路骨幹的電信龍頭之間已有悠久的合作關係。[81] 在洩漏的大批重要文件中，有部分文件顯示 AT&T 在美國境內的 17 個網際網路集線器都裝有國家安全局的監視設備，而威訊裝有類似配備的無線設備數量則略少一些。通常 AT&T 工程師都是測試政府新技術的首批人員之一。在一則國家安全局內部備忘錄上，記錄了一位國家安全局資深官員前往 AT&T 參訪的情形，並且指出該公司「極樂意協助有關訊號情報（SIGINT）與網路資訊的任務，除了協助為計畫提供深入、廣泛的存取權外」，也提供了該公司人員具備的「卓越知識」。

　　這段關係格外重要，因此例如在迫切需要恐怖份子集團的相關資訊時，或情報單位擔心即將發生攻擊之際，歐巴馬總統有時會直接打擾電信公司的高階主管，私下致電尋求協助。這些高階主管在與美國總統講電話時，基本上也需要自問一個艱難問題：他們究竟應以身為美國公司為優先，還是以身為國際公司為優

先？

　　「這不是那種你可以拒絕的事。」一位執行長對我說。「畢竟當下有位總統跟你說人命危在旦夕。」

　　只是如今這位執行長也得考量伴隨著答應而來的風險。發生史諾登事件後，與華府合作的潛在成本遽增。所有想將美國公司隔絕在自家市場外的國家，都能輕鬆地基於國家安全理由，主張若是購買美國設備，可能也會買進美國國家安全局為了利用這些系統所安裝的「後門」。

　　我在史諾登洩密案的隔年曾與多位美國高階主管對談，他們在歐洲和亞洲奔走，試圖以理說服客戶相信情況並非如此，然而卻極少人支持他們的說法。「我們以為總部設於美國的公司與美國情報單位之間，都應存在某種共識。」某晚在柏林吃晚餐時，一位資深德國情報官員這麼跟我說。「結果看看誰是中央情報局的供應商！」

　　他指的是亞馬遜公司為中央情報局建置龐大複雜的「雲端儲存」系統的生意，這份合約價值 6 億美元。[82] 對中央情報局來說，這份合約確實是革新之舉，因為大家批評情報機關內的資訊都卡在「獨立儲存庫」中，因此無法執行大量資料整理分析作業，以找出其中存在的模式或計謀。為了回應前述批評，所以中央情報局簽訂了這筆合約。五角大廈也逐步開始朝相同方向邁進。當然，將資訊集中在雲端的整體概念讓許多美國資深官員格外緊張；如果九一一事件的教訓是需要分享更多資訊，那麼史諾登事件的教訓就是中央化系統可能導致發生大規模洩密。然而，真正諷刺的是雖然微軟、IBM 和 AT&T 等科技公司公開抗議國

家安全局侵入其公司網路，私下卻在競相爭取這些利潤可觀的情報體系資料管理業務。

　　蘋果公司執行長庫克沉默寡言，個性幾近克己禁欲；他在公司內以能與賈伯斯相抗衡的重要性崛起。賈伯斯是善於表現的演出者，庫克則是低調的策略家。當產品看來不對勁，或理想的技術解決方案受到政治局限時，賈伯斯會大發雷霆。另一方面，庫克雖然缺乏賈伯斯的直覺，無法像他一樣察覺哪種特質可讓產品一看就是蘋果產品，不過庫克擁有優異的地緣政治敏感度，可彌補他作為設計師的不足之處。賈伯斯不是個思想家，也極少深入考量蘋果在社會上的定位，但是庫克卻似乎能十分自在地將公民自由主張轉化為科技論點。

　　庫克對社會與政治層面的直覺，或許源自他在阿拉巴馬州成長的時光；他曾在騎腳踏車經過羅柏達爾市區的某戶黑人住家時，看到一群三K黨員在草坪上焚燒十字架，於是庫克對那群人高聲大喊，要他們住手，那在他的回憶中留下強烈印象。[83]「這幅畫面烙印在我腦中，無法抹滅，永遠地改變了我的人生。」庫克在 2013 年說道，這也是史諾登洩密事件爆發的那一年。

　　庫克極少談論自己的私生活。直到接掌蘋果之後，庫克才開始提及在作風保守的州裡，身為同性戀的自己所經歷的青春期成長過程。庫克在辦公室內放著甘迺迪和馬丁路德‧金恩的肖像，他從年輕時即視這兩位人士為英雄。在 2013 年年底，當歐巴馬為了控制史諾登前陣子洩漏大批文件而造成的損害，因此邀請庫克、網際網路的創立人之一瑟夫、AT&T 執行長史蒂芬森前往白

宮時，庫克當然已有自己的觀點。他早就清楚自己與蘋果的技術該何去何從，而那正是美國政府不希望他前去的方向。

　　庫克和政府爭議的核心是下列何者對蘋果來說比較重要：一是確保使用者保存在手機內的資料安全無虞，另一則是向聯邦調查局與美國的情報機關保證他們能存取任何 iPhone 內部的資料。就庫克看來，這不是兩難的道德問題，而是更為簡單的商業問題。庫克一路在蘋果晉升到最高領導階層的職涯中，總是指出該公司的根本目標之一在於協助蘋果使用者保有數位生活的私密性。蘋果以其硬體和應用程式賺取利潤，而非依靠在電子郵件服務或搜尋引擎上販賣廣告來賺錢。

　　然而出乎庫克的意料之外，他碰上了震耳欲聾的反對聲浪，反對者不只是聯邦調查局，更包括歐巴馬本人。後者的反對令人驚訝，因為只有部分科技高階主管能與歐巴馬逐漸培養出接近友誼的關係，而庫克正是其中一人。庫克與歐巴馬兩人的年齡相近，當庫克前往華府時（他拜訪華府的頻率遠高於賈伯斯），他有時會溜進白宮與總統低調會面，總統也曾承認自己還挺喜歡蘋果。（根據歐巴馬助理的推測，這可能是因為國家安全局與白宮通訊局堅稱無法讓 iPhone 的安全性達到可供總統使用的層級，因此給了他一台黑莓機，而歐巴馬討厭黑莓機。）就歐巴馬而言，他似乎頗享受前往矽谷參訪，他可以在矽谷自由描述美國未來的經濟，知道身邊圍繞的都是自己的核心支持者。這種關係讓歐巴馬跟庫克及其他科技業支持者之間因加密而公開發生衝突的情況，更加耐人尋味。

　　史諾登洩密事件讓庫克被迫在一場醞釀多年的戰爭中選邊

站，那就是聯邦調查局對上日益壯大的個人加密趨勢。大家都同意銀行資訊應加密，當然政府機密檔案也應加密，但相同模式是否可以或應該套用到每個人的個人資料上，則是相對較新的概念，而這項概念令聯邦執法機關感到害怕。聯邦調查局警告若將個人通訊加密，會造成資訊「進入黑暗」的危機，讓聯邦調查局探員與地方警察都無法追蹤恐怖份子、綁架犯及間諜。

沒有人比柯米更全心相信這項觀點；柯米在歐巴馬政府內擔任聯邦調查局局長，當小布希政府為了授權搭線竊聽計畫，而試圖規避法規與法院時，柯米出言反對，因而受到大眾矚目。不過柯米本質上是一位政府律師，因此在前述情況中，他主張若無法透過法院核准的方式存取蘋果手機，也就是透過大部分人所稱的「後門」進行存取，那麼我們生活中的主要電子用品，將會成為伊斯蘭國密謀者與美國土生土長的恐怖份子的低廉祕密通訊手段。

某些人認為他的主張並未完全道出真相。沒錯，相較於過去直接開放的對話方式，將通訊加密後竊聽對話的困難度就會提高。不過這種說法忽略了許多技術專家都提出的看法，那就是源源不絕的新興網際網路技術已讓「監視黃金時代」就此降臨。如今我們能透過電子方式追蹤某人的車輛與遺失的行李，Fitbit 智慧手環可以公開傳播穿戴者的位置，而人們的手錶都連線至網際網路，因此在在都讓調查人員的工作變得輕鬆許多。就像一位聯邦調查局調查人員向我承認道：「如果把我們放進時光機，讓我們回到十年前，那感覺就像是剝奪了我們手邊最好用的工具。」

庫克相信若聽從美國政府的要求，提供可進入蘋果產品的後

門，將會成為一場災難。「我們生活中最私密的細節都在這支電話裡。」庫克某天在舊金山拿著 iPhone 對我說。「包括醫療紀錄、傳給配偶的訊息、一天裡每個小時的行蹤等等，這些資訊都是屬於我們的。而我的工作是確定資訊一直都只屬於我們自己所有。」

於是，在一年之後的 2014 年，庫克與歐巴馬政府展開了加密戰爭。

庫克在 2014 年 9 月站上庫帕提諾的舞台，發表 iPhone 6，蘋果的廣告簡略說明這支手機是因應後史諾登時代而生。這些年來，甚至早在發生史諾登洩密事件之前，蘋果就已逐漸提高對手機資料加密的比例。現在，託軟體變更之福，手機可以自動加密電子郵件、相片與聯絡人，加密方式則是由手機使用者建立自己獨有的代碼，接著再使用該代碼以複雜的數學演算法進行加密。

不過，更重大的消息是蘋果沒有金鑰，金鑰一律由使用者自行建立並持有。這項變革是史上一大突破。在此之前，蘋果一直都持有金鑰，除非手機使用者採用了某種特殊的加密應用程式來加密，但這對大多數使用者來說都是一種複雜的程序。

現在，系統會自動進行加密作業。「我們不會保留訊息，也無法閱讀訊息。」庫克跟我說。「我們不認為民眾願意賦予我們這種權利。」對可能需要侵入 iPhone 的人來說還有一件更雪上加霜的事，那就是需要花一點時間才能破解個人代碼。蘋果技術指南表示需要「超過 5 年半的時間，才能嘗試完以小寫字母與數字等六個英數字元構成的所有密碼組合。」[84]

接下來的一週左右，自動加密造成的影響慢慢滲透了聯邦調查局的總部。如果加密作業會自動進行，那幾乎等於毫無例外。如果聯邦調查局需要打官司，因此將一支 iPhone 交給蘋果並要求取得其中內容，那就算手機上貼著有效的法院命令，聯邦調查局也只會拿回一堆加密的亂碼。蘋果會表明在沒有使用者代碼的情況下，該公司就無法解密資訊。如果政府想要資料，最好著手嘗試以暴力法破解密碼。

　　柯米沒料到會出現這等規模的變化。這完全違背了他成長時大家心照不宣的共識。在較單純的冷戰時期與遭受九一一事件衝擊的期間，眾人奉為圭臬的共識是加密必然存在解決方法。轉眼之間，這種假設概念開始轉變。當蘋果發表新手機後，柯米在一場以對抗伊斯蘭國恐怖威脅為主題的記者會上指出：「對於這種情況，我擔憂的是各家公司居然坦然行銷能讓人凌駕於法律規範之上的產品。」

　　曾歷經 1970、1980 年代「密碼大戰」的人會覺得柯米的論點很耳熟。當時，國家安全局想要掌控所有密碼學研究，如此即可隨心所欲地讀取任何資訊。若任何學者與私人公司想要針對最安全的資料加密方式發表尖端研究，都會受到國家安全局反對，而且國家安全局還希望能參與設立密碼學的相關標準，以藉此讀取在世界各地傳送的訊息。簡言之，國家安全局想控制密碼學的發展，免得自己被鎖在任何系統之外。.

　　隨後在 1990 年代，國家安全局開發出「飛剪晶片」，這種晶片可安裝在電腦、電視和早期的手機裡。[85] 飛剪晶片會加密語音與資料訊息，不過提供了國家安全局可解鎖的後門，確保擁有

適當授權的情報機構、聯邦調查局與地方警察能夠將所有訊息解碼。柯林頓政府有一段時間都支持這項概念，他們主張將晶片放入每台裝置後，恐怖份子在使用時就無法避開這些晶片，而情報單位就能進行竊聽。

消費者和大多數製造商自然群起反抗，於是柯林頓政府也撤回此想法。[86] 熟知這些衝突歷史的專家蘭多指出：「國家安全局兩場仗都輸了。」

如今類似的衝突又再次捲土重來，而且猛烈程度驚人。史諾登外洩的資訊讓科技公司強化加密作業的決心比過去更堅定，而且因為消費者都看過存放自己信用卡資料的公司受到無數駭客攻擊的消息，所以科技公司就能更輕鬆地據理強化加密。歐巴馬看出了這種趨勢，於是建立獨立的專家小組，針對在史諾登洩密案後應對國家安全局施加的任何新型態限制提供建言，並引導他在隱私與安全之間取得平衡。莫雷爾是該專家小組的成員之一，在我們因「奧運」行動報導往來後不久，他即從中央情報局退休。此外小組中還包括多位其他前反恐官員、學者與憲法律師。

讓國家安全局及聯邦調查局驚訝的是莫雷爾和他的同僚都站在科技大廠那一邊，一致建議政府「不應採取任何手段破壞、損害、削弱一般供應的商業軟體，或使這類軟體容易受到傷害。」[87] 反之，政府應「增加採用加密，並敦促美國的公司也這麼做」。

專家小組成員簽名的墨水剛乾沒多久，國家安全局即力勸歐巴馬忽視專家小組的建議。隨著恐怖組織已轉向使用 Telegram、Signal 等加密應用程式，蘭多指出：「國家安全局最不希望發生的事，就是讓世上所有人都能更輕鬆地執行加密；這樣國家安全

局要如何在海外竊聽？」

　　為政府爭取存取權的重擔落在柯米身上，他對戲劇化的表達方式頗具天分，後來全球都從他與希拉蕊及川普間的對峙看出這一點。柯米很快就利用腦海中最具渲染力的例子來支援自己的立場。他指出，如果孩子遭綁架的父母帶著一支手機前來找他，表示手機內的資訊或許能揭露孩子的下落，但只不過因為蘋果想要在全球獲得更多利潤，所以手機內容皆已自動加密，導致政府無法判斷手機內究竟包含哪些資訊，柯米質疑道如果發生這種情況，那該怎麼辦？柯米預期不久之後，就會有這類家長來找他，「他們眼眶含淚，看著我說道：『你說無法將手機的內容解碼是什麼意思？』」[88]

　　柯米表示：「我認為銷售連涉及兒童綁架犯、法院命令等情況都無法撬開的衣櫃，根本不合道理。」柯米進一步將比喻類推到沒有鑰匙的公寓大門與汽車行李箱。他表示那會對合法的搜索造成妨礙。柯米指出，如果這在真實世界中是不可容忍的行為，為什麼在數位世界中應得到容許？

　　庫克則從美國的另一岸提出答案。庫克指出公寓鑰匙和行李箱鑰匙屬於公寓及汽車的擁有者所有，而不是鎖的製造商所有。「我們的工作是為大家提供能將自己的東西上鎖的工具。」庫克表示。蘋果與 Google 的公司高階主管皆對我表示發生這種變化是華府自找的，因為國家安全局無法妥善管制內部人員，導致全世界的人都要求蘋果證明其資料安全無虞，而蘋果有權決定是否要這麼做。美國政府當然認為這種言論是蓄意閃避的行為，就某種程度而言，確實如此。

不過，庫克有一項更廣泛而妥當的主張，一項政府無法輕鬆忽略的主張，那就是如果蘋果在程式碼中建立後門，這個漏洞就會成為全球所有駭客的目標。聯邦調查局天真地以為如果科技公司做了個鎖，並把鑰匙交給聯邦調查局，其他人都不會找出撬開鎖的方式。「問題在於只要擁有科技相關技術的人員，都知道如果我們幫聯邦調查局開了個洞，等於是幫中國、俄羅斯及其他所有人都打出了個洞。」庫克說道。

庫克審慎地在華府與矽谷內的非公開會議中，自行向歐巴馬提出上述論點。他力主美國諜報單位與警察還有其他許多選項可以選擇。例如他們可以在雲端尋找資料、用 Facebook 找出某人熟識的人員等等。但是，如果讓美國諜報單位與警察存取手機中的這類資料，等於從根本破壞了美國對隱私的期許，並廣邀中國與其他各方人士基於更惡質的目的從事相同行動。

「我現在採用的做法，就是我唯一能為數億人民提供保護的途徑。」庫克在某次前往華府拜訪的期間告訴我，那時他才剛向歐巴馬與其助理說明相關理由與論點。不過庫克知道即使他欽佩歐巴馬，例如他曾多次表示：「我喜歡這傢伙。」但在這場爭議中，庫克已逐漸敗在歐巴馬之下。

歐巴馬希望利用可於安全與隱私之間取得平衡的主張，模稜兩可地處理這道難題。從庫克的角度看來，前述口號在白宮新聞室中聽來不錯，但卻毫無科技邏輯可言。在 iPhone 作業系統中鑽個洞，就像在擋風玻璃上鑽洞一樣，那會破壞整體結構，讓所有東西都能飛進內部。

從我與庫克的對話中，可明顯察覺他還擔心另一個問題，那

是美國官員不會公開討論的問題，因為會使情況更加複雜。中國正在觀望蘋果對抗美國政府的困獸之鬥，而中國聲援柯米。如果蘋果同意為聯邦調查局建立後門，中國國家安全部將不會給蘋果任何選擇餘地，跟著要求蘋果也為中國建立一道後門，否則蘋果就會被逐出中國市場。

　　白宮裡有許多官員擔心自己被指控是協助中國加強打壓異議份子的幫兇，這種憂懼心態實際上也讓其中某些人無法採取行動。但是聯邦調查局迅速地排除了這種說法。「我們不是國務院。」柯米的一位首席助理告訴我。情報體系的其他人員似乎也同樣不在意。在蘋果發表產品的幾天後，美國 16 個情報單位中的某單位首長邀請我前去他的辦公室，大肆埋怨蘋果的最高階主管。

　　「這是史諾登直接造成的後果。」他聲明道，這似乎是他與庫克等高階主管之間唯一的共識。「我們會變得跟瞎子一樣。」他表示美國特種部隊在追蹤巴基斯坦、阿富汗與現在的伊斯蘭國的每個恐怖份子時，這些恐怖份子的智慧型手機向來都是可用以識別身分的「口袋垃圾」。大多數手機的資料都可在當下就盡數取出，不過現在恐怖份子會一直隨身攜帶不同程度的加密資訊，而過去只有俄羅斯與中國的政府探員才有辦法這麼做。

　　「這是個糟糕的選擇。」另一位諜報主管告訴我。「我們得決定是否要攻擊本國的公司」，或是讓我們生活的世界不再適用西方情報單位的工作假設，也就是情報單位能夠取得所有訊息、破解所有程式碼的假設。

　　這時已經畫下戰線。但大規模的對抗要到另一年才發生，正

好是 2016 年總統選戰逐漸炒熱之際。

　　就在 2015 年 12 月 2 日星期三接近正午時，法魯克與馬里克帶著突擊步槍和半自動手槍攻擊加州聖貝納迪諾市內保健部門的節慶派對。他們逃離現場後，留下由三個管式炸彈組成的爆炸物，不過未能引爆。此案造成 14 人死亡、22 人受傷。[89] 喪命的受害者年齡不一，從仍在撫育幼兒的二十六歲婦女，到為了追求更安穩的生活前來美國，並與妻子養大三個小孩的六十歲厄立特里亞移民等等皆包含在內。[90]

　　幾小時後，攻擊者在距離槍擊案現場約三公里遠的槍戰中遭擊斃。二十七歲的法魯克是巴基斯坦移民的兒子，父母在他尚未出生前即移民到伊利諾州，因此法魯克一出生就是美國公民。比法魯克大一歲的馬里克在巴基斯坦出生，不過一直與家人住在沙烏地阿拉伯，之後她在法魯克前往麥加朝覲（即朝聖）時與他相識，於是她前來美國。激進派行動也隨之而來。後來發現就在攻擊事件爆發前，馬里克曾於 Facebook 上宣示對伊斯蘭國的忠誠。然而直到一切都結束之後，才有人注意到這件事。

　　之後浮現的細節再度引發對加密的熱烈爭論，爭議時間達數月之久。法魯克留下了他工作時所分發的 iPhone 5c。這支手機非常重要，因為這對夫妻在執行攻擊前，竭盡全力掩飾其電子蹤跡，他們砸毀個人手機與硬碟、刪除電子郵件，並且使用拋棄式的手機，但他們卻忘了工作用的 iPhone。聯邦調查局相信此裝置可提供關鍵證據，也就是法魯克與任何相關人士的通訊，而且最重要的是還可提供他在攻擊前的 GPS 座標。不過前提是聯邦調

查局能解開手機的加密。（法魯克並未將資料上傳到較容易取得資料的 iCloud。）

問題在於法魯克以代碼鎖住手機，而他現在已經死了。雖然聯邦調查局可採用暴力破解法，也就是嘗試所有可能的組合，但蘋果的其中一項安全性功能會在輸入錯誤密碼 10 次後將所有資料清除。這項功能的設計是為了保護使用者免受侵入手機的駭客所害，這類駭客大多是想尋找財務資訊、信用卡號碼，或找出可進入住家、開啟保險箱等相關資訊的罪犯。

柯米認為此案正好符合他的主張。如果有其他受到伊斯蘭國鼓吹的美國人或移民曾跟法魯克與馬里克通訊，那麼就需要迅速抓出這些人。而蘋果卻以隱私和安全之名，辯駁不知道法魯克的密碼為何，所以幫不上忙。柯米公開要求蘋果編寫新的程式碼，也就是 iPhone 作業系統的變異版本，讓聯邦調查局可存取 iPhone 以密碼保護的安全性功能，藉此避開前述問題並存取法魯克的手機。柯米堅稱他會審慎使用新的程式碼。事實上，根據聯邦調查局監察長後來提出的報告，聯邦調查局可能早已擁有解鎖手機的技術。[91] 但是聯邦調查局告知調查人員，那種解鎖技術大多用於國外情報工作，因此監察長的結論是聯邦調查局資深官員希望能在法庭上與蘋果對質。

美國司法部在加州取得聯邦法院命令，要求蘋果找出破解手機的方法。庫克立即察覺柯米將聖貝納迪諾案視為良機，欲藉此儘早讓日益嚴重的加密爭議畫下句點，而且想將爭議提高到法院層級。庫克認為此刻是他表明立場的機會，讓大眾知道自己與聯邦調查局之間毫無瓜葛。他寫了一封 1,100 字的信給客戶，大力指

責歐巴馬政府對存取權過度執著，因此打算犧牲公民的隱私。[92]

美國政府要求蘋果採取前所未見的行動，威脅到本公司客戶的安全。[93] 我們反對這項命令，這項命令的影響遠超過眼前的訴訟案件。……某些人主張為區區一支 iPhone 建立後門是簡單俐落的解決方案，然而這麼做卻忽略了數位安全的基本要素，以及政府對此案所提出的要求背後具有何種重大影響。……政府的要求具有令人心寒的影響……恐怕這項要求最終會破壞美國政府原應保護的自由與自主。

蘋果是全球最成功的企業之一，甚至大過某些歐洲經濟體，因此庫克以蘋果領導者身分所發表的這則譴責格外引人注目。美國政府極為重視自己致力推進公民權利的聲明，現在庫克卻控訴美國政府欲破壞個人自由的憲法核心原則。由於蘋果和聯邦調查局僵持不下，因此歐巴馬派遣了幾位資深情報官員前往矽谷，想要說服庫克平息怒火，並再次找出妥協之道，但是庫克根本沒有興趣。雖然當時庫克仍無法公開相關資訊，但其實執法單位在 2015 年下半年共向蘋果提出了 4,000 件要求，而聯邦調查局要求蘋果破解聖貝納迪諾案的手機只是其中一項要求而已。

柯米不打算讓步；他告知助理，大眾對聖貝納迪諾案的矚目，只會提醒罪犯、兒童色情作品業者與恐怖份子可以採用加密功能而已。他指出當下正是平息加密戰爭的時刻，而且要一勞永逸。

情況演變卻未能如柯米所願。最後，聯邦調查局付了至少130萬美元給一家聯邦調查局不願具名的公司，由這家據信為以色列籍公司的機構駭入手機。[94] 聯邦調查局拒絕說明採用的技術解決方案為何，也拒絕跟蘋果分享相關資訊，顯然是怕如此一來，蘋果就會將受僱駭客發現的任何硬體或軟體漏洞封死。稍後，聯邦調查局告知國會，他們其實不知道採用的技術為何；聯邦調查局只是僱用了鎖匠，讓鎖匠把鎖撬開。他們刻意不詢問開鎖的手法，因為白宮的原則是會向製造商告知大多數的漏洞，所以若白宮知情，可能就得向蘋果提供資訊。

歐巴馬這位憲法教授一直無法解決這個問題，他也未曾實踐建議專家小組對他提出的諫言，讓政府鼓勵大眾提升使用加密的比例。他向助理表示，多年來自己每天在總統每日情報簡報中看到的全球恐怖份子活動警告，讓他的觀點有所轉變，如今美國無法同意任何會將美國封鎖在對話之外的規定。這種與科技界間的分歧是歐巴馬一直無法克服的歧異。

「如果就科技層面而言，我們可以製作出無法滲透的裝置或系統，而且因為其中的加密功能過於強大，所以完全沒有鑰匙、也沒有門，那麼我們應當如何逮捕兒童色情作品業者？」[95] 歐巴馬在幾年後公開問道。「我們如何中止恐怖份子的陰謀？」

如果政府無法破解智慧型手機，歐巴馬總結道：「那路上每個人的口袋裡都裝了個瑞士銀行帳戶。」

歐巴馬精確形容出在網路時代裡的一項核心兩難問題，但卻未能解決。

第 5 章

中國規則

我的意思是，美國的大型企業有兩種。[96] 一種是曾遭中國駭入，另一種是不知道自己曾遭中國駭入。
——柯米，時任聯邦調查局局長，2014 年 10 月 5 日

上海郊區的大統路上，有棟很容易遭忽略的 12 層樓四方建築。這個繁囂城市中共有 2,400 萬人，是中國人口最多的城市，也是其中一個科技最卓越的地區，而這棟大樓只是其中又一棟平凡的白色高樓而已。這棟毫無標示的建築實為人民解放軍與其先驅網路部隊 61398 部隊的基地，放眼大樓周圍的防護措施，或在你膽敢拍照後前來追你的保安，是能證明此事的僅有線索。[97]

駭客曾從美國企業竊走數兆位元的資料，包括 F-35 戰機的設計、天然氣管線的技術、健康照護系統蒐集的資料、Google 的演算法與 Facebook 的魔術方程式等等，無所不偷；而其中許多駭客的數位位址都直指回浦東，在這棟周圍按摩店與麵館林立的白色大樓所立足的沒落鄰里內。[98]

不過證據的痕跡到了鄰里範圍即消失無蹤。中國對駭客系統

的最終終端位址布下層層掩護，似乎無法循線追蹤竊案蹤跡到任何一棟建物內。這無疑讓前空軍情報官員曼迪亞抓狂；好嘲諷的曼迪亞在幾項針對中國入侵行動進行的私人調查中，負責領導其中一項調查。他追蹤的駭客行動似乎不可能來自其他任何地點，肯定是那棟戒備森嚴的高樓。他只是無法證明這一點。暫時還沒有辦法。

「那些駭客不是去麵店與按摩店閒晃，就是夜以繼日地在大統路上的那棟大樓裡工作。」曼迪亞某天晚上在維吉尼亞州亞力山卓的辦公室附近表示。

曼迪亞為他的網路安全公司麥迪安建立起超過 100 家公司的客戶群與 1 億美元的營收，同時他一直在追蹤某個與解放軍有明顯關聯的中國駭客組織。麥迪安公司將該組織稱為「一號進階持續性滲透攻擊」（APT1），業界用這個怪字來識別在網路空間內逗留不去的政府惡意行為者，並為其編號。

曼迪亞很有把握那些駭客隸屬於 61398 部隊，但他也知道對公司而言，直接指控中國軍方會是舉足輕重的一步。他花了超過七年的時間彙整清單，列出疑似該部隊對 20 來個產業，141 家公司所做的攻擊，他需要鐵證才能點名駭客。[99] 然而，只要他的調查人員無法實際進入，或以虛擬方式進入那棟建築並確認竊賊身分，中國就會繼續否認他們曾指派軍方為中國國營公司竊取技術。

曼迪亞的員工裡頭有著足智多謀的前情報官與網路專家，他們嘗試以不同方法來得到證明。或許他們無法由 IP 位址追蹤到大統路那棟大樓上，但他們可以實際查看發起駭客活動的房間內

部。麥迪安公司的客戶大多為《財富》雜誌的世界 500 大公司，只要曼迪亞手下的人員一偵測到有中國駭客侵入其中某些客戶的私有網路，調查員就會透過網路循跡回溯，以啟動駭客筆電的攝影機。如此一來，他們就能實際看到駭客坐在桌前打鍵盤的樣子。

這些駭客幾乎清一色是男性，大多在 25 歲左右，工作方式跟世上大多數年輕人相去不遠。他們約在上海時間早上八點半進公司，先看看幾場運動賽事的比數、寄電子郵件給女朋友，偶爾看看色情影片。接著當時鐘走到九點時，他們就開始敲擊鍵盤，井然有序地侵入全球各地的電腦系統，直到午餐休息時又再度回頭查看賽事比數、寄郵件給女友和看色情影片為止。

某天我坐在曼迪亞某些團隊成員的身旁，一同觀看中國 61398 部隊的駭客軍團工作，那真是一種不同凡響的景象。我過去對解放軍軍官的印象是一群正襟危坐的拘謹老將官，個個身著綴有肩章的制服，讓人想起毛澤東時期的輝煌歲月。但是眼前那些小夥子卻穿著皮夾克或只穿內衣，他們可能只有在前往天安門廣場的毛主席紀念堂時才會看到毛澤東。曼迪亞手下的其中一位通訊專家舒瓦茲後來回憶道：「他們就是一般的男性，但他們是高明的小偷。」這些駭客也是擁有多個雇主的小偷；某些人會兼差當中國公司的駭客，因此難以判斷他們究竟是根據政府命令或企業命令而行竊。

上述情況，就是近觀全球兩個最大經濟體間的新型態冷戰時所會看到的景象。那跟過去數十年間較為人熟知的衝突截然不同；沒有人在爭論台灣的命運，或像 1958 年的毛澤東一樣以

炸彈轟炸金門與馬祖等小島，促使美國需強化第七艦隊的軍力，並考量是否有需要開戰的意義。雖然中國仍喜歡宣示自南海起的領土主權、防止美國逼近其領土，但中國也了解在歷經長達好幾世紀的斷層後，若想再度以全球強權的身分崛起，所需要具備的關鍵要素為何：人工智慧、太空科技、通訊，以及大數據處理。當然，還要運用策略打倒唯一真正能挑戰中國的對手，那就是美國。

　　不過在華府，柯林頓、小布希與歐巴馬這三位美國總統，皆曾試圖判斷應如何定義中國對美國而言的定位。中國是潛在的敵人嗎？還是有時能攜手合作的夥伴？中國是美國商品的重要市場嗎？或是在美國境內日益壯大的投資者？以上皆是，而且中國的角色更超越了前述範圍。因此中國才會是如此棘手卻又讓人著迷的外交政策議題。每當白宮考慮要大聲指控中國行竊時，都會出現讓白宮手下留情的誘因；總是存在某些能彌補美國的好處，例如國務院需要處理北韓問題的幫手、財政部不希望擾亂債券市場、市場不想看到貿易戰開打等等。在網路領域中，這意味著當美國在近年最重大的駭客事件中抓到中國的小辮子時，必須忍氣吞聲，不點名中國。

　　因此，美國採取的替代方法是在「中美戰略與經濟對話」的年度閉門會議中，向中國提出抗議，藉此確保不會外傳任何討論內容。而這些抗議幾乎都只會獲得中國照本宣科的回應；中國官員會堅稱不是中國做的，而是某群青少年、罪犯或歹徒做的。

　　即使當灰心的歐巴馬總統在 2013 年準備簽署新的行政命令，為美國對網路入侵的回應背書時，他仍難以點名中國政府是

主犯。「我們知道有駭客竊取人民的身分資訊、滲透私人電子郵件。」[100] 歐巴馬在 2013 年的國情咨文中指出。「我們知道海外的國家與公司竊取美國的企業機密。現在,我們的敵人也正在尋求能破壞美國電網、金融機構、空中交通控制系統的能力。我們不應讓自己在幾年後回顧今日時,納悶為何在美國的安全與經濟面臨實際威脅之際,我們卻未採取任何行動。」

曼迪亞下定決心,要採取政府不會從事的行動;他要公開證明人民解放軍涉入其中。雖然某些同事表示反對,曼迪亞仍前往《紐約時報》,因為他知道若能從獨立的角度來評論麥迪安公司的工作成果,將能提升這些工作成果的可信度。不過,他真正的目標應是要刺激美國政府與私部門採取行動。

「我不確定這是否是最明智的舉動。」他告訴我。「你也知道中國會怎麼做,他們會在我背上放上個大靶心。」

不過曼迪亞似乎沒有那麼擔心。中國跟俄羅斯不一樣。「他們這麼做是為了錢、技術和軍力。」他對我說。「中國不會中斷網路,不過若我們實際開戰,他們當然知道該怎麼關閉網路。對中國而言,這一切很單純,他們想要在自家掌控一切,並且取得他們可在美國吞噬的所有技術。」

沒有人料到中國的數位革命會以這種方式展開。天安門事件在 1990 年代爆發後,旋即遭到中國政府打壓,那時華府深信網際網路將可改變中國,而且中國因網路而轉變的程度,將超出中國能夠改動網際網路的程度。最由衷深信前述觀點的人是柯林頓。他在 1998 年以總統身分前往北京訪問時,向北京大學的學

生表示，數位革命對他們的意義在於中國將能擁有更多民主，雖然那跟中國的特質剛好相反。

「過去四天來，我在中國看到了許多印證自由的證據。」[101]他對學生說，而現場那些坐著的學生似乎正在思考鼓掌的代價會是什麼。「我拜訪了一個村莊，他們以自由選舉選出了領導者。我也看到了手機、影音播放器、傳真機帶來世上各處的想法、資訊與圖像。我聽到人們說出心聲。……這一切都讓我感受到了一股穩定的自由之風。」

隨後是柯林頓發言的核心，出訪之前，他已在白宮對我和其他幾位記者練習過這段話：「最自由流動的資訊、想法與意見，以及更加尊重多元化政治理念與宗教信仰的態度，可望培育出繼續向前邁進的優勢與安定環境。」

柯林頓在結束出訪後告訴我，他相信隨著中國的網路連線更加普遍，共產黨的力量也會隨之削弱。柯林頓不是唯一這麼想的人。在柯林頓參訪期間再度入獄的作家暨民主派異議份子劉曉波，後來寫道網際網路是「上帝送給中國的禮物」。[102]

當時的中國總理是江澤民，他聽了柯林頓的發言，但顯然完全不當一回事。中國領導階層已在思考如何將這項西方發明作為工具，用它在國內控制社會、在海外獲得經濟優勢。

雖然中國政府愈來愈擅長把網路技術作為在國內實施監視與高壓控制的工具，但美國的眾家公司卻假裝沒看見。有一陣子，西方世界彷彿想說服自己相信即使中國政府打壓中國的網際網路使用者，不過只要西方人待在受到妥善保護的飛地內，中國就會放過西方一馬。

不過未來的方向已定。中國每年皆施加更為嚴格的規定，藉此確保國內公安可確切掌握誰在中國的網際網路上，以及那些人說了什麼話。官員要求使用者使用真名，不可使用假名，最後更告知網際網路公司必須將處理中國網路流量的所有伺服器本機都置於中國境內。隨著限制愈發嚴苛，西方新聞組織面臨了無法避免的選擇，要不就是依照中國的規則行事，包括遵循中國日益擴增的審查制度規定，要不就是逐漸被排擠出這個全球最大的市場。彭博與其他某些組織選擇屈服，同意接受審查。[103]

　　在後續的幾年中，類似戲碼一再地以多種不同形式上演，Facebook、Uber、蘋果與微軟皆不例外。每家公司都需要與中國規則講和；這些公司得讓中國存取公司的資訊，通常也包括公司的基礎技術在內，否則就必須離開中國。

　　Google 是率先迎戰前述問題的企業之一，而 Google 的經歷讓所有美國公司發現中國這麼做的目的並不只是因為想駭入企業，中國有自己的情報角度與政治議題考量。

　　隨著情況明朗，大家才知道原來中國領導階層對未接受審查的 Google 感到十分不安。美國情報單位後來得知中國領導階層也會用 Google 搜尋自己，而搜尋結果並非都是讚揚恭維之詞。

　　維基解密在 2010 年公開雀兒喜‧曼寧取得的大批重要文件中，有一封於 2009 年 5 月 18 日所撰的國務院祕密電報指出，掌管中國共產黨中央宣傳思想工作領導小組的高層領導人員李長春，在將自己的名字輸入 Google 搜尋列後，震驚地發現有「批評他的結果」。[104] 李長春是政府的首要審查人員，但是現在任何

可連上網際網路的中國民眾，都可能會看到批判他執行公務的言論，這件事讓李長春驚覺不妙。就在這一刻，大勢已定。

除了搜尋結果之外，Google 還存在更進一步的問題。北京當局不喜歡 Google 地球這個衛星地圖軟體，因為會顯示「中國的軍事、核子、太空、能源與其他敏感政府機關設施的影像。」[105]中國官員很清楚小布希一直在向中國施壓，要求中國更積極地對抗恐怖主義，因此他們向美國大使指出 Google 地球是恐怖份子的最佳工具。

李長春也要求三家國營的中國電信公司中斷 Google 的連線，讓數億位中國使用者無法連線至 Google。Google 的中國網站裡找不到天安門事件的歷史、沒有與法輪功相關的內容，完全符合中國的審查規定，因此李長春希望能切斷 Google 中國網站與 Google 香港及美國網站之間的連結，因為香港與美國的網站皆無須接受審查。

不過，Google 的最高階主管於 2009 年 12 月發現了一個更大的問題。[106]中國政府駭客正在鑽入美國境內的 Google 公司系統深處。而且駭客並非只是要找出 Google 的演算法，也不是想要幫助中國為了與 Google 競爭而成立的搜尋公司百度，這家隨後竄起為全球第二大搜尋引擎的公司。那些中國駭客在尋找情資，無論是居住在美國境內的中國人民活動，或是因為從家裡難以存取聯邦政府電腦，所以會使用 Gmail 的某些美國重要決策者的通訊內容等等，所有一切都是駭客尋找的目標。駭客也對應找出了這些人士的工作地點，以及他們的弱點。

駭客置入 Google 系統的惡意軟體經過加密，埋藏在 Google

企業網路的角落裡，很容易就會忽略。放進惡意軟體後，軟體即會建立通往中國的祕密通訊管道，也就是後門，並將惡意軟體挖掘出的所有資訊汲取出境。

Google 不是唯一的目標。同一期間內，其他尚有約 35 家公司遭駭客侵入，不過顯然 Google 是最優先的目標。不久後，邁克菲公司的年輕研究員德米特里將這批攻擊行動取名為「極光行動」（Operation Aurora）[107]；幾年後，在辨別侵入民主黨全國委員會的俄羅斯駭客時，德米特里躍升為關鍵要員。

「極光」行動的目標直接顯現出中國的動機。Google 工程師發現駭客除了尋找 Google 搜尋引擎的部分原始碼外，也嘗試侵入中國人權活動家的 Gmail 帳戶，以及在美國與歐洲支持這些活動家的人士所持有的 Gmail 帳戶。

「極光行動」是第一次發現跡象指出中國規劃大型駭客行動，藉此竊取非國防企業的資訊。「在此之前，我們從未看過商業公司遭到如此精密複雜的攻擊。」德米特里當時表示。「這是一大改變。」事實上，網路戰也是從這時開始聚焦到人民保存在網路內的資訊。

「這出乎我們的意料。」某位 Google 高階主管後來這麼對我說。「我們不生產 F-35、不製作太空雷射，也沒有設計洲際彈道飛彈。那就像是警鐘一樣，讓我們注意到駭客的瞄準器正對準我們。」

Google 在 2010 年年初踏出大膽的一步，公開表明該公司一直是某項「極度精密複雜」的攻擊所瞄準的目標，而這起攻擊源自中國。[108] Google 知道還有其他公司也是中國的目標，因此通

知了這些公司，不過許多公司因為害怕觸怒中國或暴露自己的弱點，因此都不願公開提及其名稱。然而，Adobe 這家出品必要軟體以建立 PDF 與其他辦公文件的公司，以及其他少數幾家企業都願意承擔風險，點名中國。這些公司堅定主張，只有政府行為者才有足夠的人才來執行如此繁複的入侵行動。

　　幾乎可以確定攻擊 Google 的行動是由共產黨高層下令執行。在維基解密公開的大批重要文件內，有一份國務院祕密電報毫不意外地表明相同論點：「一位地位合宜的聯絡人主張中國政府策畫了近期入侵 Google 系統的行動。[109] 根據該聯絡人指出，這些閉鎖式行動是由中央政治局常務委員會層級的人員指揮。」

　　讓其他在中國做生意的矽谷公司感到訝異的是 Google 表明了反擊的意願；Google 將不再遵循相關規定，讓中國審查 Google 中國伺服器 Google.cn 的搜尋結果。在 Google 內部，董事長艾立克・史密特完全明白公司的反抗行動意味著何種後果。Google 法務長杜倫孟德在一篇部落格文章中寫道：「我們了解這代表我們極可能需要關閉 Google.cn，可能也需要關閉我們的中國辦公室。」[110]

　　上述結論，似乎正是中央宣傳思想工作領導小組組長李長春希望 Google 做出的結論。既然中國已經利用百度複製出 Google 的商業模型，下一步看來就是該將 Google 逼出市場了。

　　後來艾立克・史密特告訴我，「極光」攻擊幾乎完全「終止了 Google 內部的爭論，讓大家不再爭辯公司未來在中國的走向」。如果中國願意大費周章侵入該公司在美國的伺服器，顯然也會毫不內疚地要求 Google 交出中國境內每一位元的使用者資

料，而 Google 不願意放任這種情況發生。Google 於 2010 年稍晚結束中國業務，退出北京。

「極光」行動還有另一個轉折，當時 Google 高階主管皆未透露此事。在中國侵入的一台 Google 伺服器資料庫中，存放著美國的外國情報監控法庭與美國國內其他法官發至 Google 的法院命令。聯邦調查局的反情報小組也知道這起特定竊盜行為背後具有的意義，這是因為中國情報單位想尋找證據，了解他們在美國的間諜是否遭到滲透與受到監視。

一位前官員向《華盛頓郵報》的記者中島表示：「若能得知自己成為調查目標，中國就可執行步驟以破壞資訊，並將人員撤離美國。」[111] 這是高明的一手，多年來，聯邦調查局透過調查掃蕩了許多中國間諜，現在北京決定搶先趕在調查人員之前行動。原來中國國家安全部正在嘗試滲透美國的情報行動，而且是透過 Google。

這不會是最後一次。

可以想見在中國的組織圖上，幾乎看不到正式名稱為「人民解放軍總參謀部三部二局」的 61398 部隊蹤影。但其實在 2013 年時，美國情報單位早已注意了 61398 部隊好幾年。

2008 年，美國國防部正與俄羅斯進行著攻防戰的那週中，就在歐巴馬當選總統的前一天，有另一封國務院電報表達了官方對於 61398 部隊頻繁侵入美國政府網站的情況感到憂心忡忡，歐巴馬自己也曾體會過這種苦楚。法務部曾在 2008 年歐巴馬競選期間與他聯絡，說明中國已深入歐巴馬競選團隊的電腦，根據推

測，中國這麼做可能是為了了解美中間的複雜關係，是否會因這位幾乎不曾被中國納入雷達偵測範圍的年輕參議員當選總統，而發生變化。

成為歐巴馬幕僚長的麥唐諾後來對我說：「那是我們最早親身體會到這項問題。」

由於外交層面上存在著難以妥善措詞表達的疑慮，而且美國其實才剛對前述竊案展開犯罪調查，綜合這些不尋常的情況後，讓美國政府對 61398 部隊所了解的一切資訊依舊列為機密。然而調查駭客行動時，政府通常無法獨占所有證據，因為大多數企業不但會先找民營的網路安全公司來幫忙，而且還會因為擔心可能使其他資訊暴露在聯邦調查人員面前，所以常常猶豫著究竟是否該讓聯邦調查局進入公司的電腦系統。

這也是為何在 2012 年，是由曼迪亞的員工透過中國駭客自己的攝影機看到了中國駭客本人。此外，這群駭客還擁有另一個漏洞，讓曼迪亞公司得以對比找出其身分。這些駭客在中國擁有特殊的網際網路存取權限，因此他們可以穿越宛若長城的防火牆，做一般中國人辦不到的事，那就是查看自己的 Facebook 帳戶。於是麥迪安公司就能透過觀看駭客打字，追蹤找出駭客的姓名。

其中一位最精采的駭客是網路帳號為 UglyGorilla 的駭客。在 61398 部隊內，他是工作成果最豐碩的作業人員之一，而且從源自浦東鄰里的 IP 位址發出了各式各樣的惡意軟體。[112] 曼迪亞曾觀察 UglyGorilla 跟他的同僚登入美國 RSA 公司並竊取該公司的藍圖與識別碼。RSA 公司最為人熟知的產品為 SecurID 認證裝

置，軍方承包商與情報單位員工可使用該裝置存取電子郵件和公司網路。駭客從 RSA 公司偷出資料後，就利用那些資料侵入洛克希德馬丁公司。

當曼迪亞正在監視 UglyGorilla 之際，另一場駭客行動則在他視野之外的加拿大展開，那或許最令人不安又詭譎的行動，目標則是泰爾文特公司的一家子公司。[113] 泰爾文特公司設計的軟體可供石油與天然氣業者從遠端開關管道、控制能源供應流，而且該公司擁有西半球半數的石油和天然氣管線藍圖。在 2012 年 9 月，泰爾文特公司不得不向客戶承認有入侵者闖入公司系統，並取走了專案計畫的檔案。

雖然那場特定的駭客行動似乎可能是 61398 部隊的傑作，但沒有人能確實釐清那究竟是該部隊的行動，抑或是其他中國組織的行動，而且動機也不明確。駭客是否打算在開戰時等某些情況下掌控管線，藉此讓美國眾多地區受凍？還是他們只是工業竊賊，想偷取軟體以在中國或其他地區複製出類似的管線？雖然美國與加拿大曾進行調查，但調查的成果（若有的話）從未公開。謎團依然無解。

還在對泰爾文特公司執行駭客活動之際，中國政府已在準備另一場複雜度遠高於此的祕密行動，地點則為華盛頓。這項行動最終可讓中國取得美國政府的運作地圖，上頭列有 2,200 萬位美國人民最私密的生活細節，這數字幾乎已達美國人口的 7%。

前述資料擷取自美國政府裡一個較枯燥的單位：人事管理局。這個龐大的官僚組織負責保管數百萬位人士的紀錄，這些人

都是曾經、目前或過去曾申請為美國政府工作的人士，正職或約聘員工皆包含在內。

歐巴馬政府在歷經雀兒喜・曼寧和史諾登竊取資訊的事件後，晚了一步才著手將美國政府的網路基礎設施上鎖，而人事管理局並未排在優先清單上的前幾位。「首要焦點放在大型國家安全設施上。」歐巴馬的網路協調官丹尼爾後來回憶道。「國防部、情報單位，大家對人事管理局都沒有多想。」

但是中國卻相反。他們仔細調查聯邦政府的網路後，很快就發現在人事管理局的老舊電腦系統中，埋藏著一個龐大的資料儲藏庫，裡頭存放著美國政府所蒐集的高敏感性資料，但受到的防護卻少得不能再少。人事管理局負責針對幾乎所有需要「機密」或「最高機密」安全許可的人員蒐集必要資訊，以執行背景調查。當中國在 2014 年撬開這個儲藏庫時，共有 500 萬位美國人民擁有前述許可。[114]

為了獲得美國政府授予的安全許可，未來可能成為聯邦政府職員與約聘員工的人，都需要填寫一份 127 頁的詳盡表格，即 86 號標準表格，他們得在其中列出所有個人生活的詳細資料，包括所有銀行帳戶、所有病況、大學時用過的所有禁藥等等。他們也需要詳列關於配偶、子女、前配偶與外遇的相關資訊，甚至還必須列出自己在過去十年左右所熟稔與持續聯絡的每一位外國人士的姓名。

人民在 86 號標準表格中提供的資料，以及調查人員隨後根據這些資料執行背景調查後所製備的報告，構築出所有外國諜報單位心中的寶庫。美國國家安全菁英的百科全書全存放在這個單

一資料庫中，裡面不只包含人員的姓名與社會安全號碼，諸如工作地點、曾派駐至全球的位置，以及是否因債台高築而可能成為易吸收的對象等等，各式資訊皆囊括在內。這類個人經歷提供了可用於黑函勒索的豐富資訊，以及如何在線上假冒家人或朋友的線索。

相較於大多數美國國會議員或美國政府，中國安全單位對這類漏洞的了解要更清楚得多。中國駭客團隊稍加探勘之後，即發現因為美國內政部擁有多餘的數位儲存空間，所以前述資料都儲存在內政部中，而且完全未經加密。換句話說，儲存前述紀錄的系統，也是國家公園用來存放追蹤水牛遷徙、管理公有地漁場等相關資訊的同一系統。

就人事管理局的資訊安全基礎設施而言，這還只是最輕微的問題而已。該單位的資料安全條件極為惡劣，而且早在2005年，負責獨立監督人事管理局的監察長就已在其提出的一系列報告中記錄了這種情況。[115] 人事管理局的系統本身已經過時，而且管理人員未能遵守政府對安全協定制定的全國性政策、忽略應適當維護系統的需求，更無視關於最佳實務的建議，導致情況變得更糟。到了2014年11月，由於問題實在過於嚴重，於是監察長在定期稽核中建議關閉部分系統，因為漏洞已然過大，「可能對國家安全造成影響」。[116]（其實已經造成影響；只是人事管理局尚不知情。）

然而，關閉系統並非可行的選項，因為人事管理局仍積有數萬筆安全許可申請尚未處理。[117] 從五角大廈到緝毒局，美國政府內的各個不同單位皆嚷著要他們核准人員的安全許可與支付退休

金等等。人事管理局局長阿丘利塔對此已經難以招架，所以監察長建議關閉系統時，立即遭到她嚴詞拒絕。

阿丘利塔跟手下職員從一開始就對在自家網路內發生的事毫無所知。[118] 該單位的電腦沒有警示系統，無法傳送警報告知有外來入侵者潛伏在系統內，或開始在夜晚取出系統資料。之後調查人員花了超過一年的時間調查，試圖拼湊出駭客入侵的時間線，他們不但受到技術限制的阻礙，還受到人事管理局官僚拒絕合作的態度阻擾；而根據調查人員的最佳推測，駭客很可能在 2013年年末就已多次侵入人事管理局的系統。

中國駭客曾在 2014 年春天被逮到一次並遭驅離，稍後進行的國會調查發現，中國駭客那時「幾乎快要能夠存取」存放個人隱私資訊的系統。[119] 然而即便有此發現，政府卻並未因此展開封閉系統的應急行動。這時中國已取得最需要的資訊，那就是人事管理局網路的地圖，以及從人事管理局外部承包商所竊得的身分驗證資料。

沒多久，中國駭客就捲土重來。他們使用從承包商竊得的密碼登入，並將惡意軟體放到系統內以開啟後門存取權限。在約一年的時間裡，皆無人察覺到駭客在網路內的行動，他們有系統地滲出 86 號標準表格與根據背景調查所編寫的報告。在 2014 年夏天期間，人事管理局網路內有 2,150 萬位人士的 86 號標準表格遭到複製。[120] 接著在 12 月，有 420 萬份人員檔案遭竊，那些檔案中含有 400 萬位現職與前任聯邦員工的社會安全號碼、醫療紀錄與婚姻狀態資料。隨後在 2015 年 3 月，有 560 萬枚指紋遭到複製並偷偷傳送至外部。人事管理局從未注意到有多少資料從系

統中流出，這可能是因為中國駭客很客氣地在離開時自行加密資料，人事管理局本身卻不曾對其持有的大量敏感資訊執行這項步驟。

一直要到了 2015 年 4 月，一家為人事管理局工作的民營電腦安全承包商標記出「opmsecurity.org」這個網域名稱錯誤後，人事管理局的網路團隊才開始認真調查。[121] 那時該網域已經運作約一年，然而卻不是由人事管理局的任何人員所建立。更糟的是網域註冊者為「史蒂芬·羅傑斯」，這是一個虛擬角色，大家較熟知的是他以復仇者聯盟的超級英雄身分，也就是身為美國隊長所創下的輝煌戰績。稍後沒多久又發現了第二個網站，註冊者是史蒂芬·羅傑斯的戰友東尼·史塔克。鑑定駭客技術的人員立即注意到過去也曾有某個中國軍方組織以類似的方式，留下了對復仇者聯盟的頌詩。

人事管理局隨後有 50 天皆保持沉默，倉促地嘗試理出頭緒。即使是歐巴馬政府的其他部門也無法從人事管理局獲得明白的答案。一位管理與預算局資深官員回想起獲知的洩密規模資訊相互矛盾。「我不認為他們對我們說謊。」管理與預算局的一位資深官員表示。「我想他們只是不知道自己有多少台電腦，更不清楚哪些人在使用電腦。」賽倫斯安全公司負責協助人事管理局收拾殘局，而一位參與此案的技術人員在寫給公司總裁的簡短電子郵件中表示：「另外，他們完了。」[122]

他的結論頗合理。不過，蒙受損害的對象並非僅限於人事管理局保有資料的那些職員。雖然情報單位明智地未將特工紀錄儲存在人事管理局系統內（部分是因為他們不信任該系統），但即

便如此，中央情報局的兩位最高首長，局長布倫南與副局長大衛・寇恩仍迅速做出結論，認為身在海外的眾多特工現在已成為易受攻擊的目標。許多派駐到中國的特工都是「官方臥底」，也就是假扮為外交人員。為了讓臥底身分具有可信度，這些特務都擁有國務院的工作經歷與檔案，但有時檔案中或許存在不連貫的履歷，或其他中國可能會察覺到的線索。

對中央情報局與其他情報單位而言，問題的複雜度顯然更為嚴重。在這個大數據技術的年代裡，資料庫的價值遠超過其中的數百萬支個別檔案。資料庫讓中國能將人事管理局的檔案與中國自有的情報資源互相比對，甚至還能比照 Facebook 個人檔案，以及外交官跟間諜在過往貼文內所留下的數位碎片。現在想要揭穿中央情報局特工的身分比過去更為容易。而且此問題不僅涉及現任的官員，中國也可能會辨識出仍在受訓或尚待指派的人員身分。很快地，數十個派遣至中國的職務皆遭取消。曾在歐巴馬政府內擔任網路安全政策問題主管的柯納克向我表示，「整批的中央情報局特工管理人」可能在「剩餘的職涯時間裡，都只能坐在辦公桌前處理事務」。

人事管理局的駭客入侵事件讓我們窺探到未來情境，一睹老派間諜活動碰上新型態的資料處理環境會是何種情況。這讓調查人員從全新角度檢視聖歌保健公司遭駭客入侵的事件。中國對人事管理局的駭客行動尚在進行時，同樣疑似為中國政府工作的中國駭客在竊取超過 7,800 萬筆紀錄後遭到發現。這起駭客攻擊讓全貌看來更像是中國試圖整合以上所有資料庫，好藉此更深入了解美國人民的情況。

在人事管理局遭駭客侵入的十年前，國家安全局局長羅傑斯上將就已注意到前述問題，也曾暗示存在這種問題。竊取 2,200 萬筆紀錄沒有什麼價值，無論是哪個國家取得這些紀錄，都同樣無法應付如此龐大的資訊量。發生洩密案不久後的 2015 年某晚，羅傑斯在科羅拉多州亞斯本演說時，輕描淡寫地間接指出更重大的問題：[123]「從情報角度來看，這麼做將能取得深入的洞察分析，或許可用在反情報目的上。……如果某人想要識別在該國內的美國人民身分，試圖釐清他們身在當地的目的，例如這些美國人只是遊客嗎？他們來此是否基於其他某些目的？那麼取自人事管理局的資料將能提供值得探討的分析資訊。」

對情報體系而言，這是一個全新的領域，而且規模駭人。隨著人事管理局資料外洩規模的消息走漏，阿丘利塔提出了聽來荒謬的保證，例如：「保護聯邦政府職員資料是人事管理局的最優先要務，以免這些資料成為惡意網路事件的受害者。」[124] 可是從先前的事件看來卻非如此。阿丘利塔一再拒絕國會山莊對她提出的辭職要求。雖然白宮聲援阿丘利塔，不過她在 7 月中還是離職了。

不過，至少在公開場合內，美國政府從未對資料遭竊的 2,200 萬位美國人民據實以告，除非是因為發生意外。聯邦政府職員收到信函告知其資訊可能外洩，並獲得為期數年的免費信用監控，彷彿他們的資訊是遭到罪犯竊取一樣。（在黑市中從未出現前述資訊，這是另一個證明竊行屬於情報行動的跡象。）白宮拒絕譴責北京。幸好國家情報總監克拉珀在一場公開訪談中說溜嘴，心有不甘表達出他對這種諜報手法的敬意。「似乎得舉杯

向中國的行動致敬。」[125] 他脫口而出。（後來他試圖修正那段說詞。）

幾週後，克拉珀前往國會，堅稱整起事件是單純的間諜行為，因此不構成「攻擊」。為時兩小時的聽證會期間，國會議員的怒火逐漸高漲，他們表示整起事件看來是在攻擊自己的選民。

克拉珀加以反駁。面對可能妨礙美國情報單位的網路行為規範，美國鮮少坦率流露無意認同的態度，此刻卻屬於這種罕見的情況。克拉珀以前曾聲明：「如果我們有機會執行相同行動，可能就會那麼做。」而他現在卻告訴與會的參議員：

「我認為至少應思考一下古老的格言會比較好，也就是住在玻璃屋裡的人不應該丟石頭。（譯注：指每個人都有弱點，因此不應批評他人。）……」[126]

參議員麥肯回擊道：「所以，只因為我們住在玻璃屋裡，他們就可以偷走我們最重要的祕密嗎？這種想法太驚人了。」

「我沒有說那是正確的行為。」克拉珀回答。「我只是說兩個國家都在這麼做。」

當人事管理局開始遭駭客入侵之際，麥迪安公司與《紐約時報》終於在 2013 年發表關於 61398 部隊的報導。賓州西區的美國檢察官希克頓看到新聞後，心想他辦公室有史以來經手的最大案件已就此告吹。

向來措詞強硬的檢察官希克頓人高馬大，只要在匹茲堡就能看到他的身影；早上通常只要到城裡多砂的墓園山區，就能在潘蜜拉鬆餅餐廳裡找到希克頓。希克頓在閱讀報導與其中關於

UglyGorilla 及其駭客同僚的細節時，「我想著一切都結束了，我們再也無法出其不意地逮到中國駭客了。」

希克頓當時正居中進行一項大規模的嘗試，欲藉此判斷能否以外國政府官員駭入美國境內公司為由，對外國政府官員提出刑事訴訟，在此案中即是對中國軍官提出刑事訴訟。此案讓許多美國官員戰戰兢兢，國家安全局的官員更是深感緊張。如果美國可控告中國駭客竊取智慧財產，那要如何阻止中國指控國家安全局特定入侵行動單位的成員侵入華為？又該如何阻止伊朗指控美國炸毀納坦茲的離心機？

希克頓基本上對前述論辯毫無興趣，他是徹頭徹尾的政治人，知道需要為匹茲堡採取何種行動。中國曾執行眾多行動來奪取美國的專業知識，而匹茲堡這個城市一直都是這類行動的中心目標，現在該是反擊的時刻了。

希克頓的手邊不乏受害者的人選。總部位於匹茲堡都會區的西屋公司是一家核能公司，西屋在 2010 年於中國建造四所尖端核能電廠時，發現該公司的某些專利資料遭竊，反應爐的設計也包含在內。[127] 這些竊行讓中國的競爭公司無須耗費數億美元的研發成本，就能獲得相同的技術。另外，駭客隨後還取走了近 70 萬頁的公司電子郵件，此舉可能是為了探查西屋領導階層對中國某家大型國營公司所採取的談判策略。

此外還有其他受害者。[128] 美國鋼鐵公司是匹茲堡內少數從過去留存至今的公司之一，該公司在處理幾椿中國鋼鐵業者的不公平貿易行為案件時，發現公司系統內存在惡意軟體。中國駭客甚至偷走了鋼鐵工人聯合會的電子郵件，以了解該公會如何跟進對

中國製造商提出的貿易投訴案件。

希克頓在每起案件中的工作，都是要找出無須依靠情報單位證據，即可個別起訴 61398 部隊軍官的方法。「如果案子上得了法庭的話，我們需要能拿上法庭的證據。」希克頓告訴我。

當然，國家安全局從大統路白色高樓內的那些軍官身上竊取到的機密資訊，都不會包含在法庭證據內。但是麥迪安公司已證明實際上不需要仰賴國家安全局，就可以取得大樓內那些犯行者的照片；雖然中國仍尚未承認該大樓就是人民解放軍網路單位的總部。

希克頓在與受害公司合作、處理一系列的鑑識證據，並採行麥迪安公司曾使用過的多項相同技術後，得以識別出五位人民解放軍軍官的身分，他也在隨後提出的起訴書中列出了那些軍官。希克頓甚至還取得了對方的軍階及姓名：王東、孫凱良、溫新宇、黃鎮宇與顧春暉，這讓希克頓可進行公開指認，以他的說法是如此「會嚇壞中國」。不過，他並未幻想能將那五位軍官送交受審。除非那五人近期決定帶小孩去迪士尼世界玩，否則能在美國逮捕他們的機率幾近於零。此案具有的象徵意義遠勝其他一切；這麼做可從法律與外交層面上放手一搏，除了利用大眾對起訴案的關注外，也要公開某些證據，或許如此一來，中國就會感到羞窘，進而停止部分最惡質的行為。

「我無法完成外交層面的行動。」希克頓表示。「我只能做到『我要把你抓去關』的部分。」

前述起訴戰術的中心人物是司法部國家安全處主管卡林。「我們需要反擊，而且要透過我們的法治體系這麼做。」卡林對

我說。「這代表要讓案子證據確鑿，如同建立其他任何鐵證如山的案件一樣。」

希克頓把大多時間都花在頑強對抗司法部，直到最後一刻。這顯現了整樁事件帶有的高敏感性；雖然希克頓不介意跟卡林合作處理本案，但他最不希望看到的就是手中的案子被抽走，並在華府遭到渲染放大。而且希克頓相信，就背後由國家撐腰的外國網路入侵事件而言，美國政府的其他單位並不希望司法部進來攪局。「國務院害怕這可能會擾亂國務院跟中國在其他事務上的交涉，所以不希望發生前述情況。」希克頓告訴我。「情報人員則害怕那會終止他們的情報來源。所以只不過為了讓大家團結一致，我就必須耗上好幾個月的時間。」

當希克頓看到麥迪安公司的報告與《紐約時報》的調查時，覺得彷彿一切努力都付諸流水。他相信是某位華府人士刻意決定「『揭露』人民解放軍，所有事件都會因為這份報告而只能自生自滅」。希克頓錯了，其實政府人員並未洩密；此外，後來希克頓也注意到在事件資訊公開後，反而鞏固了他手裡的案件。

希克頓將證據呈交給大陪審團，他們起訴了五位人民解放軍軍官，包括「UglyGorilla」與他的同袍「KandyGoo」。不過起訴書受到封緘，華府要等待時機成熟到可出手挑戰中國政府時，再核准起訴書。

希克頓不斷打電話給華府人員或搭機出差，希望能推動公布起訴行動，最後在 2014 年 5 月終於獲得核准。[129] 讓希克頓不滿的是這項重大宣布來自華府，而非匹茲堡。卡林在華盛頓表示：「任何國家行為者若為了該國經濟優勢而從事間諜行為，那麼即

使他在該國國旗的掩飾下執行駭客活動，也不會因此擁有法律豁免權。就像其他任何竊取我國商品、觸犯我國法律的跨國犯罪組織一樣，我們將會對國家支援的網路竊賊究責。」

《紐約時報》曾詢問卡林與時任聯邦調查局局長的柯米，中國是否可能為了報復美國，因此起訴聽命於美國政府的美國駭客，他們兩人自然表示自己無法討論任何攻擊性的美國網路行動。不過他們都強調，美中兩邊的行動差異在於美國並未在竊取中國的機密後，把那些機密資料交給Google、微軟與蘋果等企業。

他們說的沒錯，不過這是非常美國式的答案，也是中國從不相信的區別概念。中國認為經濟安全與國家安全是一張無縫銜接的織網，建立強大的國有企業則是保家衛國的必要之舉。此外，起訴書中顯然並未提及中國對美國國防部或大型國防承包商所執行的攻擊行動；毫無疑問地，美國不願因此促使中國揭露美國在北京、上海與香港對類似軍事目標所執行的攻擊行為。

UglyGorilla 與其同事從未親眼看到美國法庭內部是什麼模樣；希克頓在歐巴馬任期結束時離職，他不得不承認那些駭客可能永遠都不會面臨審判。不過，希克頓保留了他在此案中最喜愛的一個紀念品複本，那就是美國司法部印製的大型紅字「通緝」海報，上頭印有五位人民解放軍軍官的照片。

這些起訴書出其不意地給了中國一擊，中國公開表達憤慨，指稱起訴書中的具體細節為「無中生有的事實」，已「嚴重違背規範國際關係的基本準則，並且損害中美的合作」。[130] 中國主張自己才是網路攻擊的受害者，而非加害者。不過，隨著軍官本人

在鍵盤前工作的照片遭到公開，人民解放軍也清楚意識到自己必須做出某種改善。當時擔任司法部長的霍爾德向我的同事麥可‧史密特與我表示，他對中國做出了帶有大膽挑戰意味的回覆：「如果這一切都是我們無中生有，那你可以前來匹茲堡給我們難堪，威脅我們要是不提出證據的話就閉嘴，那我們就會拿出證據給你看。」不過，中國領導階層除了異常地誇張作態外，並未進一步施壓，但是他們也幾乎無意減少產業間諜行動。從 2014 年下半年到 2015 年，伴隨著人事管理局資料外洩事件爆發，美中雙方進入採行以牙還牙策略的膠著狀態。唯一顯露情勢有所進展的微亮曙光出現在 2015 年中，當時聯合國的「專家委員會」開始針對應禁止的駭客行為類型草擬相關規定。例如偷取智慧財產的竊盜行為在網路時代之前即屬於違反國際法的行為，因此很簡單地就將其議定為禁止行為。

當美國對人事管理局一案的怒氣碰上政府層級的盛會時，這場僵局終於得以化解。坐上中國總理位置的習近平於 2015 年 9 月前往華府，這是他首次訪問美國。雖然大多數美國人都會忽略這個隆重而盛大的時刻，但對在意地位的中國領導階層來說，這至關重要。國務院網路單位主管佩恩特之後回想起中國官員「幾近病態地想讓習近平的訪問完美無瑕。」

歐巴馬的團隊察覺手上有了可發揮效果的棋子，因此就在習近平總理預定抵達的幾天前，威脅美國將根據中國執行的多項網路活動向中國施加制裁，例如 61398 部隊利用網路漏洞的行為等等。[131] 歐巴馬團隊知道對中國來說，制裁行動會讓參訪蒙上陰影，並且暗示習近平無法掌控美中之間的關係。他們告訴中國，

若要避免陷入這種窘境，唯一的解決辦法是進行協商，針對網路空間的首份軍備控制協議訂立大綱規範。

歐巴馬的國家安全顧問萊斯受派在 8 月前往北京。[132] 美國原本已對習近平的領導方式執行過情報評估，而評估結果指出他會著重於國內事務，不會高壓擴張中國領土，或挑戰美國在全球的影響力，但事後證明這些評估都錯了。習近平在地緣政治舞台上的激進程度遠超過所有人的預期。雖然萊斯被護送前去與習近平進行冗長的討論，但離開時仍未能解決網路間諜議題。就歐巴馬而言，這場會面是他在卸任前可推動重大事務的最後一個機會，但是習近平似乎卻準備妨礙與歐巴馬的會談。

不過萊斯後來回憶當時情況，表示當她返回華府後，「中國突然致電，說明需要派遣代表團到華盛頓」。當時美國打算從透過駭客行為攻擊美國公司並從中獲利的多個組織內，挑出其中幾家公司跟政府機構施加制裁；終於，就在習近平參訪前，對制裁行動的憂懼讓中國停下腳步三思。跟習近平關係密切的共產黨顧問暨國家安全主管孟建柱，旋即率領 50 位共產黨官員與政府官僚，祕密地在華盛頓降落，以求達成協議。

為期四天的馬拉松會議在鄰近岩溪公園的肖漢姆飯店舉辦。那裡滿是來自各國的遊客，所以規模如此龐大的代表團也能夠融入其中。負責督導國土安全部網路政策的前中央情報局資深官員斯波爾丁與佩恩特，將重點放在防止美國產業遭攻擊洪流淹沒的一連串步驟上。斯波爾丁稍後回憶道：「我們都想到人事管理局。」不過間諜行動被排除在議程之外，因為那會讓已夠讓人憂心的眾多問題更加複雜。

在中國代表排定返回北京的當天凌晨三點，雙方的對話才結束。降落時，孟建柱首次承認以國家安全為宗旨的網路間諜行為，跟以企業經濟利益為宗旨的網路間諜行為之間存在著差異。歐巴馬告知美國商業領袖，網路攻擊「可能是最重大的主題之一」，而他的目標是了解「我們與中國是否能統整出某種交涉程序」，可「吸引許多國家一起參與」。[133]

　　幾天後，習近平總理抵達華府進行首次美國訪問時，美國舉辦了豪華的國宴款待他。歐巴馬邀請了所有竭力對應中國市場的矽谷權貴，包括 Facebook 的祖克柏、蘋果的庫克，以及微軟與夢工廠公司的執行長。[134]

　　習近平在離開前與歐巴馬共同宣布了一項協議，其中包含管制使用網路竊取智慧財產的首批規定。奇妙的是這項協議似乎立即奏效，麥迪安與其他公司發現由中國執行的這類駭客行動數量顯著降低。[135] 佩恩特相信習近平在放眼未來之後，發現「再過幾年，人們就會開始偷取中國的工業設計，所以他必須搶先行動」。事實上，已經有人開始將中國當成追獵對象，其中大部分都來自俄羅斯。

　　不過，歐巴馬的希望其實是建立可讓他人依循的模型，如同甘迺迪在四十多年前建立《部分禁止核試驗條約》一樣，但是歐巴馬的願望從未實現。美國跟中國之間的協議未能繼續拓展，其他國家也不曾認真地針對類似方針展開討論。

　　此外，歐巴馬與習近平曾密切討論的另一項主題是該如何應對北韓剛愎自用的年輕獨裁者，但相關情勢也同樣迅速地開始脫軌失控。

第6章

金氏反攻

萊西特工（凱普蘭）：金正恩現在有能力用核武攻擊
　　整個西岸。我的重點是核武國家可能會互相開
　　戰……如果你們兩個可以送走他，中央情報局會
　　很高興……。

拉波波特（賽斯·羅根）：像是，去喝點東西？

萊西：不，不是，不是這樣送。

史拉克（詹姆斯·法蘭科）：送走……例如去吃晚飯？

拉波波特：帶他去吃飯？

萊西：送走他。

拉波波特：例如進城之類？

史拉克：參加派對？

萊西：不是，呃，是送他上路。

拉波波特：你要我們暗殺北韓領袖？

萊西：對。

史拉克：什麼？！

　　——取自《名嘴出任務》，這部 2014 年的喜劇電影
　　　　促使北韓對索尼影視娛樂公司進行網路攻擊

瘦削的林頓在歐洲出生，是索尼影視娛樂公司的總裁，他清楚記得自己於 2014 年夏天致電美國國務院時的經過。北韓為了迫使該電影公司中止發行即將推出的喜劇《名嘴出任務》，因此施加了宛如排山倒海般的一連串威脅，讓他憂心無比。

　　「我從未碰到過任何國家要求我們扼殺企劃。」林頓對我說。

　　這部發行在即的搞笑電影由賽斯・羅根和詹姆斯・法蘭科主演，而電影惹惱北韓的原因不難理解。電影劇情毫不隱諱委婉：兩個笨手笨腳的無能記者贏得採訪金正恩的機會，不過就在他們出發前往北韓這個「隱士王國」前，中央情報局僱用他們好將金正恩炸個粉身碎骨。這種情節根本不可能發生在現實世界裡，但是北韓向來都不是以千錘百鍊的諷刺幽默聞名。

　　電影的宣傳很快就流入與世隔絕的平壤。這部電影的海報十分醒目；海報採用冷戰時期的蘇聯風格設計，在金正恩的圖像旁描繪著這位年輕北韓領袖的飛彈與坦克，適當地展現出好鬥特質。海報的吸引力顯然勝過所宣傳的電影。

　　北韓外交部在預先得知電影情節後，就已向聯合國祕書長潘基文寫了一封措詞猛烈的抗議信，要求他插手干預以終止電影發行。北韓顯然花了一些時間才意識到，這位南韓籍祕書長並未特別想要解決北韓的問題。[136] 即使潘基文有意這麼做，他的立場也不可影響好萊塢的電影公司。

　　最初採取的抗議函手段失敗後，北韓開始向美國施加威脅。[137] 如果索尼按照計畫於 2014 年聖誕節在美國戲院上映該電影，北韓將會視其為「恐怖主義行動」，並且應對此採取「不留

情面的堅決反制措施」。不過，北韓在面對軍事演習或制裁行動，都會用這種說法做出回應。換句話說，北韓的回應聽來像是在惡搞《名嘴出任務》裡的台詞。

金正恩的飛彈在 2014 年時尚無法對美國首府構成可信的威脅，因此北韓的這等威脅，通常只會引發在農業補助金預算聽證會中會出現的那種連天呵欠。想當然耳，北韓對《名嘴出任務》的恐嚇並未獲得美國政府回應，但是卻引起林頓的注意。林頓原為商業高階主管，後來轉任好萊塢電影公司的總裁，因此他並不習慣在地緣政治中周旋。隨著北韓發出的干擾言論漸增，他也變得更加緊張，部分是因為他在東京母公司索尼總部的頂頭上司都嚇壞了。索尼公司執行長平井一夫倍感焦慮，讓林頓與聯合主席帕斯卡必須要求電影公司修改電影結尾的殘忍暗殺段落，讓金正恩頭爆炸的畫面看來更溫和一些。沒過多久，「索尼影視娛樂」這個名字就從所有電影海報與宣傳資料中消失無蹤，因為東京的公司領導階層竭盡全力欲將母公司與該電影切割。

但是，北韓的威脅言詞愈來愈歇斯底里，導致林頓須面對一個更重大的決策：公司是否應扼殺整個電影企劃？

於是這時林頓打電話給羅素。

羅素當時擔任國務院的亞洲地區最高外交官，這位經驗豐富的官員有著挖苦式的幽默，在他六十歲之際，已幾乎看遍了北韓各式各樣的詭譎舉止。他曾參與某些幕後工作，包括安排釋放美國人質、擬定制裁制度，以及協助針對北韓軍武計畫草擬某些明知金氏家族會一口拒絕的外交措施。林頓不認識羅素，畢竟電影公司高階主管不常待在華盛頓霧谷，而且可以想見外交官或許也

對好萊塢抱有偏見。不過，當林頓欲向美國政府內部人士尋求諮詢時，大家都建議他聯絡羅素。第一次通電時，林頓立即切入迫在眉睫的問題。北韓是否只是在發表干擾言論，還是情況真的會大幅惡化？

羅素回想當時情況，表示：「林頓不但直接提問，也以暗示的方式問道政府是否會因那部電影可能對美國帶來報復風險，而希望該公司撤下電影。」他立即察覺到美國政府不可介入核准電影與否的相關事宜，因此羅素告訴林頓那應屬於索尼影視娛樂的「業務決策」。「我不希望自己讓美國政府因某位獨裁者的命令而限制言論自由。」他表示。「這應由該公司決定。」

羅素提供的最後一點建議是切勿拍攝賽斯‧羅根與詹姆斯‧法蘭科在非武裝地帶的宣傳照，因為這個地區容易觸發北韓的怒火。不過在通話即將結束時，羅素向林頓分享了華府在面對北韓浮誇警告時的智慧見解：他說道那其中大部分「都是狗屁」。

羅素與林頓都不知道北韓的小型駭客軍隊已開始尋找重挫索尼的方法。「那時相較之下，金正恩還是個新手，我不認為當時可明確看出金正恩跟他父親間的差距。」林頓說道。「沒有人提過任何關於北韓網路能力的事。」

沒有人提過北韓的網路技能，是因為沒有人實際關注這一部分。當索尼在製作《名嘴出任務》時，這個「隱士王國」已不再將網際網路視為威脅，而是將其視為可讓他們與西方國家公平競爭的卓越發明。

跟中國一樣，北韓國父的兒子、現任總理的父親金正日，最

初也認為網際網路對他的政權是個威脅；任何能讓民眾互相通訊的媒介，都可能讓政府對國家的嚴格控管作業更趨複雜。然而北韓與中國的不同之處，在於北韓不用大費周章地打壓網際網路，至少在智慧型手機開始從中國邊境悄悄流入之前都是如此。北韓的家庭中沒有電腦，只有能播放幾台國營頻道的電視與收音機而已。

但是隨著時間經過，即使是封閉的政權也開始發現利用網際網路大肆破壞與賺取利益的各式優點。脫北者金恆光在《紐約時報》的採訪中表示，他曾協助訓練北韓多位網路間諜先鋒。[138] 他回憶在 90 年代初期，一群從中國返回的北韓電腦專家帶回一項「非常奇特的新想法」，那就是利用網際網路偷取機密，並且攻擊政府的敵人。

他記得其中一位專家說：「中國已經在這麼做了。」

在金恆光的記憶中，北韓軍方於 1996 年著手認真訓練電腦「戰士」，並在兩年後成立第 121 局（Bureau 121），現在第 121 局已成為北韓的主要網路攻擊單位。其中成員皆派遣到中國與俄羅斯接受為期兩年的訓練。在 2007 年脫北的前北韓軍方程式設計師張世列（音譯）表示，大家都很嫉妒那批最早的駭客，部分是因為他們擁有旅遊的自由。[139]

「他們會帶回充滿異國風情的外國服飾與昂貴電器，例如電子鍋和相機等等。」他表示。朋友跟他說第 121 局分為數個小組，每組皆以某個特定國家或地區為目標，而且特別著重於美國、南韓，以及北韓唯一的盟友，也就是中國。

「他們受訓的兩年期間不是用來執行攻擊，而是用來了解目

標國家的網際網路。」張世列說道,他在另一個負責編寫戰爭模擬訓練軟體的部隊擔任中尉。張世列指出,北韓漸漸開始將擁有最優異數學能力的高中生分發到幾所頂尖大學內,包括專精於電腦作戰的軍校米林大學,張世列還是個年輕軍官時也曾到該校就讀。其他人則部署到位於中國東北瀋陽市內的「攻擊基地」,有許多北韓人都在瀋陽市經營旅館與餐廳。

不久之後,金正日對網路攻擊議題的發言開始聽來如同有線電視台的名嘴。金恆光表示,據稱金正日於 2003 年告訴最高指揮官:「如果至今的戰爭要素是子彈與石油,二十一世紀的戰爭要素就是資訊。」[140]

金正日是否真心相信自己對資訊戰爭的陳腔濫調,或究竟是否了解如何將口號轉為策略,我們並不清楚。因為到頭來,金正日還是依靠核武軍火庫來鞏固他的政權、讓家族安然留存。不過,金正日相信找出前途無量的年輕學生、讓他們接受特殊駭客技術訓練之舉,有其價值所在。而這些學生的第一步是學習中國的頂尖電腦科學課程。

隨後,聯邦調查局的反情報部門注意到派遣至聯合國工作的北韓人員,還都低調地在紐約註冊了大學的電腦程式設計課程。戰略與國際研究中心的路易斯回想起當北韓人的註冊人數增多時,「聯邦調查局打電話給我,說:『我們該怎麼做?』」

「我告訴他們:『什麼都別做。只要盯住他們,看他們究竟打什麼算盤就好。』」

那時北韓心中有何算盤似乎不太令人害怕。但是,只要問任何飛彈科學家就會知道,北韓工程師的學習速度極快,而且他們

能夠迅速精通上手。「在 2009 年左右,大家還覺得無須認真看待他們,但從那時開始,他們的能力即大幅提升。」[141] 哈佛大學的網路安全專案研究員班・布坎南表示,他曾廣泛撰文探討在網路衝突環境中防護網路的難題。「北韓以前會對白宮或美國某情報單位設立的某個不重要網頁,執行非常基本的攻擊,隨後北韓支持者就會宣稱他們以駭客行動攻擊了美國政府。不過從那之後,北韓駭客的水準已大幅提升。」

似乎沒有任何華府人士特別提高警覺。一份於 2009 年製作的國家情報評估貶低了北韓的駭客本領,同時也低估了北韓長程飛彈計畫開花結果的速度。該評估的結論為北韓尚需要數年的時間,才能發起有意義的網路威脅。

如果金正日尚在世,或許該評估就會正確無誤。金正恩在 2011 年繼承父親的位置,當時 27 歲的他從未受過接掌職位的培育,不但缺乏經驗,也容易自我陶醉,幾乎無人料想到金正恩能利用北韓軍力與菁英份子建立權威,他卻讓所有人都跌破眼鏡。金正恩知道自己的第一要務是得讓北韓的核武威脅成為可信的脅迫。接著第二要務是消滅潛在對手,有時他會利用高射炮來達成這項目標。第三項要務則為成立網路部隊,這也是金正恩急促推動實踐的任務。

金正恩開始掌權之際,第 121 局已成立運作了十多年。雖然美國的流行文化常諷刺地將金正恩塑造為丑角,他卻能精巧運用有別於其父親「敬愛領袖」及其祖父「偉大領袖」的能力,那也是他們兩位從未運用過的能力。在金正恩的指揮下,北韓建立了一支由超過 6,000 位駭客組成的軍隊,大多數人的據點皆在北韓

境外。（這些駭客最後分散在中國、菲律賓、馬來西亞與泰國，這些國家的觀光賣點全都包含一種北韓缺乏的東西：海灘度假村。）

上述行動的概念在於讓網路攻擊不只是可在戰爭期間運用的武器。金正恩跟俄羅斯一樣，都發現這類行動可用來執行盜竊、騷擾，以及清算政治上的舊帳。根據某位南韓情報主管後來轉達的言論*，據說金正恩聲明：「網路戰、核武與飛彈都是『萬用武器』，可保證我國軍隊能毫不留情地執行攻擊。」

金正恩於 2012 年開始將駭客小組分派至海外。第一站是中國。若要尋找設有可支援大規模惡意行動的網際網路基礎設施，又能讓北韓駭客小組巧言推卸責任的國家，距離北韓最近的選擇就是中國。不過慢慢地，北韓駭客散布至印度、馬來西亞、尼泊爾、肯亞、波蘭、莫三比克與印尼等地，這些都是常僱用北韓勞工的國家。在某些國家中，例如紐西蘭等地，北韓駭客只會將當地的電腦作為從海外路由攻擊行動的管道。而北韓駭客實際進駐的地點則是在印度等其他國家內，目前北韓的網路攻擊中有近五分之一皆源自印度。

北韓似乎輕鬆又實惠地獲得了成功。「北韓的網路計畫可說是全球最成功的計畫之一，這不但是因為北韓計畫在技術層面上精密而複雜，而且還以極低的成本實踐了所有目標。」[143] 前國家安全局副局長英格利斯表示。

北韓從伊朗身上學得了某種程度的經驗；北韓與伊朗長久以來都會彼此分享飛彈技術，而且雙方都相信美國是他們的問題根源。就網路領域而言，伊朗向北韓傳授了重要的一課；在對抗銀

行、交易系統、石油與自來水管線、水壩、醫院，甚或整個城市皆透過網際網路連結的敵人時，你有無窮的機會可以製造麻煩。

　　北韓的首次重大攻擊於 2013 年 3 月展開，也就是伊朗攻擊沙烏地阿拉伯國家石油公司的七個月之後。在美國與南韓軍方進行聯合軍事演習期間，北韓駭客操作中國境內的電腦，對南韓的三家主要銀行與兩家最大電視台的電腦網路部署網路武器，該網路武器與伊朗使用的十分相近。北韓攻擊南韓目標的方式跟伊朗攻擊沙烏地阿拉伯國家石油公司的方式一樣，都是使用惡意清除軟體來消除資料，同時癱瘓業務運作；北韓這起攻擊行動很快就得到「黑暗首爾」（DarkSeoul）的稱號。雖然那可能是一次模仿犯罪，不過卻令人印象深刻。在英國地位等同於美國國家安全局的政府通訊總部，其負責人漢尼根繼續追蹤北韓行動時，發現北韓與伊朗的行動存在著顯而易見的相似之處，讓人難以忽視。

　　「我們必須假設北韓獲得伊朗的協助。」漢尼根總結道。[#]

　　他提及北韓威脅時，表示：「威脅逐漸蔓延到我們身上。北韓綜合著奇特、荒謬、老派、高度細膩等各種不同特質，讓大家都沒有認真看待。如此孤立的落後國家，怎麼可能擁有這種能力？嗯，或者該說是如此孤立的落後國家，怎麼可能擁有這種核武能力？」

＊除非北韓新聞機構朝鮮中央通訊社播放的聲明中包含金正恩發表的意見，否則想要確認他的實際發言幾乎是不可能辦到。

＃目前為止，並無證據證明存在這類協助行為，但是駭客社群十分多變。也很有可能北韓曾獲得中國、俄羅斯與東歐國家的協助。

幸好，北韓系統中存在漏洞。在密德堡，國家安全局與網戰司令部並肩合作，相關人員愈發急迫地希望能以推動「奧運」行動的相同熱忱，來善用北韓的漏洞。美國希望找出插手妨礙的方法，以免北韓發展出證明可飛抵美國的核武能力。

不過就北韓而言，問題的複雜度遠超過特定入侵行動單位（或說是美國網戰司令部的早期前身）在伊朗所面對的問題。在 2013 年中旬時，歐巴馬政府發現已經來不及阻止北韓生產炸彈。金氏家族的進度遙遙領先伊朗的毛拉。當伊朗仍在竭力讓離心機旋轉以產出鈾時，北韓已經在量產原子彈。雖然情報評估的結果各不相同，但據估北韓已擁有十多種核子武器，製作速度也在持續加快。

因此，根據前國防部長培里的說法，美國網軍的焦點「必須放在可發射至美國的飛彈上，因為北韓只剩下這項目標尚未完成」。

對金正恩來說，核彈頭能否射到某個美國城市攸關存亡，不過同樣也涉及他未來的權力。金正恩急速加快執行相關作業，這批行動成為了北韓版的「曼哈頓計畫」，換句話說，對於這個可讓武器打到太平洋的另一端的飛彈計畫，北韓所挹注的心力不亞於美國投注在曼哈頓計畫中的心血。到了 2013 年，北韓的飛彈計畫第一次看來具有實際威脅性。

某位歐巴馬的助理後來說：「我不只一次聽到歐巴馬表示如果有機會的話，那麼他會在相信不會導致開戰的情況下，毫不猶豫地消滅金正恩的領導核心集團。」沒有人能做出這種保證，而且歐巴馬對犯錯又格外謹慎，因此甚至連歐巴馬身邊的部分助理

都懷疑他是否真的能身體力行。不過，歐巴馬確實願意竭盡所能來拖延北韓的核計畫。

這也是為何曾在「奧運」行動期間見識到美國最新武器威力的總統，突然要求找出無須開火就可擊潰北韓飛彈的手段。

「在 2013 年年底，我們知道自己必須採取某些行動。」一位資深助理表示。國防部長卡特開始召集會議，會議重點都集中在一項問題上，那就是應急計畫能否減緩北韓大步邁向持有洲際彈道飛彈的速度？

歐巴馬在 2014 年年初主持了一連串的會議，深入探討多種選項。他決定五角大廈與美國情報單位應視需要執行一系列的網路戰和電子戰，藉此打擊北韓的飛彈，並且首先應從名為「舞水端」的飛彈開始。政府希望能藉此在飛彈升空之前就先破壞飛彈，或讓飛彈在發射後不久即偏離軌道。此外，政府更進一步期盼北韓會因此自責製作流程有誤，就像之前的伊朗一樣。

相關人員警告歐巴馬需要約一、兩年才可看出速成計畫有無效果。不過後來回顧當時情況時，才發現原來在 2014 年裡，歐巴馬與金正恩都在使用網路武器追擊對方。歐巴馬的目標是北韓的飛彈；金正恩的目標則是企圖羞辱他的電影製片商。最後，雙方都開始察覺到對方在打什麼主意。

北韓在 2014 年中旬挑出了下一個網路攻擊目標，這個目標位於倫敦。

那年夏天，當北韓對《名嘴出任務》的抗議日益升溫之際，英國的商業電視台第四台宣布計畫播出一齣話題性影集，劇情描

述某位核子科學家在平壤遭綁架，於是美國總統與英國首相合力想讓他獲得釋放。

一如之前對聯合國採取的行動，北韓也寄信至唐寧街十號的首相官邸，要求英國首相終止影集的製作並懲罰製作人。北韓表示該影集會成為「誹謗中傷的鬧劇」。英國自然採取與聯合國相同的回應方式，選擇保持沉默。

不到幾週，第四台就開始出現異狀。顯然有人駭入該頻道的電腦系統，不過在造成任何破壞之前，攻擊行動即告終止。第四台的執行長表示他們不會因此卻步，影集也會繼續製作。（但影集並未繼續製作，該企劃在幾個月後遭到取消，主要是因為資金中斷；而在眾多終止原因內，似乎也包含對北韓反應的害怕擔憂。）[143]

直到數年後，才有人注意到對第四台的攻擊行動，跟在八千多公里外的索尼著名片場內所發生的事件，存在著相似之處。

那年夏末，駭客鑽進索尼的系統，為攻擊行動做準備。然而此時歐巴馬政府的注意力全放在另一項大家更熟悉的北韓事務上。當時，白宮已花了超過一年的時間進行交涉，希望能讓遭北韓當局監禁的兩位美國人獲得釋放。歐巴馬決定派國家情報總監克拉珀前去執行這項任務。克拉珀在歐巴馬政府中是格外獨樹一格的成員，他的年紀已大到足以當許多政府官員的父親，包括總統在內，而且也大到足夠當許多職員的祖父。光頭的克拉珀總是板著臉孔，沉默寡言，多年的空軍生涯造就了現在的他；克拉珀的空軍軍階為中將，曾在世界各地生活，也曾在 1980 年代末時受派至南韓。克拉珀只有進入過北韓領土一次，那是在 1985

年，他搭乘的軍用直升機於轉向時違法進入了北韓領空。

這次克拉珀是受邀前往北韓。他於 2014 年 11 月初搭乘美國政府用機在平壤降落，北韓旋即將他送至鄰近首都外緣的國有招待所。在車程中，北韓國家安全部部長開始連珠砲地向克拉珀提問，想知道他是否帶來重大的外交提案。[144] 克拉珀後來回憶道：「北韓期待有某種重大的突破。」他對此略感驚訝。「他們似乎以為我將提出某種重大協議，我也不知道他們想的是什麼，可能是某種認可、和平協議之類。當然，那不是我到北韓的目的，因此他們感到失望。」

第一晚，克拉珀與同等職務的北韓偵察總局局長金英哲共進晚餐。

相較於克拉珀在南韓生活數年期間所體驗過的廚藝，他後來評論道傳統韓國菜餚極為可口。但原來那是整晚最美好的部分，因為那一晚後來演變為讓人非常不快的夜晚。金英哲將軍是北韓領導階層的核心成員之一，「大部分用餐時間中，他都在向我厲聲指責美國的侵略行動，以及我們有多過分。」[145] 金英哲向克拉珀指出華府總是密謀推翻北韓政權，不過這項指控並非毫無道理。

克拉珀則回敬道北韓應停止讓人民捱餓與建造勞改監獄，也不應威脅使用核武進行大屠殺。他們的討論從此時開始走下坡。

克拉珀的結論是：「他們是貨真價實的強硬派。」

在數小時的對話期間，他們都不曾談到《名嘴出任務》與北韓對索尼公司的威脅，遑論北韓入侵索尼公司系統的行動了。

「我不知道國內的索尼發生了什麼事。」他之後對我說。

「我怎麼會知道呢？」

他說得沒錯，因為那並非美國監視系統的設立宗旨。美國花了超過六十年的時間對北韓部署大規模的監視能力，國家安全局正是在韓戰期間成立；不過這些監視能力幾乎完全著重於傳統威脅。而在亞洲某地使用筆電作業的駭客，並不是在建置這類設備時所打算偵測的安全威脅。此外，製片公司也不是美國情報體系的重點保護目標。事實上，由於美國法律禁止國家安全局在美國境內進行監視，因此國家安全局也無法查看索尼的網路。

晚宴的隔天，克拉珀贏得北韓釋放美國人民，並可將他們送上自己乘坐的飛機。不過克拉珀在離開前，還得再跟北韓人員見一次面。北韓官員將剛釋放的美國人民與一張帳單交給克拉珀，帳單內包括他跟偵察總局局長吃晚餐後所需分攤的金額、國有招待所的住宿費用，以及飛機的停放費用。

「我必須用美金支付。」克拉珀後來對我說。「那可不是一筆小數目。」

克拉珀的東道主金英哲將軍在邀請他的美國賓客享用晚餐之前，可能已相當了解瞄準索尼的駭客行動。[146] 美國情報官員現在相信那批駭客是直接或間接地為偵察總局工作。然而當時在網路領域中，北韓似乎是美國最不可能關切的對象。畢竟若一國的 IP 位址數量比紐約或波士頓大部分城市街區還少，誰又會擔憂來自該國的網路攻擊呢？

如今回顧當時情況，其實美國官員應當擔憂的事務還不少。金正恩或許沒錢、或許活在自己的國家崇拜幻影中，不過他在

2014 年已清楚了解全新型態的國家權力會是何種模樣。金正恩正確地推測出網路軍火庫是能營造平等的卓越工具，畢竟網路軍火庫便宜得不得了，而且他還可從北韓境外發動這些武器。此外，網路武器與核武不同，若金正恩用網路武器對付他最大的敵人，也就是對付美國時，他無須擔心祖國在 50 分鐘後就成為首爾北方一片冒著煙的放射性餘燼。金正恩知道，雖然美國威脅會基於北韓的惡意網路活動施加更多經濟制裁，但大多都是空話。*簡而言之，網路武器宛如根據北韓在世界舞台上的處境量身訂做。北韓過於與世隔絕，所以沒什麼能損失的。此外北韓過於缺乏燃料，所以無法透過其他方式持續與強權鬥爭。同時北韓也過於落後，所以其基礎建設大多不易受到癱瘓性回擊的影響。

　　光是認知到金正恩的網軍正日益壯大，美國與盟友就可能需花上未來數年的時間議論面對不會留下殘骸悶燒景象的攻擊行動，我們應採取何種反擊方式。

　　根據金正恩的推測，即便美國想要報復，也不容易辦到。對世上大部分地區而言，沒有電腦網路、沒有連線的社會代表落後與弱勢。然而在金正恩眼中，這種匱乏反而帶來主場優勢。與世隔絕、幾乎沒有電腦網路的國家是個棘手的目標；若想實現攻擊北韓的報復性網路行動，需要可插入惡意程式碼的進入點，亦即

---

* 他的想法正確，在 2017 年年底，當美國因全球性網路攻擊「WannaCry」譴責北韓後，川普政府的國土安全顧問博塞特承認美國能採行的反擊方式為數甚少，並藉此解釋美國未能實施報復的理由所在。[147]「除了讓北韓人民餓死之外，川普總統已利用了幾乎所有可用手段，力求改變北韓的行為。」

「攻擊表面」，但是攻擊表面就是不夠多。

　　或者，就像是某晚在華盛頓吃晚餐時，一位美國網戰司令部資深官員所說的話：「如果某個國家的電力已經少到不足以開燈，我們又該如何把他們的燈關掉呢？」

　　索尼遭駭客攻擊的四年前，美國曾試圖透過代號「夜車」的祕密行動找出前述問題的解答。相關單位煞費苦心地鑽入將北韓連接至外部世界的網路，大多都是經由中國進入。他們循線追蹤北韓駭客，其中有部分駭客是從馬來西亞與泰國作業；美國人員希望能藉此識別出北韓網軍成員的身分並確定其所在位置。此外，雖然南韓是美國迎戰北韓難題時的關鍵盟友，但美國卻在未告知南韓政府的情況下，搭上南韓入侵北韓情報網路的順風車，隨之一起侵入。

　　在史諾登外洩的大批重要文件內，只有幾份文件簡短提及「夜車」行動的部分資訊，「夜車」行動的目標至今仍然不明。國家安全局背著南韓行動的動機也依然不明；為何美國對盟友南韓的信賴，不足以讓美國公開與南韓聯手侵入北韓的網路呢？我們可以推測「夜車」行動的宗旨，是想要盡可能地蒐集關於北韓領導階層及新設網路部隊的資訊，當然也包含蒐集北韓核武機密的相關資訊。美國從這次行動中所獲得的實際成果並不明朗。但是，無論「夜車」行動是成功或失敗，都未能預先警示即將發生在索尼身上的事件。

　　北韓駭客在 2014 年秋天潛伏至索尼網路內部後，就在該公司內隨意散布「釣魚」電子郵件，他們確信索尼公司中一定會有

人按下誘餌。這項策略沒多久就奏效。等到進入系統內部後,金正恩手下的駭客即取得管理員權限,能夠在系統中四處漫遊。接下來的幾週裡,宛如隱形的索尼入侵者找出了電子郵件的儲存位置、了解了系統的運作方式,也找到索尼將上映在即的電影鎖在何處。駭客很快就掌握了這家電影公司的系統。

北韓駭客非常有耐心,他們一直等到時機合宜時才開始逐步執行攻擊。這是真正專業人士的招牌特質。一位資深美國情報官員對我如此描述:「你無法在北韓的體制下自由發揮。」即使北韓駭客正慢慢拆除索尼網路內僅存的路障,開始四處爬行以找出攻擊目標時,索尼公司內部也沒有任何人察覺到這些行為。這群駭客是數位世界的飛賊,他們行事格外謹慎,以免觸發任何隱藏的警報。

雖然現在看來那一切都十分顯眼,但當時索尼內部卻無人認為公司電腦網路是一大漏洞。這是愚蠢的錯誤,卻不是罕見的錯誤,在後續的三年中,其他許多公司跟美國政府都一再重蹈覆轍。

在 2014 年感恩節的前幾天,林頓正開著他的福斯 GTI 上班時,接到從辦公室打來的電話。電話另一頭是索尼影視娛樂的財務長亨德勒。亨德勒說公司的中央電腦發生網路入侵事件,沒有人能完全確定其規模為何,但看來不太尋常。亨德勒表示或許那只是短暫的問題,IT 人員在午餐前就能解決。但情況並非如此;事實上,索尼影視娛樂的 IT 部門已在準備將整個電影公司離線,以免傷害惡化。

林頓的辦公室在卡爾弗城裡，位於具有裝飾藝術風格的塔爾貝格大樓內，過去梅耶就是從此地統率好萊塢的片場。林頓抵達辦公室時，已經沒有人幻想那起攻擊會在午餐前畫下句點。「顯然無人清楚這件事的規模。」林頓對我說。而且這看來也不是一般的網路攻擊。其中一個原因是在索尼園區內的數千台公司電腦螢幕上，都顯示著林頓遭詭異斷頭的圖片。

圖片雖然噁心，但其實只是用來轉移注意力而已。當電腦使用者嘗試釐清情況時，他們的硬碟正在旋轉運作，將裡面儲存的所有資料清除殆盡。唯一救下資料的員工是能冷靜伸手到電腦後方拔下插頭，好讓硬碟停止運轉的人。其他呆住盯著圖片的人，則喪失了所有資料。

林頓抵達辦公室後不久，索尼就中斷公司全球所有電腦系統的連線。沒有電子郵件、沒有生產系統、沒有語音信箱。

林頓向來自豪能在壓力下保持沉著；這並非他第一次遭遇企業危機。跟大多數企業高階主管的典型想法一樣，他的直覺是應將問題封鎖在索尼內部。畢竟若讓駭客得知他們造成了多大傷害，只會滿足駭客的自尊而已。可是不用經過多少時間，全世界都會知道這起事件。

林頓向聯邦調查局警示發生此事，於是聯邦調查局進駐到電影片場，在這個幾十年來曾推出多部電影，描繪政府探員追捕壞人的位置展開作業，但沒有人把時間浪費在思考這個人生如戲的諷刺情境。探員的心思反而很快就集中到自稱為「和平守護者」的組織上，因為這個組織開始以一次公開幾封電子郵件的方式，慢慢釋出索尼的電子郵件。這些電子郵件顯然是在前述駭客行動

中所蒐集到的資訊。而且，參與釋出電子郵件的人士內，無疑有人相當了解哪些部分會是超市小報趨之若鶩的資訊，這代表無論行動背後的黑幕是誰，都有熟知美國的人士從中協助。

索尼的這段經歷並不是第一次發生；維基解密在 2010 年公布國務院與國防部電報時，就驗證了竊自電腦系統的機密通訊可以輕鬆占據頭條。隨後的幾週中，侵入索尼的駭客慢慢釋出不同電子郵件，郵件中包含關於公司的難堪細節、索尼的合約、幾份醫療紀錄與大量社會安全號碼。北韓甚至取得五部尚未推出的電影，包括《安妮》在內。

索尼電子郵件吸引到了許多看好戲的人，而且人數之多是所有國務院電報都無法比擬的。國務院電報終究只是在處理對大使館設施的抱怨，或是對霧谷辦公室政治的中傷之類。相較之下，索尼某封由公司高階主管寄出的電子郵件描述安潔莉娜·裘莉是「才華少到不行又被寵壞的小鬼」。[148] 另外也包含公司薪水的相關資訊，以及演員跟製作人在螢幕下的風流韻事。甚至還有一封洩漏的電子郵件是由駭客自己在 11 月 21 日寄出，他們警告若不支付金額不明的贖金，「會轟炸整個索尼影視娛樂」。[149] 看來在發生攻擊前，沒有任何人讀過那封電子郵件。接著最諷刺的部分是由賽斯·羅根寄給公司高階主管帕斯卡的電子郵件，他在信中抱怨索尼對《名嘴出任務》劇本所作的變更。賽斯·羅根埋怨：「這現在成為描述美國人為了讓北韓開心而改編電影的故事了。」[150]

想當然耳，大部分報導駭客攻擊帶來嚴重破壞效果的報導，全遭腥羶內容淹沒。雖然北韓連餵飽本國人民都有困難，但北韓

駭客在進駐索尼短短幾個月後，就以「奧運」行動後最精密繁雜的網路攻擊重創美國的電影公司。索尼未能善盡注意之責，美國政府也一樣。

現在回頭看當時的情況，索尼的駭客攻擊事件其實預示了未來的情境。這起毀滅性攻擊只利用 0 與 1 就能銷毀實體設備，跟 Stuxnet 的效果一樣。為了轉移眾人注意力而放出的私密通訊內容，可用來支配新聞報導、擾亂人員職涯。贖金要求則讓大家分心，無法察覺行動的真正用意。然而，當時沒有任何人了解這一切。攻擊就像是突如其來的晴天霹靂，是北韓那位敏感易怒的三十歲國家領袖對一部好萊塢喜劇所做出的過度反應。而他領導的那個多疑國家雖然糧食不足，卻將其強勢貨幣與稀有的人才全耗費在建置核彈與飛彈上。

由於有 70% 的電腦功能皆遭癱瘓，索尼必須在全球尋找新設備。同時，會計部門也決定到地下室翻出以前用來核發支票的舊機器。顯然他們會有段時間都無法使用電子轉帳了。

在白宮，索尼的攻擊事件引發一連串煩心的問題，在後續幾年裡一再地讓美國政府深感苦惱。從聯邦調查局進駐片場的那刻開始，頭號嫌犯就是北韓。但是，如同歐巴馬總統的助理都知道的，懷疑是一回事，證明則是另一回事。即便國家安全局局長羅傑斯上將帶著不動如山的鐵證走進白宮戰情室，他們該如何在不揭露國家安全局情報來源下公開這些證據？又該如何採取報復行動？

獨掌歐巴馬政府網路安全事務的丹尼爾在調查索尼事件期間

對我表示：「這是經典的問題。一旦聲明網路攻擊的幕後黑手是誰，下一個問題一定是：『要如何讓他們付出代價？』我們並非每次都能輕鬆找出問題的解答。」

其實，國家安全局已在回頭檢視大量資料，那都是國家安全局在北韓電腦網路內執行「夜車」等多項情報行動時所蒐集到的資訊，國家安全局希望能藉此確切證明是由北韓領導階層下令攻擊索尼。沒過多久，國家安全局即發現在北韓駭客過去所發動的攻擊中，也曾出現這次用來攻擊索尼的部分工具。

「我們很快就找到想要的資訊。」一位白宮官員告訴我，並說明有證據顯示北韓偵察總局與駭客本人之間存在直接通訊鏈。然而直至今日，美國政府仍不曾公開證據，無論是索尼事件的證據，或是其他北韓駭客行動的相關案件證據全都不曾公開，這是因為政府不希望暴露他們可能正在採行的監視手法。不過，顯然美國發現截取到的某些資訊是直接由北韓領導階層發出的語音通訊或書面指示。

證據的信服力已經足夠，因此相關人員立即向歐巴馬總統進行簡報。

在北韓的計謀逐漸明朗化時，歐巴馬的一位助理向歐巴馬表示：「我從未想過會在此簡報賽斯·羅根主演的爛電影，總統先生。」

「你怎麼知道那是一部爛電影？」歐巴馬問道。

「總統先生，那可是賽斯·羅根的電影……」笑聲在白宮橢圓形辦公室裡響起。

但是，證據只是讓爭議更為複雜。美國設有許多計畫，計畫

內擬定了當水壩、公共事業等重要基礎建設遭攻擊時的回應方法。顯然索尼遭攻擊的事件不屬於前述類別。

「這是破壞性的攻擊。」國家情報總監的總法律顧問利特表示。「但是我們無法主張該攻擊重創了美國基礎建設的關鍵部位。那起攻擊並未中斷從波士頓到華盛頓的所有電力。因此問題在於這是否該由政府負責抵禦？」

當歐巴馬與他的助理們在 12 月 18 日步入白宮戰情室時，前述問題只是懸而未決的問題之一而已。在大家激烈的議論中，歐巴馬的某些助理主張無論這次遭攻擊的目標是否「重要」，美國都受到了攻擊。

「我記得自己坐在那裡，看到某些同事聲稱這起事件就像把炸彈放進索尼公司裡，如果是那樣，我們肯定會把事件歸類為恐怖主義。」一位在爭議愈發白熱化時坐在後排的國家安全助理說道。「但這起案件中沒有發生任何爆炸，只是有人透過遠端控制執行操作，以達到跟爆炸相同的結果而已。」

向來審慎的歐巴馬做出結論，認為那不是恐怖主義行動，根據歐巴馬在幾天後所做的發言，他認為那起事件較接近「網路破壞」。[151]（歐巴馬很快就後悔這麼說。）歐巴馬不希望使情勢升級，然而他也不想經由另一個國家的網路進入北韓。

後來，一位曾參與前述會議的人士告訴我：「問題在於侵入北韓網路的唯一辦法是經由中國，而沒有人想讓中國以為美國在攻擊中國，或使用他們的網路攻擊其他目標。」

然而，這場攻擊的某一層面驅使歐巴馬採取行動。歐巴馬認為，對索尼的攻擊行動是欲將其作為政治強迫的武器，因此這起

攻擊跟其他事件有所不同。擁有憲法律師身分的歐巴馬下定決心，不願讓遠方那個破產國家的獨裁者因為反對一部電影的政治意涵，就出手扼殺那部電影。

在此同時，威脅也愈演愈烈。和平守護者組織發出聲明，表示該電影在紐約的首映會可能成為恐怖攻擊目標：「全世界很快就會看到索尼影視娛樂公司製作出多麼低劣的電影。」[152]聲明中表示。「世上會充滿恐懼。想想 2001 年 9 月 11 日。」

提及九一一事件的發言立即讓風險大增。林頓中止發行電影。而和平守護者組織發出前述威脅的那天，在白宮戰情室開會的歐巴馬知道自己不能繼續保持沉默。如果他忽略恐怖份子欲攻擊電影院的粗暴威脅，會讓自己看來軟弱。他需要高聲點名北韓領導階層、譴責北韓的網路攻擊，並表明若電影院受到攻擊會帶來何種反應。這意味著歐巴馬必須表明美國已知道攻擊事件與威脅與金正恩有關。

不過，歐巴馬的情報官員堅持他不能揭露美國或南韓藏匿在北韓系統內的任何嵌入程式。事實上，就連美國是如何根據攻擊索尼的駭客工具比對找出北韓過去使用的其他工具，具體而言也就是負責管理北韓網軍大隊的第 121 局所使用的那些工具，這種顯而易見的問題官員都不希望歐巴馬公開說明。不過這時美國的證據尚嫌不足，仍無法確實將攻擊索尼的責任歸屬到第 121 局身上。

「這是長久以來的爭論。」一位與會者後來告訴我。「情報人員什麼都不想說，他們的思考邏輯就是這樣。政治與戰術相關人員則想製造某些代價，讓北韓必須清償。」但是羅傑斯提出的

選項，例如利用網路攻擊回擊北韓、追尋金正恩在全球的帳戶等等，都難以達成，而且似乎皆有可能侵犯中國的主權。於是，歐巴馬決定先點名北韓並指出其可恥的行為後，再尋找懲罰方式。

隔天 12 月 19 日，歐巴馬在前往夏威夷度假的幾小時前步入新聞室，採取了前所未見的做法，他譴責北韓執行那起攻擊行動。[153] 歐巴馬鄭重表示將會「根據我們選擇的時間與方式」，執行相稱的回應行動。他指出部分懲罰會是有形的懲罰，部分則會透過無形的方式施加。他使用了具軍事報復意味的用語，但並未提出實際的行動威脅。

「我們生活的社會，不應是放任他國獨裁者對美國境內施加審查的社會。」他表示，這無疑是正面挑戰金正恩。他也指責索尼停止在戲院上映電影的決定。歐巴馬指出美國製片廠與發行商不應「落入會受到此類犯罪攻擊脅迫的模式」。

歐巴馬的發言讓林頓感到困惑，他認為自己是為了保護電影觀眾而謹慎行事，而且林頓已下定決心，一定要透過某種方式發行電影。「我當然不打算向北韓屈服。」他對我說。

林頓指派手下員工，匆忙尋找可上映《名嘴出任務》的獨立電影院。更重要的是他施加壓力，希望能在電影於戲院上映的同時一併發行數位版，當時這在電影業界內仍屬少見的做法。

不過這也是極為少見的情況。雖然某些線上電影發行商對此卻步，不過 Google 願意接受，YouTube 也是。於是在聖誕節那天，美國各地人民打開長襪與禮物後，就可在客廳下載那部電影。電影的情節一樣荒謬可笑。但至少金正恩沒有贏得勝利。此刻還沒有。

在歐巴馬的第二任總統任期中，索尼攻擊事件並非唯一針對美國目標執行的非戰爭攻擊，當然也不是最後一次。那起攻擊也不是完美的行動。路易斯之後的結論為北韓本身存在數項弱點，特別是他們的行跡實際上沒有自己以為的那麼隱密。

路易斯告訴我，北韓沒料到美國能如此迅速得出結論，判斷平壤是攻擊幕後黑手。[154]「索尼事件（對北韓）造成震驚，因為他們這時發現自己在網路空間中並非隱形。」他寫道。不過對白宮與國家安全局來說，這次攻擊映照出了美國防禦機制內的幾項缺陷，而這些缺陷只會愈來愈醒目刺眼。

第一項缺陷是政府與企業界深感迷惘的議題，也就是應由誰負責防禦對美國企業界的攻擊。

這項議題一直不斷重現。當伊朗凍結美國銀行與摩根大通的銀行業務網路時，歐巴馬和他的助理們感到擔憂，不過最終結論是無需將對這些 DDoS 攻擊的回應層級提高到需由國家回應的程度。這次的攻擊被視為犯罪行為，而非恐怖主義行動，因此皆移交給司法部，最後由司法部起訴伊朗駭客。

然而，伊朗在 2014 年年初熔毀了拉斯維加斯金沙賭場的電腦設備，雖然這起攻擊造成更嚴重的破壞，也更偏向政治報復行動，美國政府同樣沒有回應。伊朗之所以攻擊該賭場，是為了讓賭場老闆阿德爾森知道若他想要提倡在伊朗沙漠引爆核武，最好先準備好面對自己的一流賭場完全中斷連線的後果。之後這起攻擊也視為應在法庭內處理的犯罪行為，而非針對美國的攻擊。

簡而言之，索尼遭攻擊之前，歐巴馬皆相信美國企業應負責防護自家的網路，如同公司行號皆自行負責在夜晚鎖上辦公室大

門一樣。這種做法在大部分時候皆屬合理，畢竟華府不可能每當有人、甚或有國家攻擊私部門的某部分時，就進入第4戰備等級。毫無疑問地，政府無法一一防衛每場網路攻擊，就像政府無法防範每次的竊車犯行或入室搶劫一樣。

　　不過，大家自然預期政府會防範以美國城市為目標的武力攻擊，或至少會對這類攻擊做出回應。那麼網路攻擊偏向何者呢？是入室搶劫，或是來自國外的飛彈攻擊？還是某種完全不同的事件？何時又會因為美國面臨的潛在風險過高，讓美國政府無法再單單仰賴公司行號或民眾自衛，而必須由政府做出回應呢？

　　歐巴馬執掌白宮的八年間，網路從棘手問題演變為致命威脅，但是歐巴馬與官僚們一直未能對這些問題歸納出令人滿意的答案。顯然企業本身必須扮演第一道防線。若銀行遭受阻斷服務攻擊（DoS），或公共事業發現其系統被植入惡意軟體時，美國政府選擇按兵不動是合理的。畢竟，若美國企業界認為政府會應付網路威脅的話，就不會投資保護自己。此外，許多公司都不希望政府進入自家系統，即使是為了防禦也不例外。

　　那麼，美國究竟會在何時插手干預呢？普通的 DoS 攻擊是一回事，威脅斷電或凍結金融市場的攻擊又是另一回事。就索尼事件而言，歐巴馬的答案似乎是當美國的核心價值（此處為言論與集會自由）可能受到外國勢力威脅時，政府就會介入。但是他從未公開證明這項結論，也沒有解釋過其他哪些攻擊可能會使回應層級升高到由聯邦回應。可以想見美國政府不希望劃下明確界線，以免攻擊者直接挑戰這類限制。即便如此，美國人民仍需要知道由誰負責保護我們與我們的資料，正如我們需要知道是由警

察負責保護我們的住家免遭侵入，而國防部則負責為我們抵禦洲際彈道飛彈等。

在歐巴馬任期最後幾年裡擔任國防部長的卡特，曾於2015年4月在史丹佛大學提出新的網路策略，這也是美國政府最接近劃下明確界線的時刻。[155] 根據卡特提出的新策略，軍方會在防禦美國網路上扮演更重要的角色。「有違美國利益的網路威脅日漸嚴重、複雜。」他向一群矽谷的觀眾說道。這群觀眾希望五角大廈參與美國網路警戒作業的程度，顯然抱持著彼此分歧的看法。「北韓對索尼執行的網路攻擊，是史上對美國單一實體造成最嚴重傷害的網路攻擊，而這類威脅會影響我們所有人。……就像俄羅斯和中國已經提升了他們的網路能力並擴大策略範圍，從隱密的網路滲透行動到竊取智慧財產等等都涵蓋在策略範圍內，犯罪與恐怖份子組織網路也正逐步拓展其網路行動。」

他繼續說明於美國網戰司令部部內成立的「網路任務部隊」，這支部隊由6,200位美國兵士組成，內含防禦小組與戰鬥小組。他呼籲矽谷派遣部分最傑出聰穎的人才進行為期一年的五角大廈之旅，讓美國的防禦技術能走在最尖端。（矽谷高階主管對這個點子持審慎態度。跟五角大廈有生意往來的某家大公司首長向卡特的隨扈表示，他懷疑自家的優秀程式設計師團隊是否能獲得安全許可。「因為他們念大學時有吸大麻嗎？」隨扈問他。不是，這位高階主管澄清：「因為他們工作時會吸大麻，就是在寫程式的時候。」）

卡特所述的五角大廈新政策中，特意未清楚闡明何時會召集網軍部隊採取行動。卡特有部分助理提議對於重大程度達到前

2% 的攻擊，也就是威脅美國重大國家利益的攻擊，應採用美國政府的防禦機制進行防護。雖然聽來合理，但這可能也代表面對網路攻擊時，政府介入防禦國家的比率只會遠低於前述數字，或許只會對前 0.02% 的網路攻擊執行防禦而已。那其他的 99.98% 呢？是否可假定各家企業會自我防禦？那又會是何種防禦？

　　新政策讓一項積壓已久的議論再度復甦。若給予企業更多權限，讓企業不只能建置更大型的防禦機制，更能實際對攻擊者執行稱為「反駭」的回擊的話，這是否明智？「反駭」是違法行為，那就像是家中遭搶匪洗劫的某人為了取回財產而侵入搶匪的家。但是，違法的事實並未阻止眾多公司嘗試這麼做，他們通常是透過境外子公司或代理進行。（Google 工程師曾在 2009 年認真考慮破壞某些位於中國的伺服器，因為對 Google 公司的攻擊就是來自那些伺服器，不過後來較冷靜的人控制住了局面。）每隔一陣子，美國國會內就會出現欲讓「反駭」合法的行動，並且通常都會冠著「主動防禦」的名號，希望藉此讓網路攻擊受害者可製造些許威懾效果。無論是否有用，「反駭」勢必可讓眾家公司感到滿意，但是也會導致開戰。

　　摩根大通與索尼遭攻擊時，前述議題再度浮現，一位資深軍事戰略專員對我說：「那會是徹頭徹尾的災難。」這位官員繼續說道：「試想若某家公司摧毀在俄羅斯或北韓境內的大型伺服器，俄羅斯或北韓會認為那是國家支援的攻擊，因此他們會將行動升級……」接著，在白宮戰情室還來不及針對抗衡措施舉行第一場會議之前，就會先發生全面性的衝突，而這一切都是因為某場從未與總統商議過的報復攻擊而起。

前述情境描繪出網路戰可能會如何演變為真槍實彈的戰爭，這讓許多人倍感害怕。在索尼遭駭客攻擊事件的幾週後，當時還是微軟總法律顧問的史密斯對我說：「我們需要軍備控制。」

　　只是，如同美國於 1950 年代時自認在核武上領先全球，因此不願討論限制核武一樣，現在美國對任何會局限我們的能力，讓美國難以壯大網路軍火庫的協議也不感興趣。美國反而試圖開發新工具並重新定義舊工具的用途，藉此執行報復，也就是以武力威脅施加威懾。實施軍備控制的可能性看來並不在討論範圍內。

　　幾乎就在歐巴馬踏進空軍一號前去度過聖誕節假期的當下，在部落格與推特消息中旋即湧現許多懷疑聲浪。這不就等於美國在 2003 年對付伊拉克那場不完善行動的網路翻版嗎？當時政府同樣告知美國人民，由於指控伊拉克政權的證據過於敏感，所以無法公布。既然駭客向來以難以追蹤而惡名在外，總統又怎能如此確定是北韓做的呢？諸如此類的反應讓我們看到在發生史諾登洩密案後，眾人對美國情報機關的不信任感已有多麼根深柢固。

　　歐巴馬犯了一個關鍵錯誤：他譴責敵人攻擊美國，卻省略了證據。

　　這讓白宮措手不及。即使在伊拉克戰爭後的年代裡，白宮也從未想像過民眾會嚴重質疑總統的譴責言論。但當然還是有許多人提出懷疑。少數網路安全公司和私家調查人員提出了不一樣的理論，某些人說那是中國、俄羅斯或心生不滿的內部人士所為。即便通常是對這類主題極為謹慎的《連線》雜誌，都描述這次譴

責的本質「立場薄弱」。

事實是歐巴馬政府未能妥善證明政府對北韓的指控。當時沒有出現如同「古巴飛彈危機的時刻」，讓歐巴馬能像五十二年前的甘迺迪一樣提出證據。但是歐巴馬能展示什麼證據？每個人皆可從甘迺迪的間諜衛星照片中認出蘇聯飛彈，可是電腦程式碼卻無法用來呈現鮮明的視覺效果。

那時曼迪亞在受召至索尼幫忙後，向我表示：「最佳的說法，是指出沒有其他一絲一毫的證據可證明駭客行動的幕後推手另有他人。」

白宮於 1 月初宣布對北韓實施幾項輕微的經濟制裁，鑑於先前已施加的其他眾多制裁，金正恩可能根本不會注意到新宣布的制裁。[156] 後來，規劃這項「相稱的回應」的官員也承認，根據索尼遭攻擊的嚴重程度，以及總統主張美國絕不容忍恐嚇言行的誓言，前述回應根本是微弱到荒謬。其中某些官員承認，有部分問題在於許多美國人不願相信政府對北韓的指控，或是不想相信那些指控，而白宮則是仍未準備好將證據交由大眾檢視。

「如果這是飛彈攻擊，我們就可以證明了。」一位感到挫敗的資深官員對我說。「沒有人會質疑我們。可是網路卻不一樣。」

老實說，即使歐巴馬能夠公開證據，他的選項仍有限。對總統來說，若想要表現出自己確實採取了行動，但是又無須冒險引發衝突的話，經濟制裁是最優先的手段；或許在公布經濟制裁的當天就能讓大家感到滿意。但是我們無法證明六十年來的各項制裁曾拖慢北韓建置大規模核武儲備的步調，更別說是阻止他們這麼做了。那麼制裁措施又怎麼會對網路攻擊造成更佳的效果呢？

那年 12 月，在白宮戰情室舉行了一連串會議，助理們試圖為歐巴馬安排更多選項，雖然他們曾將更具侵略性的行動納入考量，不過皆被打了回票。國家安全局與網戰司令部提出一份可供歐巴馬下令執行的回應清單，那些回應能中斷北韓與外界連線的能力。因此當北韓經由中國的網際網路連結短暫斷線時，有許多人懷疑肇因正是美國巧妙執行的行動。（現在看來那可能是中國自行關閉了交換器。）不過，就未來對應俄羅斯時所可能發生的情境而言，歐巴馬的助理害怕反擊會引發情勢接連升級的循環，而他們無力加以制止。克拉珀自己則主張唯一有效的威懾手段是良好的防禦機制，並且應是可讓潛在攻擊者相信自己終將失敗的機制。

　　簡單來說，美國政府跟美國大眾從索尼事件看到了網路衝突令人憂煩的曖昧本質。我們知道網路衝突的性質不同於戰爭，也不像是好萊塢描繪的毀滅性網路攻擊。索尼遭攻擊事件讓我們發現新一代武器已深遠地改變了國與國之間的衝突布局。未來新的攻擊目標可能全部皆屬民有，連幾乎無法算是重要基礎設施的電影製片廠，都可成為再合適也不過的目標。

　　歐巴馬的一位助理以聽天由命的語氣對我說：「到頭來，我們比對方脆弱太多了。」

第 7 章

普丁的培養皿

在 21 世紀，我們看到戰爭狀態與和平狀態間的界線漸趨模糊。

人們不再宣布發動戰爭，而戰爭也已開始依據大家不熟悉的模式進展。

—— 2013 年，俄羅斯聯邦軍隊參謀總長格拉西莫夫
對俄羅斯混合戰策略所做的發言

2017 年 6 月的最後幾天裡，西米奇帶小孩到距烏克蘭七千四百公里遠的紐約上州參加夏令營。西米奇家族每年暑假都會暫離基輔的生活。基輔這座首都面對舊有蘇聯文化的牽扯與歐洲帶來的嶄新魅惑，仍尚未找到怡然自得的定位。

西米奇的小孩在夏令營裡可以練習英文並體會美國青少年的生活。西米奇這時四十一歲，他被力邀進入烏克蘭的政府機關，負責實踐革新行動，不過西米奇早在許久之前就已成為烏克蘭知名度最高的科技專業人士之一。這位寬臉的創業家留著刺蝟短髮，對他來說，與莫斯科之間的日常網路戰從未遠離，即使身在

紐約州的山中也一樣。

「我才剛出去慢跑。」西米奇於那年夏天稍晚回想起當時情況，我們就坐在他位於基輔總統府的辦公室裡，波洛申科總統則在走廊的另一頭。「我慢跑回來，調整好呼吸後，一開始查看手機時並未看到堪稱是新聞的新聞。但之後在社群媒體上出現了問題爆發的跡象，而且不是小問題。」

接著，簡訊開始湧入西米奇的手機。某種東西讓烏克蘭各地的電腦同時當機，而且似乎是永久當機，他的人員皆無法確切判斷那究竟是什麼。

西米奇的第一個念頭是俄羅斯回來了。

西米奇從未預料自己會於全球活動最頻繁的網路戰中扮演四星將軍的角色。在此之前，西米奇是個在蘇聯某處偏遠角落長大的小孩，他對電腦著迷，總是想著該如何前去西方世界。當西米奇進入青春期時，蘇維埃帝國已然消逝；西米奇在二十多歲時，就成為烏克蘭國內首批科技創業家之一，隨後他又轉為領導微軟在烏克蘭的小型營運據點。此時西米奇發現，烏克蘭落後的科技基礎設施非常容易受到大型網路攻擊破壞，因為基礎設施內都採用老舊的機器與未安裝修補程式的盜版軟體。那時烏克蘭境內正同時進行著兩場戰爭，西米奇知道若俄羅斯打算在戰爭中利用烏克蘭的弱點，可說是輕而易舉。

西米奇向我表示：「從克里米亞事件之後，頓巴斯內的實彈戰爭一直沒有斷過。」他提到的頓巴斯位於烏克蘭東部，當普丁在 2014 年年初下令奪取克里米亞領土後，俄羅斯軍隊就在頓巴

斯地區對烏克蘭進行游擊戰。「另外，基輔每天都會發生數位戰爭。」西米奇居住的地點距離真槍實彈的殘酷戰爭有八百公里遠，跟戰地是全然不同的世界。不過他可以在第一排近距離目睹數位戰爭上演，這進而促使他採取政治行動。

西米奇於 2014 年 2 月時向微軟請假，前往基輔市中心的獨立廣場參加抗議。那場抗議是革命行動的起始點，受俄羅斯操控的貪腐前總統亞努科維奇隨後就因這次革命下台。西米奇跟抗議民眾一起紮營住了兩週，他除了幫忙除雪之外，最後還在酷寒裡舉辦數位科技講座，後來大家半開玩笑地稱之為「獨立廣場空中大學」。他對自己隸屬微軟的事隻字未提；微軟公司無法得知革命的結果為何，因此不希望與起義行動扯上關係。不過，某晚反對派政治人物波洛申科前來找西米奇時，西米奇掀開了自己的偽裝。波洛申科後來在選舉中占了上風，並躍升成為烏克蘭的總統。他們兩人閒聊了一會兒，讓某些跟西米奇一起率先投入革命的人士感到訝異。當然，亞努科維奇花了數百萬美元想要繼續掌權，並且依靠他的朋友暨主要政治策略師馬納福特提供建言與協助。[157] 不過，最後亞努科維奇只能逃亡至俄羅斯。取代亞努科維奇的人選將於 2014 年 5 月的選舉後出爐，那場選舉帶給大家艱難的選擇，烏克蘭人必須選擇烏克蘭究竟是要降伏在普丁之下，或是成為西米奇與烏克蘭年輕人心中期盼的烏克蘭，也就是態度轉為親歐的烏克蘭。對普丁而言，那場選舉是個格外重要的目標，他想要擊潰波洛申科，如果辦不到，那他就要讓大家對波洛申科的當選正當性與烏克蘭民主程序的完善性心生懷疑。

此時還要再經過十三個多月，川普才會從川普大廈的金色電

梯中步出，宣布參選美國總統。不過，對想要先行預覽未來精采局面的人來說，觀察烏克蘭的大選就對了。

普丁的網軍開始上工。[158]有多組駭客仔細調查烏克蘭的選舉系統，著手規劃侵入行動。在選舉日當天，俄羅斯的駭客已做好準備；到了關鍵時刻，駭客即清除計票系統內的資料，但這只是開端而已。駭客也設法進入了公布結果的報告系統，並變更各家電視網所收到的選票數。隨著計票的新聞公布，烏克蘭媒體短時間裡所看到的結果，皆顯示親俄的民族主義右區黨領導人亞羅什票數領先，不可思議地成為贏家。

想當然耳，這一切都是數位心理戰。俄羅斯駭客不認為電視開票會堅持依循所得的消息報導。他們只是想製造混亂，同時引發指稱波洛申科操控開票結果以求勝選的言論。但計謀失敗了，烏克蘭官員偵查到駭客的攻擊行為，因此在將於40分鐘後公布結果的緊張時刻，先行修正票數，隨後才交由電視網播報。波洛申科贏得了選戰，雖然沒有大獲全勝，不過他得到約56%的選票。俄羅斯本國的電視網顯然不知道烏克蘭已察覺網路攻擊，因此播報了亞羅什勝選的造假結果。[159]

波洛申科在當選後的幾週裡就聯絡了西米奇，除了獨立廣場的那次相遇之外，他對西米奇的所知甚少。「他沒有給我什麼選擇。」西米奇後來笑著說。從玩弄1980年代的可攜式Sinclair電腦展開電腦運算生涯的西米奇，很快就獲派兩項不可能的任務，一是革新烏克蘭的貪腐機構，二是防護烏克蘭免於遭俄羅斯日常的強力網路攻擊傷害。

從那之後已過了三年，此刻西米奇人在小孩夏令營旁的紐約

州森林裡，盯著手機螢幕上由烏克蘭同事間斷傳來的一封封簡訊。他們表示約在上午 11 點半時，烏克蘭全國各地的電腦突然停止運作，自動提款機全都故障。隨後傳來更糟的消息。據報在老舊的車諾比核電廠內，控制自動輻射偵測器的電腦皆紛紛離線，導致自動輻射偵測器無法運作。某些烏克蘭電視台有短暫時間皆無法播送節目，隨後恢復播送時，電視台的電腦系統卻因綁架軟體的通知而盡數當機，所以電視台仍舊無法報導新聞。

烏克蘭過去也經歷過網路攻擊，但全都與這次不同。這場逐漸伸出魔掌的攻擊似乎瞄準烏克蘭國內近乎全數的大小企業，從電視台、軟體公司，到所有接受信用卡的家庭式雜貨店等等無一倖免。烏克蘭各地的電腦使用者都看到螢幕上跳出相同的訊息，這則以蹩腳英文寫成的訊息宣布電腦硬碟中的所有資料皆遭加密：「糟糕，你的重要檔案已被加密……你可能忙著想復原檔案，但別浪費時間了。」訊息內文繼續可疑地聲稱若使用者支付 300 比特幣，也就是追蹤不易的加密貨幣，即可將使用者的資料解鎖。

這場攻擊特意設計為看來有如國家級的勒索計畫，然而事實並非如此。駭客不是想要錢，而且他們也沒有收到多少錢。

卡巴斯基實驗室公司暱稱這起攻擊為「NotPetya」；卡巴斯基實驗室公司本身也曾受到美國政府懷疑，認為該公司利用自家高獲利的安全性產品，為俄羅斯政府提供後門。（這起攻擊之所以獲得了這個奇特稱號，是因為網路威脅專家在試圖了解攻擊的內部動態時，發現其中的元件跟前一年某起攻擊行動所用的惡意軟體「Petya」相似。）這個惡意程式碼遭觸發的時間，剛好是

紀念烏克蘭脫離蘇聯後，於 1996 年通過首部憲法的紀念日假期前夕，這似乎不是巧合。然而，烏克蘭國內有超過 30% 的各型電腦當機，駭客是如何一口氣讓這麼多系統當機？

原來，烏克蘭本身的落後與殘留的過往古風，都讓駭客占了便宜。烏克蘭在脫離蘇聯後採取的做法，是要求所有店家皆採用一種常見的會計軟體 M.E.Doc，雖然這款軟體難用又老舊，但卻是國家規定使用的軟體。若要透過惡意軟體破壞這款軟體，可說是簡單到好笑的地步，因為多年來都沒有人投資更新該軟體；事實上，從 2013 年起，該軟體的製造商就已不再支援軟體所使用的過時「平台」。所以沒有更新，也沒有安全性修補程式。

西米奇火速趕回甘迺迪機場時，他的人員已發現攻擊不是一天就會結束的事件。「原來讓所有公司行號停擺，只是某個更大規模行動的冰山一角而已。」後來西米奇這麼告訴我。鑑識分析結果顯示俄羅斯駭客已連續好幾個月在蒐集烏克蘭企業龍頭的情報、下載電子郵件，並且尋找從密碼到理想勒索題材等各式資訊。

「接著，等到最後駭客完成行動後，他們就植入了炸彈。」西米奇說。「就像古老的蘇聯時期一樣，先將村莊洗劫一空後，再放火燒毀全村。」

大家會不禁認為網路戰應該都是在遠離其他衝突的地點爆發，而且跟其他衝突毫不相關，雲端上的事件跟地面上的情勢似乎都會以某種方式彼此分離。最初，當各國紛紛成立空軍時，這些國家也抱持類似想法；空中的空戰是一場戰役，戰壕間的槍彈

交擊則是另一場戰役。直到第二次世界大戰時，綜合陸、海、空的「單一戰場」概念才確立。在世上某些角落中，單一戰場的概念已經於網路空間上演，只是比較不容易看見而已。

　　就征討烏克蘭的領土與打擊其國家精神的戰爭而言，傳統戰爭與網路戰不只是相輔相成，更構築出二十一世紀國際衝突的莫比烏斯環，一個似乎所有表面彼此都無瑕融合的圓環。普丁讓全世界看到五角大廈命名為「混合戰」的策略是多麼有效。

　　混合戰策略無法說是國家機密，事實上在 2014 年，俄羅斯聯邦軍隊的參謀總長格拉西莫夫曾於一篇廣受引用的俄羅斯國防期刊（期刊的名字很不錯，名為《軍事工業信使》）文章中，闡述現在眾所周知的「格拉西莫夫準則」。[160]

　　格拉西莫夫描述的概念，是所有俄羅斯作戰歷史學家都熟知的想法，也就是將傳統攻擊、恐懼、經濟脅迫、政治宣傳，與最近新出現的網路融而為一的戰地戰爭，其中所有元素都能互相補強。長久以來，這種混合式手段協助俄羅斯將勢力施加到全球各地，即使當俄羅斯擁有的武力與經費皆處於劣勢時也不例外。無論是在家鄉或海外，史達林都是擅長執行資訊戰的大師，他利用資訊戰提升贏得傳統戰爭的機率。如果能讓敵人在出兵前因此陷入困惑、遭到分化，那就更好了。

　　如今的不同之處在於出現了社群媒體這個強力擴大機。史達林一定會喜歡推特。雖然史達林身為宣傳家的技巧高超，傳播資訊的能力卻十分原始。發明「軟實力」一詞的美國政治科學家奈伊，在說明俄羅斯如何利用「銳實力」時寫道：「基本模式並不新穎，新穎的是現在能夠快速又低成本地散布這類假資訊。」[161]

如果軟實力是利用文化、經濟與公民論述來贏得其他社會民心的能力，銳實力就是可在暗地裡精確下刀的能力。如同奈伊所述：「電子方式比間諜更便宜、迅速、安全，而且更容易推諉否認。」

有不少言論皆對格拉西莫夫準則提出批評，大多言論皆主張人們過於關注區區一篇週刊文章，並且力主格拉西莫夫只不過是在論述遠在普丁掌權前即有的軍事戰略要素，而且那也不是俄羅斯獨有的戰略。[162]

雖然前述說法很合理，但由於網路已永遠改變了混合戰的局面，因此格拉西莫夫的論點變得更為切合實際，此外，俄羅斯融合網路的手法也比其他大多數政權更精湛。格拉西莫夫在 2013 年發表該文章時，關注網路力量的美國軍方仍將焦點放在對發電廠或設備造成的實際效果上，如同由「奧運」行動實際締造的成果。對美國軍方來說，網路戰是一回事，資訊戰則是另一回事。但在俄羅斯眼中，這兩種戰爭位於同一個光譜上。光譜的一端為純粹的政治宣傳，接著是假新聞、操作選舉結果、公布遭竊的電子郵件等等。對基礎設施的物理攻擊則位於光譜的另一端。

從 2014 年年初開始，烏克蘭成為集中實踐所有技巧的地點。普丁的非官方部隊因低調的綠色制服而得到「小綠人」之名。普丁派遣這些部隊前往烏克蘭東部，並利用暗殺與爆破行動，讓當地持續出現一觸即發的輕微暴動，藉此擾亂烏克蘭政府的陣腳。對普丁來說，他的便衣戰士在街上的作用，跟他的駭客在網際網路上的作用相同，那就是讓俄羅斯擁有推卸責任的能力。國際社會已習慣由士兵征戰的年代，因此，若無法像過去一

樣利用軍階徽章確認責任歸屬，國際社會就會對採取行動與否感到猶疑。普丁的小綠人及駭客身披的障眼偽裝，足以讓普丁在無須承擔攻擊後果下輕鬆脫身，就算幾乎所有人都認定他是攻擊來源也一樣。

不過，早在西方世界發現普丁的企圖之前，普丁也已發現烏克蘭的政治分裂情勢是合適的利用目標。普丁的網路計謀特別容易對烏克蘭國內的俄語區與其他地區之間的分歧造成影響，讓分歧更加惡化。普丁的計謀目標是掏空國家、逐漸瓦解政府機構，同時逐漸侵蝕該國人民對選舉委員會、法院、腹背受敵的地方政府等周遭一切的信心。毫無意外地，烏克蘭境內開始浮現各式伎倆的蹤跡，而這些伎倆沒多久也成為美國的擔憂對象，包括操作選舉結果、以虛構網路身分擴大社會分裂並煽動種族恐懼心態，以及「假新聞」等等。那時「假新聞」一詞尚未被某位美國總統曲解成不同的新含意。

普丁不但希望在烏克蘭實踐實際的目標，也想要達到心理層面的目標。他希望向烏克蘭人聲明其國家之所以能夠存在，只是因為俄羅斯允許烏克蘭繼續留存而已。普丁給烏克蘭的訊息很簡單，那就是「**你是我們的**」。[163]

普丁挑選蘇聯過去的主要糧食生產地作為實驗目標，並不讓人意外。烏克蘭從未符合加入北大西洋公約組織會員國的資格。即使烏克蘭設法讓自己符合資格，仍很難說北大西洋公約組織是否願冒險接受烏克蘭加入。而若普丁發動攻擊，他無須擔心西方同盟國家會採取比發表國際譴責與制裁等更為嚴厲的行動。此外，烏克蘭在 1994 年自願放棄從蘇聯時代即存放在該國的核

武。烏克蘭摧毀這些武器，是為了換取所有國家同意「停止對烏克蘭的領土完整性或政治獨立性施加威脅或使用武力」的模糊承諾。在放棄核武的同時，烏克蘭也放棄了讓大家相信烏克蘭擁有反擊能力的威脅。

對於烏克蘭屬於獨立國家的承諾，西方國家審慎地稱之為「保證」，因為西方國家實際上未承諾任何事項。而當普丁於2014年3月吞併克里米亞之後，證明了前述承諾只是虛有其表。普丁主張從1783年起，到赫魯雪夫於1954年將克里米亞地區交到烏克蘭手中的這段期間，克里米亞地區一直屬於俄羅斯所有。[164]那是一段堪稱模糊不清的歷史，普丁也正確推測出美國總統或歐洲領袖都不會讓人民冒著生命危險，前往防禦某個遙遠國家的俄語區，特別是此地還位於西方同盟國家之外。

俄羅斯依據格拉西莫夫準則，在以武力強取烏克蘭領土之際，也施行了政治手段。普丁利用在2014年3月針對領土狀態舉辦的「民主」公投，提高其行動的正當性。[165]媒體指出最初俄羅斯議會決定舉辦公投時，就已經是用欺詐手段達成決議。根據《富比士》雜誌之後的報導，其中一項顯現選舉事務格外可疑的跡象，是在塞瓦斯托波爾地區有123%的登記選民投下了公投票。

整體而言，整體的混亂情勢、能夠推諉脫身的手段，以及旁人漠不關心的態度，足夠讓普丁幾乎安然無恙地從以上事件脫身。在此同時，普丁也在敘利亞從事相同行動，為即將在2015年成為全面性軍事干涉的行動打穩基礎。[166]詭異的是美國在這兩起事件上都顯得被動。歐巴馬似乎以宿命論來看待烏克蘭，他對《大西洋》雜誌的總編輯戈德堡表示：「事實上，由於烏克蘭不

是北大西洋公約組織會員國，所以不管我們採取任何行動，烏克蘭同樣容易成為俄羅斯軍事統治的受害者。」他對敘利亞也抱持類似的謹慎態度。五角大廈與國家安全局曾擬定計畫，欲以精密的網路攻擊對付敘利亞軍方及阿薩德總統的指揮體系，當他們將該作戰計畫呈交給歐巴馬時，歐巴馬表示他認為在敘利亞擊退敵人並無任何戰略價值。

在這兩起事件中，美國與其盟友皆選擇了當軍事行動成本過高、無所作為又過於窩囊時，大家都會採用的標準工具，也就是經濟制裁。面對格拉西莫夫準則和普丁的不對稱戰爭，美國能採取的最佳做法，是讓普丁難以運出俄羅斯的石油與天然氣，或是讓他難以吸引新投資者來振興逐漸衰退的俄羅斯經濟。油價於2014年末崩盤之後，制裁開始造成真正的痛苦，外國投資人轉身離開，普丁的支持率則因成長降低而跟著下滑。其中某位有意投資，而且還再次嘗試於莫斯科建造飯店的投資人，則是川普。

實施制裁的第一年，一位常與俄羅斯打交道的歐洲大使報告道：「俄羅斯告訴少數權貴：『等著瞧吧，制裁措施會讓歐洲賠上太多生意，所以將會取消。』」然而事實上，制裁措施一直繼續施行，而且在美國兩黨中得到壓倒性的支持；雖然是壓倒性的支持，但並非全體一致支持，至少在川普出現後就不是一致支持了。在出現言論指控川普受普丁操縱的許久之前，哈伯曼與我曾於川普競選總統期間對他進行數場採訪。其中一場採訪有個層面最讓人感到驚訝，那就是這位新接觸外交事務的候選人向我們表示，他懷疑制裁行動究竟是否合理。他以典型的川普風格向我們保證道自己對烏克蘭深感關切，隨後詢問為何美國應背負抵禦普

丁的所有代價：[167]

　　我現在全力支持烏克蘭；我有朋友住在烏克蘭，但
是我看不出來當烏克蘭發生問題時，你知道的，就在不
久之前發生了問題，而美國、而俄羅斯採取強硬的對峙
態度時，我看不出來除了美國之外，還有任何人在關注
這件事。烏克蘭的遭遇其實對美國的影響最小，因為我
們的距離最遠。但即使是烏克蘭的鄰近地區似乎也不曾
討論這件事。

　　而且，你知道的，看看德國、看看其他國家，他
們似乎都沒有非常深入干涉。只有我們跟俄羅斯。這讓
我懷疑，為什麼與烏克蘭接壤的國家及烏克蘭附近的國
家，為什麼他們沒有干涉？為什麼他們沒有進一步干
涉？為什麼美國總是要直接插手干預事務，那些事，
你知道的，那些事雖然對我們有影響，但其實對其他國
家的影響遠勝於對我們的影響。

他隨即主張：「我們為烏克蘭奮鬥，卻沒有其他人為烏克蘭
奮鬥。」
「這看來不公平。」川普對我們說，他從未多談普丁加諸在
烏克蘭人民身上的行動，或對烏克蘭主權的侵犯。「這似乎不合
邏輯。」
我們後來發現，這一部分的採訪正是俄羅斯注意到的內容。

美國尚未開始擔心俄羅斯干預美國選舉之前，心中抱有的是更基本的擔憂，那就是發生「網路珍珠港事變」的可能性。[168]「網路珍珠港事變」一詞是在 2012 年，那時於歐巴馬政府內擔任國防部長的帕內塔所使用的詞彙。帕內塔登上停泊在紐約港的第二次世界大戰航空母艦發表演說，他向受邀參與的觀眾表示，這類攻擊可能「癱瘓國家並造成嚴重震撼，同時在大家心中造成影響深遠的全新脆弱感。」

　　「網路珍珠港事變」是個會喚起記憶的詞，而帕內塔絕非使用這個詞彙的第一人。超過二十五年來，因為這個詞彙含有強烈的修辭效果，所以大家也不斷地運用這個詞彙。而來自加州的精明政治人物帕內塔十分了解意象的力量，他曾告訴我，國會「很難為了防禦看不見的威脅而撥出資金」。因此，即使得稍微扭曲現實，帕內塔仍得將網路攻擊比喻為二十世紀中造成最嚴重傷害的意外攻擊行動。「我們無法讓國會將焦點放在這項議題上。」他稍後告訴我。「必須有人採取正確行動，為了達成這項目標，我們就需要探討網路攻擊對美國可能具有何種意義。」

　　不過，最清楚前述比喻並非完美的人應該也是帕內塔。他從自身經驗了解到最具毀滅性的網路攻擊，都是最細微難察的網路攻擊。帕內塔在轉至國防部任職前，曾擔任中央情報局的局長，這個職位讓帕內塔在「奧運」行動中扮演關鍵角色，因此也讓他體會到該攻擊行動的大部分威力不但來自實際的破壞效果，也來自可侵蝕人心的影響，而且這兩者的比重不相上下。

　　帕內塔曾於 2009 年與 2010 年年初向歐巴馬提出報告，說明伊朗正在拆解濃縮中心的零件，因為他們無法理解究竟發生了什

麼事，同時也害怕會發生更多慘況。事實上，即使在帕內塔向歐巴馬傳達 Stuxnet 蠕蟲已經失控並在全球各處自行複製的消息後，他們仍同意讓攻擊行動再持續一段時間。歐巴馬與帕內塔斷定伊朗可能仍尚未掌握情況，因此這項武器還留有一些效用。

　　帕內塔在 2012 年發表演說後，他真正擔憂的不是如珍珠港事變般的戲劇化攻擊，而是像「奧運」行動那種精細難辨的攻擊。他的下屬花了數不盡的時間推敲當攻擊行動襲擊美國工業控制系統時，局面會如何演變，例如若對手無聲無息地癱瘓美國的防禦能力，或執行類似美國與以色列加諸在納坦茲核子設施上的破壞行動等情況。帕內塔認為，當電網開始故障或與潛水艇之間喪失通訊時，乍看之下可能都不像網路攻擊，反而會比較像是自己搞砸了。沒錯，通常當烏克蘭開始出現網路攻擊時，看來正是這種情況，而且在烏克蘭，最常用來解釋幾乎所有問題的答案就是「自己搞砸了」。[169]

　　當然在 2015 年聖誕節前夕，奧茲門特不需要靠警鐘提醒他。當他走進國家網路安全與通訊整合中心，也就是美國國土安全部的龐大戰情室時，已可明顯看出烏克蘭發生了某種問題。房間中央的螢幕大多用於監視美國境內的事件，不過指揮中心也連結至國家安全局，以及確保全球各國網路能正常運作的電腦緊急應變小組。在這些頻道裡的每個人正沸沸揚揚地討論著烏克蘭的停電事件，因為在網路世界中，發生在烏克蘭的事件幾乎不可能僅停留在烏克蘭境內而已。

　　超過一年來，美國政府內部的機密簡報皆指出俄羅斯已於美

國植入類似軟體。這些簡報詳細敘述了令人不寒而慄的資訊，說明外國勢力為了讓美國的電燈熄滅而做好了何種準備。奧茲門特知道俄羅斯與其他人士都有在美國的發電廠、工業系統與通訊網路內四處放置嵌入程式，未來他們即可使用這些程式更改資料或關閉系統。從 2014 年起，情報機關就一再警告，俄羅斯可能已經進入美國電網內部。[170] 前述的惡意軟體具有多種形態，通常統稱為「BlackEnergy」。

嵌入程式讓美國國防官員幾乎嚇破膽，但他們決意不顯露這一點。這些嵌入程式在最和善的模式下適合用於監視，將網路內部的最新動態傳回基地。然而網路威脅的不同之處在於用來監視的同一個嵌入程式，也可重新更改為武器使用，而且只需要插入新程式碼即可辦到。所以，前一天用來傳送電網藍圖的嵌入程式，隔天卻能用來毀壞電網、清除資料，或是讓某人從遠端控制設備，進而摧毀設備。

在奧茲門特看來，問題在於沒有人知道俄羅斯執行駭客行動的目的為何，是為了騷擾、攻擊、警告，還是預先演練某場更龐大的行動？也或許俄羅斯只是想試探進入美國電力公共設施有多簡單或困難，因為這些設施的配置皆不盡相同。我們可將此想像為某個銀行搶匪擁有放眼全球的野心，所以他面對的問題是該如何侵入位於紐約、倫敦與香港等地的眾多銀行金庫，畢竟沒有兩座金庫會一模一樣。每個環節都需要根據目標量身規劃，例如解除警報、闖入銀行、讓外界人士無法發現自己的行動等等。不會留下指紋或 DNA 的良好逃脫計畫也會是一大助力。

可以想見五角大廈、聯邦調查局與公用事業高階主管看到美

國發電廠內的惡意軟體時，特別是看到從 2014 年就開始廣為散播的 BlackEnergy 漏洞時，他們的思緒立即轉向最極端的情境，認為俄羅斯正準備中斷維持美國勤勉運轉的所有要素。不過，如同前國家安全局局長暨中央情報局局長麥可‧海登常說的話：「侵入系統是一回事，破壞系統則是另一回事。」他說的沒錯，多年來，俄羅斯與其他國家皆潛伏在美國的公用事業、金融市場與手機網路內，不過至今他們仍未按下鎖死鍵。

美國本身執行行動時也同樣謹慎。任何會實際毀損外國系統的破壞性攻擊，都需要獲得多個層級的核准，包括總統的核准在內。若只是進入系統四處看看，那麼相關規定就較為寬鬆，因為這屬於間諜行動，而不是「安排好環境」以供攻擊。但是，如同美國海軍學院的網路專家利比克所述，對成為行動目標的國家或公司來說，以上區別幾乎不具意義：「從心理學角度來看，滲透與操控之間的差異可能不是那麼重要。」[171]

或許，歐巴馬政府之所以會幾近反射性地做出決定，將侵入美國公用事業網路的初期行動視為機密的原因也在於此。國會的資深成員、經過特別挑選的部分政府職員與公用事業公司的執行長，皆被帶進可防止訊號傳輸的上鎖房間內聆聽情報的簡報，而且不可以記筆記。其中一人在之後不久向我抱怨道：「那真荒謬。」政府要求他們遵循嚴格的規定，因此公用事業高階主管不得向管理網路的人員分享那些資訊。換句話說，唯一能採取行動因應問題的人員，或至少可準備備份系統的人員，皆禁止得知相關資訊。

情報機關表示，他們擔心若公開發現的結果，將會走漏風

聲，使俄羅斯得知美國偵測系統的水準，或許也會讓俄羅斯知道國家安全局有多麼深入俄羅斯的系統。這確實是一種風險。但是，大家認為美國會針對即將發生的恐怖攻擊行動，隱瞞類似的情報嗎？例如沒有告知大眾可能導致橋梁崩塌或變電所爆炸的相關資訊等等。當然不會，美國政府會希望所有人提高警覺，但政府對網路採取的原則卻不一樣。

就俄羅斯而言，無論是駭進烏克蘭或美國的電網時，都不曾承擔任何後果。這種情況會一再上演。國家安全局不願讓任何侵入美國系統的行動曝光，因為他們擔心會暴露「消息來源與方法」。白宮不願公開已知資訊，因為就像歐巴馬的一位首席顧問所說，白宮害怕「隨即會有人問：『那你們打算如何應對？』」。之後，民營網路安全公司一樣在公用事業網路中，偵測到美國政府所發現的那個惡意軟體，因此最後是由民營網路安全公司揭發了俄羅斯的駭客行為。政府官員卻只願意含蓄地在幕後對話中討論這項議題，極少公開論及此事。（北韓的攻擊似乎屬於例外。）

奧茲門特知道前述所有近期事件，因此當他看到烏克蘭發生問題時，幾個迫切的問題也隨之浮現。烏克蘭是否被俄羅斯用來測試他們規劃在美國執行的某種行動？或是對這個已遭受影子戰爭紛擾兩年的遙遠國家來說，這次發生的問題其實只是影子戰爭的其中一部分而已？

沒有人能真正確定。

烏克蘭在聖誕節期間所遭受的攻擊，只讓 225,000 個客戶的

電力中斷幾小時而已。[172] 不過，奧茲門特推測俄羅斯的唯一企圖應該就是關閉電網，即使只是短時間關閉也已達到目的。畢竟那起攻擊就是為了傳達訊息並散播恐懼的種子。根據至今為止銷密的資訊，仍無法確定普丁本人是否事前就已得知攻擊烏克蘭供電網路的行動，也無法確定是否就是由他下令執行行動。然而無論普丁是否知情，這起攻擊在網路領域中所展現的結果，跟俄羅斯先前在真實世界裡奪回克里米亞後的結果一樣，只要俄羅斯採用難以察覺的非戰爭手段，就可在無須承擔眾多後果下安然脫身。

奧茲門特知道美國必須了解俄羅斯是如何成功地執行攻擊。畢竟再怎麼說，這是首起獲得公開確認的電力公用事業駭客攻擊，而且實際中斷了電力，讓電燈熄滅。在美國能源部與白宮的協助之下，奧茲門特組成了專家小組，成員包括他手下的幾位緊急應變人員及其他來自大型電力公用事業的人員；奧茲門特也向烏克蘭進行協調，以將專家們派遣至基輔。這些專家獲得的指示很簡單，他們要前去釐清發生的情況，並了解美國是否容易受到同類型的攻擊傷害。

這個小組帶回了有好有壞的答案。雖然烏克蘭的防禦措施不如許多美國公用事業公司一樣精密，不過烏克蘭系統具有一個不尋常的古典特質，最終拯救了烏克蘭免於陷入更嚴重的災難。原來烏克蘭的電網是由蘇聯建造，因此極為古老，並非完全仰賴電腦運作。

「他們仍在使用舊式的大型金屬開關，也就是在邁入電腦年代之前用來操作電網的那種開關。」奧茲門特解釋道。聽來宛若在推崇福特 A 型汽車原始引擎的簡單純粹一樣。根據調查人員

的報告，烏克蘭工程師坐上卡車，匆忙前往各個變電所尋找可以切換的開關，藉此繞過電腦並使電燈重新亮起。

吱嘎作響的古老系統在此帶來優勢，特別是對烏克蘭來說，得花上好幾個月的時間才能重建受損的電腦式網路控制裝置。可是，對於那些在閱讀報告後想起自家弱點的美國人員來說，烏克蘭的恢復能力並未帶來多少安慰。幾乎沒有美國系統仍在採用那種生鏽的老式開關，那些開關在許久之前就遭淘汰了。而且，就算美國公用事業保有這類古老系統，熟悉其運作方式的工程師也早就退休了。一位能源高階主管告訴我，若想找出知道如何挽救大局的人員，將會是一大挑戰。

報告內尚包含其他教訓。奧茲門特的調查人員在烏克蘭發現一系列證據指出那起事件是經過審慎規劃的專業行動。奧茲門特表示，攻擊者在執行攻擊前，已於烏克蘭的電網內潛伏了超過六個月。他們竊取密碼、慢慢取得管理員權限，並且了解了可讓他們接掌系統、將控制室操作人員排除在系統之外的所有所需資訊。

攻擊者也留下了一些等著引爆的電腦惡意軟體，宛如埋在網路內的地雷。此外，如同索尼遭攻擊時的情況，攻擊者使用「KillDisk」程式清除硬碟，讓公用事業的電腦變成一堆無用的廢金屬、廢塑膠與滑鼠。而可供客戶打電話回報停電的「客服中心」則遭到大量自動來電淹沒，讓所有人的挫折感與氣憤都飆升到最高點。

某份行動後報告以制式的措詞解釋道：「造成停電的原因，是因為敵人透過直接互動的方式操作控制系統與其軟體」。[173] 這

段話可翻譯為電腦系統不只受到攻擊，而且還從遠方遭到操控，地點則可能位於烏克蘭的國境之外。這暗喻了俄羅斯想對烏克蘭全國採取的行動。

仔細閱讀相關報告，可發現其中凸顯出俄羅斯攻擊者似乎從美國與以色列準備對伊朗核計畫執行 Stuxnet 攻擊的過程中，學到許多教訓。每個步驟看來都有些熟悉，諸如耐性、審慎地比對系統，以及造成難以復原的損失等等。某晚，我追問一位曾深入鑽研這起俄羅斯攻擊的前官員時，他同意道：「他們依循美國的腳本，而且他們找出了使用此腳本來對付美國的方法。」他表示這種情況不是第一次發生，也不會是最後一次。

奧茲門特說明就技術層面而言，烏克蘭遭受的攻擊並非特別複雜，「但將複雜度與效果混為一談十分危險」。這也是後來傳達回華府的訊息；就像民營公司注意到的一樣，在烏克蘭電網內發現的部分惡意軟體，跟存在於美國電網中的「BlackEnergy」程式碼相同。雖然 BlackEnergy 並未使烏克蘭斷電，不過卻幫助了攻擊行動的準備工作。

奧茲門特停頓了一下。「檢視發生的事件，讓人深感恐懼。」他總結道。

俄羅斯在烏克蘭內的行動尚未結束，還有其他攻擊行動正如火如荼地進行著。俄羅斯在 2016 年連續猛攻烏克蘭多次，那年波洛申科總統公布烏克蘭政府於短短兩個月內受到 6,500 次網路攻擊，雖然其中大多屬騷擾行動，而非嚴重的攻擊行為。[174] 這些行為所傳達的訊息十分明顯。為了讓波洛申科政府無法站穩腳

步的輕微衝突一直連綿不斷，而前述網路攻擊則屬於其中的一部分。顯然烏克蘭成為了試驗對象，俄羅斯希望藉此判斷是否存在上限，而他們發現上限並不存在。

烏克蘭的經歷驗證了格拉西莫夫準則的必然結果。只要人們難以察覺透過網路引發的癱瘓行動，而且這行動幾乎不會留下任何傷害血痕的話，那麼任何國家都無法歸結出完善的回應行動。攻擊行為可製造許多新聞，但可能無法觸發太多行動，特別是當過了好幾週後仍無法確認誰應對攻擊行為負責時。而受到攻擊的政府不但無助，也會陷入絕望。

普丁下的賭注顯然帶來良好報酬。他傳達了強而有力的訊息，讓大家知道他無須派遣任何一台坦克前往烏克蘭的首都，一樣可以透過多種方式在這座城市內製造衝突，並且侵蝕波洛申科政府的根基。此外在國際舞台上，那些網路攻擊則向大家展示了普丁的最新工具，其他國家都尚未找出能遏制這些工具的措施，或是可在威懾手段無效時做出回應的方式。

烏克蘭無力回擊俄羅斯，只能繼續被困在最為詭譎的衝突裡，這種恰好低於雷達偵測範圍的衝突，是為了避免烏克蘭過度親近歐洲。在普丁眼中，烏克蘭仍舊扮演著數世紀以來的相同角色，那就是俄羅斯與西方世界之間的緩衝區。每天的數位空襲讓烏克蘭的局勢永遠無法穩定，大家很快就對這類襲擊習以為常，就像基輔市中心的聖索菲亞大教堂一樣，是烏克蘭其中一種恆久不變的特質。

因此，當俄羅斯於 2016 年 12 月再度攻擊電網時，烏克蘭人也只是聳了聳肩而已。那場攻擊的時間較短，不過攻擊目標是

烏克蘭首都，而且從中可看出俄羅斯一直在持續學習。俄羅斯在2015年的襲擊目標是配電系統，當他們在2016年重回烏克蘭時，則是攻擊基輔的其中一個主要傳輸系統。德拉哥斯公司在將程式碼解包後，發現一種名為「Crash Override」的新型惡意軟體，此惡意軟體是為了接掌電網設備而特別設計，其中有部分是以人工智慧技術為基礎，根據《連線》雜誌的格林伯格所寫的文章，這麼一來，該惡意軟體可以「在預設時間啟動，而且甚至無須透過網際網路連回駭客所在之處，就能根據信號開啟電路」。[175] 這等同於網路版的自動導向飛彈。

此外，只要稍加修改該惡意軟體，那麼幾乎在任何地點都能發揮效用。

約在七個月後，西米奇於辦公室與我會面時，他淡化了前述事件的重要性。不過，西米奇承認烏克蘭是「俄羅斯的培養皿，被俄羅斯用來培育他們想要向外炫耀的所有網路技術」。而西米奇缺少可阻止這類攻擊的作戰計畫，因此他只能一直防禦。

不過面對俄羅斯的這種新形態攻勢，並非只有西米奇缺乏因應策略，華府也同樣束手無策。

第 8 章
美國的笨拙摸索

> 我無法向各位預測俄羅斯的行動。[176] 那是包覆在重
> 重疑雲裡的謎題；不過或許存在解謎的關鍵。
>
> ——邱吉爾，1939 年 10 月

　　個性頑強的克拉克在華府一直負責國家安全相關工作，在
2015 年中旬，距離 2016 年總統初選選情升溫尚有一段頗長的時
間之前，美國民主黨全國委員會請克拉克前往評估該政治組織的
數位弱點。

　　在柯林頓與小布希任內，克拉克皆擔任國家安全會議的反恐
怖主義首長，這也是他最為人所知的職務。他曾提出警告，表示
賓拉登正規劃對美國進行大型攻擊。發生九一一攻擊事件後，正
是克拉克對受害者家屬說出「政府辜負了你們」這段著名發言，
同時他也譴責小布希總統領導的白宮忽視了他曾提出的多項警
告。雖然克拉克在美國政府的職涯讓他十分不滿，但深受華府薰
陶的他在離開政府後，成立了一家名為佳港國際公司的網路安全
公司。

當民主黨全國委員會致電給克拉克時，他並不意外。「他們是顯著的目標。」克拉克後來告訴我。不過當克拉克的團隊發現民主黨全國委員會的系統有多麼門戶大開時，讓他大吃一驚。雖然民主黨全國委員會曾經歷水門案，雖然眾所周知中國與俄羅斯曾在 2008 年與 2012 年侵入歐巴馬競選陣營的電腦，但民主黨全國委員會卻僅使用最陽春的技術來確保資料安全，跟在連鎖乾洗店可能會看到的那種防護措施相去無幾。

　　民主黨全國委員會採用基本服務來過濾一般垃圾郵件，但其精密度甚至比不上 Gmail 所提供的篩選功能，當然也不是精密攻擊的對手。另外，民主黨全國委員會幾乎沒有訓練過員工如何識別「魚叉式釣魚」攻擊*，也就是之前欺騙烏克蘭發電廠操作員點按連結的手法，好藉此竊取輸入的所有密碼。該委員會也缺乏預測攻擊或偵測網路內可疑活動的能力，例如將資料大批傾運至遙遠伺服器之類的活動。當時已是 2015 年，但是民主黨全國委員會仍在以 1972 年的方式思考。

　　於是，佳港公司製作了一份清單，列出民主黨全國委員需要採取的各項緊急自保步驟。

　　佳港提出清單後，民主黨全國委員會向克拉克表示成本太高。「他們說所有資金都得用在總統競選活動上。」克拉克回憶道。民主黨全國委員會對克拉克表示等到過了投票日之後，他們

＊編按：「魚叉式釣魚」（spear-phishing）是一種更具針對性的網路釣魚行為，除了鎖定特定人士以外，其目標通常為組織內部的機密資訊或系統權限。

就會斟酌安全問題。知情的人都了解民主黨全國委員會的職員大多為剛畢業的大學生，整個組織如同只用打包鐵絲與布膠帶黏貼組裝而成，而且還只靠小額預算運作，因此這樣的回應也不算出人意表。

在 2016 年的選戰裡，民主黨曾多次做出糟糕的誤判，而前述判斷可能是最糟糕的一項。

「民主黨全國委員會就像遭獵人包圍卻還在森林中漫步的小鹿。」一位聯邦調查局的資深官員對我說。「他們在攻擊中倖存的機率是零。**零。**」

國家安全局針對俄羅斯疑似侵入民主黨全國委員會電腦網路的情況，製作了一份情報報告。[177] 這份報告在 2015 年夏天被丟到特工霍金斯的辦公桌上時，他的工作早已應接不暇。若在華府發生重大網路入侵事件，例如某智庫、法律事務所、遊說家或政治組織遭受網路攻擊時，只要聯邦調查局受召進行調查，通常那些任務最後就會出現在霍金斯的桌上。身為在聯邦調查局華盛頓辦公室一步步往上爬的探員，霍金斯身上散發出已看遍各種駭客行動的倦怠氣息。他也確實看過各種行動，從間諜行為、身分盜竊到嘗試破壞資料等等，全都包含在內。

因此，當民主黨全國委員會遭駭客侵入的報告被拋到他日漸增高的報告堆上時，並未像四級火災警報般在霍金斯或其聯邦調查局主管心中敲響警鐘。

「在華府，很難找出沒有遭俄羅斯攻擊的重要組織。」聯邦調查局網路部門的另一位資深人員後來告訴我。「最初這看起來

只是間諜行為，那種每天都會出現的日常間諜活動。」他們認為
入侵民主黨全國委員會的行動，可能只是又有某些過於積極的俄
羅斯間諜想帶回點政治八卦，好讓自己的履歷表更為亮眼而已。
畢竟絕對不會有人去民主黨全國委員會尋找核武密碼。

霍金斯於 9 月打電話到民主黨全國委員會的總機，希望能向
其電腦安全小組提出警告，說明聯邦調查局已掌握的俄羅斯駭客
行動證據，而霍金斯很快就發現民主黨全國委員會沒有電腦安全
小組。他的電話最後被轉接到「服務台」，不過服務台卻無法給
他多少協助。隨後，電話另一頭的人將電話交給一位年輕的資訊
科技約聘職員，但那位名為塔敏的職員並沒有實際處理電腦安全
事務的經驗。

霍金斯在電話中表明身分，向塔敏解釋有證據指出一個俄羅
斯相關組織駭入民主黨全國委員會，聯邦政府稱該組織為「公
爵」（沒有其他人這麼稱呼）。霍金斯沒有詳細說明該組織曾侵
入其他政府機關，或是能多麼鬼鬼祟祟地躲避偵測的漫長歷史。
霍金斯無法這麼做，因為大部分資訊皆屬機密，雖然其實民營
安全公司已針對該組織發表了廣泛的資訊，他們大多稱該組織為
「舒適熊」。

塔敏草草記下了一些如何識別惡意軟體的資訊。隨後他編整
出一份民主黨全國委員會的內部備忘錄，用電子郵件傳送給同
事。「聯邦調查局認為民主黨全國委員會網路中至少已有一台電
腦遭侵入，因此聯邦調查局希望了解民主黨全國委員會是否已察
覺此情況，如果已經察覺此事，聯邦調查局則希望了解民主黨全
國委員會採取了何種措施來因應。」塔敏寫道。然後他就回頭做

自己的日常工作。

　　當然，民主黨全國委員會並不知情，而且也沒有採取任何因應措施。

　　或許，塔敏面對霍金斯的消息時能如此鎮定，是因為他其實不記得水門案。也或許是因為塔敏並非民主黨全國委員會的正職員工。民主黨全國委員會僱了一家芝加哥的承包公司負責維持委員會的電腦正常運作，而塔敏是該承包公司的職員。塔敏的職責是確保網路持續運作，而不是確保網路安全無虞。最重要的是他以為霍金斯探員可能是在愚弄他，或許那通電話是某個假扮為聯邦調查局探員的人打去的。因此，當霍金斯在一個月後留下一連串的電話留言時，塔敏沒有回電。塔敏後來向同事寫道：「我沒有回覆他的電話，因為我沒有可報告的事。」

　　直到 2015 年 11 月，這兩個人才再度通上電話。這次霍金斯說明當下情況正在惡化。民主黨全國委員會擁有的其中一台電腦（不清楚是哪一台）正從總部向外傳輸資訊。塔敏在稍後所寫的備忘錄中，表示霍金斯特別警告他該裝置在「打電話回家，我說的『家』是指俄羅斯」。

　　塔敏寫道：「特工霍金斯補充指出，聯邦調查局認為『打電話回家』的行為，可能是因為此為國家支援的攻擊行動。」這份備忘錄暗示了現實的情況，雖然聯邦調查局可能發現民主黨全國委員會的資料從總部所在的大樓流出，但聯邦調查局的職責不包含保護私有電腦網路，那是屬於民主黨全國委員會自己的工作。

　　第二次的警告應當要引發警報，然而卻沒有證據顯現有此效果。在當時由舒爾茲執掌的民主黨全國委員會內，委員會的最高

領導階層從未接獲塔敏提供的資訊，或至少後來民主黨全國委員會是如此堅稱。而聯邦調查局那時的焦點則放在其他地方，例如希拉蕊在查巴克的電腦伺服器所發生的神祕事件等等。由於無人將此問題視為緊急情況，於是霍金斯與塔敏之間也不斷進行著給予提示與曲解誤會的可笑互動，進而失去了最後良機，無法阻止史上規模最大的政治駭客行動。

　　若想了解普丁打探美國選舉機器背後的動機，其實不需要想得太多，因為他的動機就是復仇。

　　在 2011 年 12 月，俄羅斯剛結束一場議會選舉，所有觀察家、外國人與俄羅斯人自己，都相信作票與欺詐撕裂了這場選舉。從普丁掌權以來，第一次有抗議人士湧上街頭，他們反覆呼喊的口號說明了一切：「普丁是小偷。」以及「我們要普丁下台！」

　　普丁當然贏得了選舉，但是差距卻不大。他所屬的統一俄羅斯黨喪失眾多支持票；在其他三個小黨瓜分統一俄羅斯黨的票數後，該黨只能勉強過半。統一俄羅斯黨在計票的最後階段急起直追，引發所有人的疑心。俄羅斯國內唯一的獨立選舉監督團體「選票組織」發現其網站受到攻擊，因此無法公開可疑活動，在這之前，該團體因發表關於競選活動惡行的報導，而遭法院判定違法並課以罰金。[178] 受邀觀選的歐洲安全暨合作組織監督人員，則回報出現明目張膽的灌票行為；對於曾在 YouTube 影片中看到某位選委會委員竭盡全力地快速填寫多張選票的俄羅斯人來說，這項說法一點都不令人意外。隨著影片瘋傳，俄羅斯人再度走上街頭。

希拉蕊在此加入戰局。這時她已第三年擔任國務卿，卻發現自己未能妥善執行欲「重啟」美俄關係的精心安排。這項安排從她將誤譯「重啟」一詞的巨大按鈕送給俄羅斯同級官員後，就注定要失敗。

投票的幾天後，希拉蕊針對選舉發表了一篇平淡的國務院聲明，簡直就像是直接取自國務院的標準教戰手冊。聲明寫道：「俄羅斯人民和世界各地的人民一樣，有權讓自己的聲音得到傾聽，有權讓自己的選票算數。」聲明內從頭到尾沒有提到普丁或其政黨。之後，她重複著數代國務卿的樣板措詞，大談美國「對民主與人權所做的堅決承諾」，特別是對於「俄羅斯人民的權利與願望，他們應能獲得進步，並且為自己實現更美好的未來」。沒有任何制裁的威脅。

希拉蕊與她的助理不認為他們的發言有任何特別不尋常之處；高調指責俄羅斯的反民主行為是標準做法。然而普丁卻認為這段公開發言是衝著他來的。實際看見抗議者喊叫他的名字，似乎使向來以面不改色聞名的普丁心生動搖。接著，一如普丁的典型風格，他嗅到了機會。普丁宣稱有外國勢力煽動抗議行為，並且於他主持的一場大型會議中，指控希拉蕊背地推動「外國資金」來削弱俄羅斯國力。

「我觀察了美國夥伴的第一個反應。」他難掩怒意地繼續說道。「國務卿做的第一件事是表示（選舉）不誠實、不公平，然而她甚至尚未收到觀察員所提供的資料。」

「她為我國的某些行為者設立基調，並且向他們打信號。」[179] 普丁表示。「那些人察覺信號後，就在美國國務院的

支援下展開激進活動。」普丁的言中之意毫不委婉，他指稱美國與美國操作的俄羅斯傀儡（不是普丁自己）在選舉中舞弊。普丁的指控內容可能經過精心設計，藉此讓大家的注意力偏離他干預選舉之舉。不過普丁十分高明地利用俄羅斯散播陰謀的手段，來處理美國以外國勢力進行干涉的議題。就影響他國選舉而言，美國確實不是清白的。[180] 在 1950 年代時，中央情報局曾操控選舉與規劃政變，義大利和伊朗都是著名的目標。而且普丁會引述美國試圖在古巴謀殺卡斯楚的行動，以及美國曾在越南共和國、智利、尼加拉瓜與巴拿馬等，對當地選舉執行的祕密影響力活動等等。他主張在 2000 年代初期，喬治亞、吉爾吉斯與烏克蘭那些親西色彩濃厚的革命與阿拉伯之春等等，同樣都是出自美國的耕耘，並且利用美國的資金成長茁壯。普丁在 2017 年說道：「只要隨便指向世界地圖上的任何一處，無論是哪裡，都可以聽到抱怨美國官員干預當地內部選舉程序的牢騷。」

普丁的道德等值說法不是完全站得住腳。[181] 雖然中央情報局在過去素行不良的年代裡，會將一袋袋的現金交給義大利政客或智利強人，不過，後來美國的選舉影響力行動改由國務院管轄，而國務院採行的手法大為收斂，也更加透明。[182] 美國在干預現今的選舉時，通常是為了確保可讓更多人投票。美國現在不會在行李箱中裝滿現金，而是改為提供「網路盒」，協助抵禦對資訊的打壓。另外美國會派出「顧問」，教育新手候選人如何宣傳、協助建立獨立法庭，當然也會監督有無選舉舞弊行為。

不過，普丁會反駁說美國曾試圖推翻阿富汗的卡爾扎伊，他說的沒錯。普丁主張美國只不過是在影響選舉行動之外包裹著

「促進民主」的花言巧語而已。

　　毫無意外地，普丁迅速鎮壓了 2011 年的抗議行動，並且確保在後續選舉期間不會再度發生類似事件。然而普丁對希拉蕊的私怨，以及他對自己視為偽善的美國言行所抱有的不滿從未消逝，而是繼續惡化。

　　俄羅斯反擊美國國務院與希拉蕊的新行動中，第一位遭殃的頭號病患是努蘭。[183]

　　努蘭的祖父母是正統猶太教教徒，他們逃離史達林的統治後，移民到布朗克斯，大家通常稱努蘭為「多利亞」，她不曾疏遠自己的俄羅斯血統，也不曾遺忘這段關係在她家族內留下的傷痕。面對普丁執政的俄羅斯，努蘭毫不隱瞞自己的觀感；她主張只有強硬反擊才能讓這位前蘇聯國家安全委員會（KGB）官員理解情況。

　　「我不在意試圖重啟美俄的關係，任何政府都會嘗試這麼做。」努蘭對我說。「但是那必須在視線毫無阻礙之下進行。」她認為普丁是一位卓越的戰術家。他對投機行為擁有間諜般的直覺，對他可下手破壞的場合更是如此。不過就長期策略而言，普丁的能力則是薄弱許多。因此當普丁以軍事行動、網路攻擊、威脅等方式挑釁時，將需要以強力的反擊來回應他。如果讓普丁從任何行動中安然脫身，他只會更貪得無厭。

　　隨著努蘭在國務院層層晉升，她對前述想法也更加堅定。努蘭身邊從事外交服務職務的許多同仁，很快就學會如何在說明美國利益時磨去話中帶有的刺。但是，努蘭對於美國為了防衛自身

利益而需採取的行動，從不隱藏自己的現實政治觀點。當她沒有站在國務院的講台上時，或許還會利用某些精心挑選的修飾語來潤飾自己的看法。如果有人在國務院的走廊上亂逛，想找一位能提出最有力論據的人，好確立以武力威脅支援的外交措施時，那麼努蘭的辦公室向來都是理想的起點。

普丁極為清楚努蘭的角色。努蘭早年工作時曾是塔爾博特的下屬；塔爾博特則是柯林頓的副國務卿，也是柯林頓夫婦的老友。塔爾博特負責處理俄羅斯相關事務，而努蘭的鷹派作風通常有助於吸引兩黨支持塔爾博特因應俄羅斯的手段。後來更可明顯看出這種情況，畢竟從柯林頓陣營崛起的外交服務官中，很少有人能打進錢尼的核心集團內，而努蘭是他的副國家安全顧問，隨後又成為歐巴馬的愛將。歐巴馬行事審慎小心，因此願意正面對抗普丁的努蘭也讓歐巴馬印象深刻。

歐巴馬當選總統前，努蘭與普丁間早已在許久之前就留下一段不愉快的歷史。努蘭在小布希總統的第二任任期中擔任北大西洋公約組織的大使。她在俄羅斯最初試圖從合作態度轉為與外界對峙之際，敦促盟國抵制俄羅斯的行動。推動此舉相當艱難。北大西洋公約組織中有許多人相信俄羅斯無力負擔對抗歐洲與美國的成本，因為俄羅斯的經濟規模大約只跟義大利差不多，而且俄羅斯的人口也在縮減。另一個北大西洋公約組織盟國的大使在任期即將結束，前往北大西洋公約組織總部時對我說：「努蘭在北大西洋公約組織裡帶來許多突破，大多都是該做的突破。」

俄羅斯於 2011 年舉辦議會選舉時，努蘭已返回華盛頓，於希拉蕊手下擔任國務院發言人。普丁可能認為努蘭在背後促使希

拉蕊做出高調談論選舉舞弊的決定。普丁有充分的理由可以這麼懷疑，因為努蘭的職務就是從國務院的演講台上譴責選舉舞弊。

不過在 2014 年年初，當烏克蘭獨立廣場革命正如火如荼地進行時，努蘭已離開發言人職位，轉任歐洲暨歐亞事務助理國務卿一職，並且為新任的國務卿凱瑞協調處理烏克蘭危機。努蘭於現場工作多年，熟悉所有相關人士，她也知道若烏克蘭自己能抵抗俄羅斯的「牽引光束」，普丁與俄羅斯將會做出何種賭注。

努蘭表示：「如果烏克蘭等國家都能實際選出自己的領袖，如果年輕人能實際表達自己的想法、做自己想做的事，如果國家能藉由與歐洲緊密連結而漸轉富裕，不再只是一個大型加油站，那麼俄羅斯人民將會看著這種情況，說道：『我們希望自己也能更像那樣。』」

一如她慣常積極行動的 A 型人格，努蘭在烏克蘭抗議期間不斷地打電話，試圖協調出最終能讓亞努科維奇總統下台，並且使抗議和平收場的方法。亞努科維奇為了繼續留任，孤注一擲地求助於馬納福特；在此同時，努蘭正試圖居中安排舉辦新的選舉。若要舉辦新選舉，必須由亞努科維奇的政黨與反對派組成聯合政府，然而反對派的政治人物根本不信任亞努科維奇這位烏克蘭強人，因此不願在沒有中立觀察家參與之下進行交涉。努蘭認為中立觀察家的角色應由歐盟擔任。不過，當然俄羅斯希望的是前述所有程序都被推翻，因為那只會讓俄羅斯挑選的傀儡亞努科維奇陷入麻煩而已。

烏克蘭危機時的某個週末，努蘭在維吉尼亞的家中跟美國駐烏克蘭大使派亞特通電，討論舉辦選舉的相關難題。他們探討的

問題包括在亞努科維奇被趕下台後，負責領導烏克蘭政府的可能人選是誰，以及他們可如何私下力勸某些反對派領袖接任公職。

隨後，努蘭和派亞特的對話轉到歐盟對中立觀察家的角色感到卻步，並且拒絕指派人員負責這一職務。

大家都知道努蘭對外交上的躊躇行為毫無耐性。

「去他的歐盟。」她對派亞特說。

「對啊……」他回答道。

當然，努蘭的錯在於她跟派亞特正經由未加密的開放線路通話。這點並不讓人意外，因為國務院的安全電話一直都沒好過。努蘭完全了解其中風險，她也很確定俄羅斯正在竊聽，不過這無法阻礙她。努蘭和派亞特只是在私下談論已於公開場合說明過的策略。因此努蘭認為，如果普丁的親信回報指出她對這項策略的態度堅定，或許也不錯。

努蘭和派亞特的對話就此結束，當基輔街頭上演危機時，那通電話只是一連串緊急電話的其中一通而已。接著在兩週後，YouTube 上突然出現經過編輯的音訊，其中特別強調她說的「去他的歐盟」這句話。努蘭、派亞特與其他許多人大為震驚。[184] 努蘭告訴我：「他們二十五年來都沒有將電話音訊公諸於世過。」這是新的戰術。後來，努蘭才發現自己成為煤礦場裡用來偵測毒氣的金絲雀。這段 YouTube 影片代表了決心採用嶄新技巧的全新俄羅斯。

努蘭稍後表示自己是在表達歐洲盟國讓她在「戰術層面感受到的挫敗感」。不過經過編輯的錄音讓她的話聽起來不是這個意思，反而比較像在示意美國與歐盟之間的關係出現裂痕，而且正

好是普丁樂於利用的那種分裂。

可以想見騷動隨之而來。來自加州的派亞特從耶魯畢業後，於 1989 年進入外交服務單位工作，此時他開始懷疑自己的職涯是否已走到盡頭。（結果並沒有，派亞特後來繼續擔任希臘大使。）在華府，努蘭花了許多時間道歉。雖然她是國務院的最高外交官之一，但她同樣也曾短暫擔憂自己的飯碗不保。直到幾天後努蘭參加白宮國宴時看到歐巴馬，於是她直接再次向歐巴馬表達歉意。

歐巴馬微笑著低聲說：「去他們的。」這顯然是指俄羅斯，於是她知道自己沒事了。

散播努蘭與派亞特的電話內容，是俄羅斯「積極作為」*的一個轉捩點，公布錄音只是開端而已。在 2014 年期間，俄羅斯持續派遣大批便衣軍隊前往烏克蘭的部分地區，並且搭配增援兵力，北大西洋公約組織司令布里德洛夫將軍表示，那是「資訊戰史上最驚人的閃電式作戰」。布里德洛夫將軍大力主張烏克蘭和其他國家皆需要訂立計畫，以展開反政治宣傳行動，或許也應一併展開反網路攻擊行動。

布里德洛夫知道北大西洋公約組織沒有做任何準備。北大西洋公約組織一直猶疑著是否應踏進網路時代。雖然數十年前，北大西洋公約組織曾擬定使用核武防禦歐洲的詳盡計畫，其中甚至

＊編按：「積極作為」為源自 1920 年代蘇聯特務機構的政治戰爭手段，主要以暴力行動或媒體操弄達成影響國際局勢的目的。

包含將部分核武存放在布魯塞爾的總部附近,但是北大西洋公約組織沒有反網路攻擊單位,對「資訊戰」也沒有任何專門知識。雖然北大西洋公約組織常會帶訪客參觀他們明亮光潔的龐大電腦安全中心,不過這個中心的設計只是為了保護他們自有的網路而已。而且一位資深的美國人員告訴我,該中心直到幾年前為止,都只會在工作日時執行網路保護作業。

「即使是針對敏感性最高的網路,也沒有人擁有足以全天候監控的預算。」他搖著頭說。「他們唯一忘記做的事是寄張明信片到克里姆林宮,告知俄羅斯只要在晚上和週末攻擊北大西洋公約組織,就能省下許多功夫。」

那次當我遇見插手扭轉 2016 年選戰的普里格欽時,他身邊還沒有圍繞著網路水軍,手下也沒有負責製作機器人的員工。[185]那時是 2002 年 5 月,普里格欽正在聖彼得堡的某條河上為小布希與普丁端出晚宴佳餚。

現在回想起來,小布希那趟出訪是美俄關係的頂點,也是這位德州政治人物第一次以總統身分出訪俄羅斯。小布希的第一站是莫斯科,在此小布希與普丁簽署了削減核武條約。小布希稱這一刻應「拋開過往的疑慮與猜忌,迎接全新的時代」,聽來就像是仍有實現的可能。

我與一群特派記者跟著小布希出差。為了讓記者能向讀者描述景致,於是相關人員護送我們這些記者進出市內最時髦的用餐地點,也就是普里格欽的河上餐廳,我只有在進出的這幾分鐘內瞥見「普丁大廚」。我以為他只是一位廚師,但我錯了。

普里格欽在十五年後以俄羅斯財閥的身分再度崛起。對年輕時在吃牢飯，後來以經營熱狗攤展開飲食業職涯的人來說，這是個不錯的落腳選擇。在 2016 年選戰升溫之前，已出現言論指控普里格欽為普丁「調理」出一項規模更大的計畫，那是一個名為「網際網路研究中心」的政治宣傳活動中心，地點位於普里格欽家鄉聖彼得堡的一棟低矮四層樓建築裡。從這棟建築中，產出了數萬則推文、Facebook 貼文與廣告，希望能藉此在美國引發混亂，並且希望能在相關行動結束時，把對俄羅斯財閥有好感的川普送進橢圓形辦公室。

　　史達林若能看見網際網路研究中心，應該會引以為傲。這個單位就佇立在光天化日下，但本質卻跟看起來不一樣。網際網路研究中心不是情報機關，但是學到了情報機關的部分技巧。這個中心也不花俏；單位大樓裡滿是年輕人才，願意每天花十二小時散播純屬虛構的資訊，其中某些以俄羅斯市場為目標、某些以歐洲為目標。最優秀的人才則被分配至處理美國事務的辦公桌前，這一區的人員都是單位裡薪水最高、想像力最豐富的作家。製作假新聞的成本可不低。

　　史達林利用蘇聯政治宣傳活動徵召美國人、削弱資本主義的根基，散播恐懼與不信任的種子。網際網路研究中心也從事相同工作，不過 Facebook 和其他社群媒體網站為網際網路研究中心提供了史達林幾乎無法想像到的廣泛觸角。

　　我們仍不清楚網際網路研究中心背後的概念是來自普里格欽、普丁或這兩人之間的其他人。然而網際網路研究中心的成立，是讓網際網路的運用方式產生深遠轉變的一刻。十年來，

大家一直視網際網路為民主的強大助力；當文化不同的人能互相溝通時，就可激盪出最優異的想法，同時削減獨裁者的力量。網際網路研究中心則以相反概念為基礎；利用社群媒體，同樣能輕鬆地煽動意見分歧、使社會連結漸趨薄弱，並且促使人們彼此背離。[186] 雖然網際網路研究中心首次受到廣泛注意的原因，是因為它對 2016 年選舉所動的手腳，不過網際網路研究中心真正的影響其實更為深入。社會大眾的日常生活愈來愈仰賴數位空間，而網際網路研究中心的影響會扯亂維繫社會大眾的絲縷關係。最後造成的效果幾乎都是心理層面的影響。

此外，網際網路研究中心還有另一項優勢。該中心可透過將社群媒體的組織權力武器化，確實地讓社群媒體的組織權力逐漸衰退。網際網路研究中心的「新聞寫手」很容易就能假冒真有其人的美國人、歐洲人或其他任何人士，換句話說，隨著時間經過，大家將會逐漸失去對整個平台的信賴。普丁看到社群媒體協助激起中東地區的叛亂，又協助烏克蘭人規劃對抗俄羅斯的反叛行動，因此，他認為若能引發大家懷疑推特或 Facebook 貼文的另一頭究竟是誰，進而讓革命人士在拿起智慧型手機安排事宜前三思而後行，那也不失為個愉快的副產品。這麼做的話，普丁只需要負擔一筆成本，就能得到兩種削弱敵人實力的方法。

或許還需要經過數年的時間，才能清楚看出在擬定與執行網際網路年代的「積極作為」時，普丁本人究竟扮演了多麼重要的角色，不過前提是如果我們有機會得知相關資訊的話。大家都知道普丁本人不使用社群媒體，但他能從蘇聯國家安全委員會前成員的角度，對社群媒體的力量做出正確的評價。

就新創單位來說，網際網路研究中心（俄羅斯將其稱為「Glavset」）興起速度相當快。[187] 這個單位從 2013 年左右開始在聖彼得堡站穩腳步、僱用員工。沒多久，網際網路研究中心就以數百萬美元的預算營運，目前其資金來源仍不明朗。網際網路研究中心不但迅速地僱用新聞寫手，同時也聘僱了圖像編輯人員與「搜尋引擎最佳化」的專家，確保他們發出的親俄訊息能擁有最廣泛的觸角。這個單位也善用 Facebook 極少（至少當時是如此）判斷使用者是真人或只是機器人的這件事。整體策略的成敗，皆取決於能否說服其他使用者相信某假造人物是真人。網際網路研究中心駭客所扮演的角色，其實跟在烏克蘭脫下制服的那些士兵們完全相同。

　　這些數位小綠人將政治宣傳戰帶到敵人的領土中。[188] 對付美國的活動從 2014 年 9 月以簡訊展開，例如在傳給路易斯安那州聖瑪麗郡居民的簡訊中，就警告大家某化學工廠釋放有毒煙霧。後來發現據報受到意外事件所擾的工廠「哥倫比亞化工」，其實並不存在。然而從這次經驗，卻可實際察覺到眾人心中的恐懼。隨後出現了如同回聲室效應般重複不斷的謠言，指出伊波拉病毒在美國某些地區肆虐蔓延。俄羅斯網路水軍利用事件的假新聞與視訊報導來散布主題標籤「#EbolaInAtlanta」，藉此對前述謠言火上加油，意圖讓流言在社群媒體上被進一步放大。

　　網際網路研究中心的第一總部，是位於聖彼得堡薩維斯基納街 55 號的一棟矮胖四層樓建物，裡面有數十位二十幾歲的人員都學會了在面對批評普丁的言論與過度深入刺探該單位行動的記者時，應如何以「酸言反擊」，而且他們很快就能將這項技藝發

揮到淋漓盡致。[189] 普丁與他的大廚已發現在推特盛行的年代裡，可以輕鬆地利用批評造成慘劇。網際網路研究中心十分善於執行這項作業；後來中心的職員增加至 80 人，而且在線上具有龐大的影響力。

在 2014 年年底，網際網路研究中心開始深入鑽研其社群媒體活動，以展開瓦解美國選舉的行動。此組織在 Facebook 中部署了幾百個假帳戶，在推特中則部署了幾千個假帳戶，瞄準早已因移民、槍枝管制與少數族群權利等議題而分裂的族群。這些是早期的「測試版」行動，都是以低廉成本執行的政治宣傳活動。他們只需要針對饋送 Facebook 動態消息或提升推特轉推數的演算法，找出最佳駕馭方式，就可以實踐這類政治宣傳活動。

隨後網際網路研究中心繼續轉進廣告領域。[190] 調查人員後來發現，從 2015 年 6 月至 2017 年 8 月之間，網際網路研究中心以及跟該中心有關聯的團體，每個月會花數千美元購買 Facebook 廣告；就買下美國地方電視台晚間電視廣告的成本而言，數千美元只是其中的一小部分而已。但是 Facebook 廣告的觸角卻出奇地廣泛。普丁的網路水軍在這段期間觸及了多達 1 億 2,600 萬位 Facebook 使用者，在推特上的曝光次數則達 2 億 8,800 萬次，這些數字看來非常亮眼，畢竟美國的註冊選民約為 2 億人，在 2016 年投票的選民更只有 1 億 3,900 萬人。不過這些政治宣傳活動是否具有高度影響力，就不得而知了。

普丁的網路水軍在社群媒體上冒充為美國人或假造的美國團體，宣傳著清楚明白的訊息。[191] 他們的 Facebook 貼文可能放有修過圖的圖片，比如說正在與賓拉登握手的希拉蕊，或是畫有撒

旦與耶穌摔角的漫畫。「如果我贏，希拉蕊就會贏。」圖中的撒
旦說。耶穌的圖像則回答：「那我也沒辦法。」（他們會鼓勵使
用者對圖片按「讚」以幫助耶穌獲勝，進而產生所需的網路話題
性，讓圖片的能見度可根據 Facebook 的演算法繼續提高。）根
據李薩在《紐約客》雜誌的報導指出，俄羅斯網路水軍之所以發
表了數百篇這類貼文，是為了「以大量假內容淹沒社群媒體，散
播不信任與懷疑的種子，同時抹滅將網際網路作為民主空間的可
能性。」[192]

　　不過，俄羅斯對社群媒體的知識只能讓他們做到如此地步而
已。若要干預美國，俄羅斯需要更深入了解美國的選舉政治。於
是網際網路研究中心派遣兩位專家克莉洛娃與博加喬娃前往美
國，她們分別是資料分析師與網路水軍工廠的高階成員。[193] 這兩
人花了三週遊覽紫色州*，包括加州、科羅拉多州、伊利諾州、
路易斯安那州、密西根州、內華達州、新墨西哥州、紐約州與德
州。在此同時，另一位特工則在亞特蘭大深入探查。他們一路上
進行了初步的研究，並且了解了搖擺州的概念，這是在俄羅斯政
治中無法找到相同比擬的概念。這些網際網路研究中心研究人員
在美國旅行的數週期間所蒐集到的資訊，協助俄羅斯根據紫色州
在選舉地圖上的重要性，規劃出干預選舉的策略。這麼一來，網
際網路研究中心即可以此為根據，判斷在大西洋另一頭的網路水
軍所操控的社群媒體活動可能較容易影響哪類人士，進而找出前

＊編按：泛指美國民主黨與共和黨勢力不分上下的州，又稱搖擺州
　（swing state）。

述那些州裡的特定族群作為目標。

　　根據俄羅斯商業雜誌《RBC》的調查，網路水軍精通社群媒體干涉的技藝後，在 2015 年中旬測試了一項新戰術，那就是安排在美國舉辦現場活動。[194] 網路水軍利用位於聖彼得堡的 Facebook 帳戶假冒為美國人，引誘使用者前往紐約參加免費送熱狗的活動。聖彼得堡的網路水軍透過可公開存取的時代廣場網路攝影機，看著紐約人潮逐漸開始聚集。當然，他們並未向那些人發放所承諾的餐點。不過這是一場成功的實驗，證明網路水軍可從位於俄羅斯的螢幕策畫現實世界中的活動。這場看似微小的功績很快就超越熱狗的範疇，進入俄羅斯正在學習的「紫色州」，並在當地的政治集會中煽動對立的美國團體彼此衝突。《RBC》報導道：「從這天起，距離美國總統選舉幾乎還有一年半之久時，『網路水軍』開始在美國社會展開規劃周密的作業。」[195]

　　他們對 Facebook 活動的運用迅速演進。隔年，網路水軍僱用一位女演員參加在西棕櫚灘舉辦的川普陣營集會，她打扮成穿著囚犯裝的希拉蕊，被放在由其他美國人製作的牢籠裡遊街。這群美國人顯然不知自己的雇主是在聖彼得堡的俄羅斯人。

　　除了網際網路研究中心之外，還有其他「代理人」勢力正逐步強化用來對付美國的手段。為俄羅斯那些常彼此競爭的情報單位工作的駭客也不例外。延續舊日蘇聯國家安全委員會職責的新生機構為俄羅斯對外情報局（SVR），這個單位擁有最精明幹練的團隊，在駭客侵入民主黨全國委員會之前，這個最精明的團隊一直將焦點放在兩個能帶來豐碩成果的高價值目標上，那就是美

國國務院與白宮。

第一場攻擊的目標是國務院的非保密電子郵件系統。（國務院和大多數政府機關相同，除了保有「高側」的保密網路外，也擁有用來與外界通訊的獨立「低側」網路。）那是一場傳統行動，俄羅斯插入惡意軟體以建立連結，藉此通往他們設於海外的命令與控制伺服器。俄羅斯製作了「釣魚」電子郵件，例如號稱來自美國某大學的電子郵件等等，當國務院職員按下這類電子郵件時，駭客就能進入系統內。隨後他們即可從容地複製電子郵件，希望可以揀出一些八卦資訊，或許是對政策的小爭論、或許是可當成黑函題材的風流韻事等等。

如果運氣好，駭客也許還能找到線索，得知如何進入「高側」系統，也就是機密系統。曼迪亞回憶他與公司內的專家前往檢查系統時，發現「到處都是俄羅斯駭客的蹤跡」。[196] 俄羅斯駭客追蹤的目標是特定的高階官員，其中當然包含努蘭。曼迪亞在國務院系統內發現的攻擊行為，比俄羅斯以往嘗試的任何行動都要更厚顏無恥。「他們只是更隱密行動而已。」他表示。

長達數週的時間裡，華盛頓霧谷流傳著國務院系統遭到某種入侵的謠言。第一個讓我察覺俄羅斯駭客行動有多嚴重的線索，出現在 2014 年 11 月的第三週，當我到維也納出差之際。那時我們一群人伴隨國務卿凱瑞出訪，在維也納降落後，美國將在這裡與伊朗就其核計畫進行另一輪交涉。我在寄電子郵件、打電話給美國官員時，跳出一封似乎無傷大雅的國務院電子郵件。電子郵件內文提醒記者，那個週末期間會無法透過電子郵件聯絡公共事務處的人員，更不用說是聯絡凱瑞的交涉團隊了。信中指出整個

國務院系統皆會關閉，以進行「系統維護」。

這不禁讓人翻了個白眼。對任何曾聽說俄羅斯入侵謠言的人來說，這封信充滿著可寫成封面報導的特質。雖然這個負責聯繫所有美國外交官的老朽系統有時似乎只比使用兩個紙杯與一條線傳話好一點，但真正的問題顯然不在於維護。聽來更像是傷害控制的標準作業程序，為了執行數位版「驅魔儀式」、趕走入侵者，首先必須關閉系統電源。

這不會是容易的事。那時已證明對國土安全部來說，驅離國務院系統中的俄羅斯駭客是過於艱難的任務。所以國土安全部秉持利用網路竊賊逮到其他網路竊賊的理論，向國家安全局尋求增援。

曾經手調查史諾登一案的雷傑特，忽然之間得負責監督將俄羅斯駭客逐出國務院網路的行動。雷傑特十分謹慎，以求能正確無誤地完成任務。他從苦澀的經驗中了解到雖然火速驅逐網路入侵者聽來頗為誘人，但通常也會因此而犯錯。（美國海軍經歷切身之痛後才學到這一課；在羅傑斯上將擔任海軍網路司令部部長時，曾有伊朗駭客侵入美國海軍的網路。海軍在尚未找出駭客放進系統內的所有嵌入程式之前，就先把駭客趕出系統，結果駭客沒過多久又重回系統。）於是國家安全局專家著手識別俄羅斯駭客在系統內的位置，並找出駭客將嵌入程式以及命令與控制中心安置於何處。等到盡數確認後才能將系統關閉，使入侵者中斷連線，接著相關人員再於原處建置替代的新系統，讓系統宛如浴火鳳凰般重生，希望也具有更高的安全性。

「這些傢伙真的鑽得很深。」曼迪亞後來告訴我。「而且他

們不打算離開。通常若把聚光燈打在惡意軟體上，另一頭的人就會像蟑螂般四散逃逸。」

「俄羅斯駭客卻不是這樣，他們有想聲明的主張。」

國務院小組獲得麥迪安公司、聯邦調查局與國家安全局的支援，並費了一些功夫後，終於將俄羅斯駭客趕出系統外。但原來駭客只是繼續執行其他行動而已。

國務院的戰役開始收尾之際，俄羅斯已出現在一英里外的白宮伺服器內部。「國務院的事件才要告終，白宮的問題就開始加速發展。」雷傑特表示。攻擊者再次侵襲非機密的「低側」系統，而不是襲擊在不同電腦上執行的「高側」系統。

驅魔程序又要再重來一次。如同在國務院一樣，展開白宮之旅的俄羅斯駭客明白表現出他們毫無離開此地的意願。[197] 國家安全局和合作人員在白宮系統內彷彿中了數位版的埋伏行動。俄羅斯從安置於全球各地的命令與控制伺服器發動攻擊，藉此隱藏身分。每當國家安全局的駭客小組切斷連結，就會發現白宮電腦開始與新的伺服器通訊。沒有人看過類似的情況，這是一群由國家撐腰的駭客所展開的數位版空戰。

在國家安全局小組的眼裡，這有點像是會在現實世界中造成後果的電動。一位美國官員略帶懊惱地說道：「他們在白宮系統裡似乎住得很愉快。」

後來，雷傑特曾描述管理前述戰役的情況，不過他完全沒有提到駭客來自莫斯科。「我們是第一次看到這種事。」他說道，「（駭客）沒有選擇消失，反而是做出回擊。基本上那如同在網路裡近身肉搏，我們採取行動後，他們就加以反擊。」[198]

雷傑特表示國家安全局「會移除駭客的命令與控制通道，讓他們無法連到惡意軟體和正在執行的程式碼」，而俄羅斯駭客「就會引進新的命令與控制通道來反制」。

雷傑特表示，如今回想起來，那也是比試網路空間戰略的嶄新時刻，「網路攻擊者和防禦者之間的交手方式邁入了全新的層級」。

雷傑特間接暗示國家安全局擁有自己的祕密武器，國家安全局「可看見對方準備展開新行動。若防守的一方能看出敵人的後續行動，那就擁有了可以真正派上用場的能力。」他輕描淡寫地補充道。

雷傑特話中提到的可能是來自荷蘭的低調協助。根據兩家荷蘭新聞機構合作進行的調查指出，這個小國的情報機構滲透了莫斯科紅場旁的一棟大學建物，被稱為「舒適熊」的俄羅斯駭客小組有時會從那棟建築內執行行動。不過，荷蘭的情報機構不只進入電腦系統，更侵入了該建物的安全攝影機內。荷蘭的報導指出：「情報服務人員現在不只能看見俄羅斯正在從事哪些行動，還能看見是由誰執行行動。」

荷蘭向在海牙的聯絡人警示這項資訊後，相關人員很快就建立起連結，讓美國情報單位可即時觀看是誰在往來進出。隨後再將這些照片輸入臉部辨識軟體後，即可辨認那些電腦操作人員的身分。

突然之間，從國家安全局、聯邦調查局到白宮通訊局的所有人員，全都陷入了識別出網路入侵者身分後的常見困境。他們應該要觀察駭客並追蹤其活動，或許還提供點錯誤資訊給駭客嗎？

還是應該快速採取行動以將駭客趕走？此外，俄羅斯駭客是真的想要尋找資訊嗎？還是其實本來就打算被發現，藉此了解美國的偵測能力？

而最重要的一點，至少對俄羅斯來說最重要的一點，就是歐巴馬是否願意將對峙升級？還是他只會視其為美俄永無止境的其中一段諜對諜競賽，不予理會呢？

最後，在國務院與白宮系統內的網路戰由美國獲勝，但是從後續事件看來，美國當時顯然沒有完全理解那場網路戰為何能促使一場漫長戰爭升級惡化。

在國務院與白宮中的電腦網路權控制之戰，點出了兩大問題。首先，為什麼俄羅斯選擇如此直接地對付美國？其次，為何歐巴馬政府試圖將一連串的所有事件保密，連五角大廈和國會遭駭的事件也不例外？

第一個問題的答案似乎頗單純。原因在於俄羅斯駭客想要趾高氣揚地展示他們的能力，跟俄羅斯將軍會在立陶宛邊界舉辦坦克與飛彈閱兵遊行的理由相同。這次 2014 年的行動也像是冷戰期間，戰鬥機飛行員會飛至蘇聯的領空邊緣，觀察蘇聯機隊倉促起飛時的情況一樣。

「俄羅斯駭客表明他們會留在這裡，而且他們的工具足以跟我們的最佳工具匹敵。」一位資深情報官員對我說。「俄羅斯從事的行動中，有許多仍隱而不見，例如針對選舉的駭客行動等等，但是他們希望讓美國知道自己已邁入高手層級。」

不過，更大的謎團是歐巴馬本人。他再次選擇不揭穿俄羅斯

的行動。歐巴馬在某場白宮戰情室的會議中，告訴情報官員那「只是間諜行動」。如果美國鬆散到任由這種事發生，那解決方式應該是提升美國的防禦機制，而不是考慮採取報復。

這場電腦戰結束時，俄羅斯也跟著撤退，不過只是戰術上的撤退，而且時間不長。俄羅斯沿著學習曲線迅速成長，很難說歐巴馬政府的進步速度是否也跟他們一樣快。

不可思議地，即使大家才剛於事後得知國務院與白宮的駭客入侵事件，但在 2015 年年底時，卻無人向資深白宮官員報告俄羅斯主導入侵民主黨全國委員會的重大事件。民主黨全國委員會的領導階層也不知情，特工霍金斯之後向聯邦調查局官員表示，因為他擔心可能會走漏風聲給俄羅斯，所以對寄電子郵件給民主黨全國委員會的人員感到猶疑。民主黨全國委員會總部很久以前就從水門搬遷至國會山莊內更顯樸實的建物中，但在霍金斯一直無法以電話聯絡到網管人員塔敏的最初幾個月裡，霍金斯從沒想過可撥出二十分鐘的午餐時間，從華盛頓辦公室走到民主黨全國委員會總部。「那不是在蒙大拿州森林中央的辦公室。」前聯邦調查局網路部門主管亨利表示，他的小組最後受召前往協助調查。「那個辦公室距離獲得通知的聯邦調查局辦公室才不到一公里遠。」

在整段過程中，相關人員缺乏判斷力的程度令人訝然，他們無法掌握以新技術輔助的老派威脅所具有的嚴重性。美國一連串的笨拙摸索也是在此時展開，進而削弱了美國的能力，讓我們無法在有機會改變局面的關鍵時刻做出反應。

當美國猶豫不決之際，俄羅斯則在享受美好成果。民主黨全國委員會與聯邦調查局之間的溝通失敗，讓普丁的駭客得到了他們最需要的時間。雖然這些駭客已經曝光，但尚未受到阻撓，因此有充分時間可探索民主黨全國委員會主伺服器的每一處角落，而這個主伺服器只比一台筆記型電腦大一些而已。駭客將伺服器的資訊盡數汲取後，就轉往民主黨全國委員會以外的目標。

最後在 2016 年 3 月時，距離最初幾次通電的六個月後，塔敏和同事已跟聯邦調查局會面了至少兩次，這時他們似乎終於相信霍金斯確實是聯邦調查局的探員。[199]

然而此時一切都太遲了。俄羅斯已轉往竊取希拉蕊競選團隊官員的電子郵件。

當時希拉蕊在布魯克林已有置產，擁有的財產遠超過民主黨全國委員會。希拉蕊團隊謹記中國駭客曾於 2008 年侵入歐巴馬與麥肯雙方競選陣營的教訓，因此採用了貨真價實的網路安全專門技術。此舉的成果是幫希拉蕊競選團隊的網路擋開了幾次攻擊，雖然那都不是極度精密複雜的攻擊。不過，俄羅斯駭客心中有個更大的獵物，那就是個人電子郵件帳戶；大家常選擇將對上司的怨言、擔憂、對未來人事異動的考量，以及不想放在公司網路上的文件，全都存放在個人電子郵件帳戶裡。

俄羅斯駭客清單上的首要目標是希拉蕊競選團隊的主任波德斯塔。瘦削結實的波德斯塔總是繃緊神經，在華府內部人士中，他與權貴的交流往來首屈一指。波德斯塔曾擔任柯林頓的幕僚長，也曾規劃眾多競選活動，並且擁有深厚又豐富的知識，從氣候變遷到網路隱私等等，無一不通。他在 2015 年離開歐巴馬政

府前，還曾以網路隱私為主題製作了一份報告。

　　波德斯塔對所有數位相關領域的熟知，未能在 2016 年 3 月 19 日幫上他多少忙。那天，一封看似來自 Google 的假電子郵件寄至他的個人收件匣，信中警告有人試圖侵入他的個人帳戶。後來發現那封釣魚電子郵件不是來自「公爵」，而是由某個與俄羅斯有關的新駭客小組寄出。這個駭客小組隨後也寄了一封類似的釣魚電子郵件給競選助理萊恩哈特，不過波德斯塔是成果更豐碩的目標。

　　由於波德斯塔的全副注意力都放在為希拉蕊的競選活動募款、讓競選訊息更明確清晰，因此他的電子郵件是由幾位助理代為管理。助理收到宣稱需變更密碼的釣魚電子郵件後，就將郵件轉寄給電腦技術人員以判斷其正當性。

　　「這是正當的電子郵件。」希拉蕊競選團隊的助理德拉文回覆給最先注意到偽造警訊的同事。「波德斯塔需要立即變更密碼。」後來德拉文對我的《紐約時報》同事表示，那則糟糕建議是因為他打錯了字。德拉文知道那是釣魚攻擊，因為競選團隊收到幾十封這類電子郵件。他想要打的字是那是「不正當」的電子郵件，德拉文表示這個錯誤此後一直糾纏著他，揮之不去。

　　於是，電子郵件密碼立即變更。俄羅斯瞬間得以存取從十年前起的 60,000 封電子郵件。

第 9 章
來自科茲窩的警告

俄羅斯的言論是民主黨放出的假新聞，遭到媒體渲染報導，藉此掩飾重大的選戰挫敗與違法的洩密行為！

——@realDonaldTrump（川普的推特帳戶），

2017 年 2 月 26 日

我從未說過俄羅斯沒有干預選舉，我說「可能是俄羅斯，也可能是中國或其他國家或組織，或者是坐在床上玩電腦的某個 180 幾公斤重的天才。」

俄羅斯「鬧劇」指稱川普競選團隊勾結俄羅斯，競選團隊從來沒有這麼做！

——@realDonaldTrump，2018 年 2 月 18 日

時值 2016 年春天，在等同於美國國家安全局的英國政府通訊總部（GCHQ）內，漢尼根接掌主任職務已有 18 個月，他已逐漸熟悉了工作的例行作業。漢尼根過去負責完全不同的政府職務，在首相布萊爾任內，他曾於唐寧街 10 號首相辦公室協助維

持北愛爾蘭的和平局面，並負責仲裁激烈競爭的各個英國情報單位。隨後漢尼根獲派至其中一個情報單位，即英國政府通訊總部。這個名稱平淡無奇的官僚組織至今仍享受著過往的輝煌名聲，在第二次世界大戰期間，政府通訊總部裡一群聰穎出眾的怪胎破解了德國密碼與恩尼格碼密碼機，因而拯救了英國。

漢尼根的工作是讓英國政府通訊總部邁入二十一世紀，這個網路衝突的世紀。政府通訊總部過去的首長鮮少與大眾交流，然而漢尼根在上任第一天就透過《金融時報》專欄直接向矽谷的公司開炮。他寫道：「無論他們多麼厭惡這項事實，但他們仍成為了恐怖份子與罪犯所選擇的命令與控制網路」，而且那些公司必須學習如何與西方民主國家的情報機構合作。不過等到漢尼根熟稔主任職務後，他發現除了 Facebook 與 Google 之外，有另一位相關人士更令他擔憂，那就是普丁。

漢尼根認為普丁導致「網路空間發生數量不成比例的亂象」。他手下的數千位密碼破解人員、訊號情報官與網路防禦人員很快就知道，每天從截取的大量電腦訊息與電話通話裡挑出交給漢尼根的情報時，得將跟俄羅斯亂象有關的原始證據放在整疊情報資料的最上方。

在 2016 年復活節左右的某一天，從俄羅斯網路中節選出的一連串訊息格外顯眼。

漢尼根的人員用毫無文藝氣息的數位領域術語向他說明，那些訊息大多是「元資料」。讓漢尼根失望的是他無法看懂其中的實際內容。但是，這些網路流量無疑是由俄羅斯的首要情報單位之一，也就是總參謀部情報總局（GRU）所控制。總參謀部情

報總局是一所行動積極的軍事情報單位，也是英國政府通訊總部試圖全天候監控其活動的單位。

不過，引起漢尼根注意的是發出訊息的來源，那些訊息來自美國民主黨全國委員會的電腦伺服器。

漢尼根在整理眾多訊息流量時，停下來檢查這段截取到的情報資訊，後來此資訊成為了歷史性的情報資訊，這時漢尼根正待在「甜甜圈」大樓的深處。英國暱稱為「甜甜圈」的這棟建築，是政府通訊總部在切爾滕納姆的總部，採用奇特的圓形設計。從空中鳥瞰這棟建物時，它看來其實更像一艘太空船，彷彿有外星人決定到此地拜訪科茲窩的古雅酒吧，因為莎士比亞時代的小鎮斯托昂澤沃爾德和水上伯頓就在路的另一頭。甜甜圈大樓的設計非常具有矽谷風格，進入安全區後，大家都在開放的空間內工作，彼此交流嫁接不同想法。[200]

英國政府通訊總部每一週左右都會截取數千則通訊，從其中挑選出的俄羅斯通訊與日俱增，這些資料每天都會被放在漢尼根辦公桌資料堆的最上方。英國情報單位與美國的中央情報局及國家安全局一樣，對普丁 2014 年併吞克里米亞地區的速度與隱密手法感到意外。俄羅斯經強化的轟炸機與潛水艇沿著歐洲海岸行駛的情況，讓北大西洋公約組織國家深感擔憂，因為大家從蘇聯時代之後就不曾看到如此場面，於是他們決定撥出更多資源，專用於追蹤所有相關行動。

「我們面對俄羅斯的心態變得過於自滿。」漢尼根的某位國家安全事務同僚對我說。「我們認為俄羅斯最終會大澈大悟，而

且會加入西方陣營、成為我們的經濟合作夥伴等等，這種 1990年代留下的想法仍縈繞不去，造成了負面影響。即使俄羅斯在 2008 年攻擊喬治亞時，人們也不以為意。大家在經過很長一段時間之後，才終於接受現實。」

以英國官員的用語來說，鄰接俄羅斯邊界的波羅的海國家現在成為「易受攻擊的灰色地帶」，普丁打算在此製造不穩情勢。漢尼根於 2014 年底進入政府通訊總部任職後不久，就敦促應截取更多資訊，並且要求將更多「嵌入程式」放入英國獨具存取權的網路內，這些網路是已瓦解的大英帝國所留下的最後優勢之一。在這些網路內，每天都會傳進新的資料洪流，那些訊息可提供豐富的細節，描繪出俄羅斯對阿薩德執掌敘利亞政府的支援、對芬蘭的操控，以及俄羅斯的潛水艇航線等等不同事件。

在漢尼根眼裡，那是引人入勝的全新體驗。他不是情報背景出身，而是來自政治與國家安全交會的領域。乍看之下，容易誤會漢尼根是英國精雕細琢的典型官僚，他的打扮老派體面，同時擁有完美的出身，適合擔任以審慎周到為重的職務。漢尼根在「甜甜圈」大樓裡的一位助理認為他的最佳特質，是「能以俏皮的幽默感，看待我們眾多情報業務工作所存在的荒謬」。

雖然漢尼根不是專業的情報人員，但他之所以能統率政府通訊總部，是因為他在唐寧街 10 號工作多年之後，首相卡麥隆也愈發信賴他的判斷。在政府通訊總部這所過度保密的守舊機構內，漢尼根已經做了不少突破。政府通訊總部在第一次世界大戰後成立，當時名為「政府密碼學校」，這個名稱極為貼切地定義出此單位在二十世紀的角色。漢尼根在第二次世界大戰結束二十

年後出生，他的職責為推動政府通訊總部釐清自己應在網路時代中所擔當的角色。政府通訊總部過去負責解碼訊息與監聽電話，從英國在布萊切利園破解恩尼格碼的光輝時代留存至今，然而在現今這個攻防融合的新時代中，竊聽對話已經不夠了。

因此，漢尼根著手重新編整政府通訊總部的組織，將範疇擴大到該單位的訊號情報根基之外。他察覺到英國政府通訊總部需要像美國國家安全局一樣提升網路技術能力，特別是在「利用網路漏洞」與「網路攻擊」方面。漢尼根一個月又一個月地努力將政府通訊總部推進至未來領域。在他的監督下，政府通訊總部從伊斯蘭國散布全球的伺服器內抽取出伊斯蘭國的招募訊息。漢尼根特別喜歡看伊斯蘭國的網路副官因無法進入自家的招募與通訊通道，而憤怒抱怨的文字稿謄本。

切爾滕納姆位於科茲窩的邊緣，是個美艷孤立的城鎮。漢尼根的家人留在倫敦，因此他有許多時間能深入細看截取自俄羅斯的資訊，而內含美國民主黨全國委員會資料的資訊特別令人不解。

漢尼根回憶道：「我們無法從資料內了解多少情況。資料顯示發生入侵行為，並且從民主黨全國委員會拿走了某些資料。但我無法得知那是什麼。」

檢閱從民主黨全國委員會傳出的俄羅斯通訊截取資料時，漢尼根的歷史直覺讓他特別在意這些內容。水門醜聞爆發時，他只有七歲，幾乎不知道大西洋對岸發生的頭條大事。不過就讀大學時，漢尼根是個熟讀歷史與政治的學生，因此此刻他立即領會到俄羅斯可能正在從事何種行動。「我覺得民主黨全國委員會具有某種意義。」他說道。「而且那是一個奇怪的目標。」

無法看出俄羅斯究竟想要尋找什麼。民主黨全國委員會不是能取得軍事機密的地點，甚至也找不到多少政策相關資訊，民主黨全國委員會基本上是負責將資金重新分配至各競選活動的所在。因此俄羅斯的目標成謎。

漢尼根認為美國的同級單位需要檢視這些截取資料，而且要盡快。他再度查看資料後，要求下屬務必向美國國家安全局警示發現這些資料。漢尼根告知相關人員，這些資料不應被遺落在每日的資料堆中。這些資料是敏感資訊，肩負相同職責的美國上將羅傑斯與其國家安全局的同僚都需要得知這些資料。

漢尼根回憶起在經過幾週後，在羅傑斯領導的國家安全局人員中，有「某位資深人員」向他傳送了確認訊息，並對警示表達感謝之意。

這是漢尼根最後一次從國家安全局聽到此事的消息。

在美國國家安全局內，官員暗示他們早已十分清楚俄羅斯在民主黨全國委員會想做的事，並且表示除了英國之外，也有其他外國情報服務單位發現駭客活動的證據，不過英國的發現最為重要，大家對此應該都不會感到意外。基於歷史、地理與消逝的帝國等等原因，讓英國政府通訊總部在「五眼聯盟」（Five Eyes）中，對饋送進出俄羅斯西部的網路擁有最優異的存取能力。[201]「五眼聯盟」由第二次世界大戰的五個英語系戰勝國組成，這五國一同分擔蒐集情報的重責，並且共享蒐集而得的大部分資訊。＊

＊作者注：除了英國與美國外，其他成員包含加拿大、澳洲與紐西蘭。

漢尼根形容五眼聯盟較像是個俱樂部，而不是緊密運作的組織。他表示那是「起源於第二次世界大戰的訊號情報產物，當時羅斯福與邱吉爾做出政治決策，決定應共享最敏感的密碼學機密」。

　　在俄羅斯調查案曝光的幾年前，一位經驗豐富的資深英國官員對我說：「我想美國人會對我們在國家安全局內安插的英國專家人數感到驚訝。另外，我相信英國人也會對深入英國體系的美國人員數量感到驚訝。」

　　事實上，美國國家安全局和英國政府通訊總部的連結非常緊密，所以都會派遣自家的職員到對方的總部工作，因此這兩個單位比較像是合作夥伴，而非只是線路另一端的無名分析師。根據史諾登文件揭露的資訊，2012 年在英國西南岸的布德，有 300 位英國政府通訊總部分析師與 250 位美籍人員合作進行「掌控網際網路」與「利用全球電信漏洞」等兩項計畫。這兩個計畫截取了數 TB 的資料，包括 Facebook 輸入項、電子郵件、電話、Google 地圖搜尋項目，以及哪些人在哪些時候造訪了哪些網站的紀錄等等。這些行動遭曝光後，英國堅決表示一切皆屬合法行為，不過選在英國進行分析階段是有理由的，因為英國法律具有比美國更寬廣的轉圜餘地。

　　基於顯而易見的理由，沒有人會非常精確地說明英國究竟如何挑出可追溯回民主黨全國委員會的網路流量，不過是有幾條相關線索。從史諾登的文件可看出，英國政府通訊總部可連結至 200 條光纖電纜內，並且能同時處理其中 46 條光纖電纜的資訊。這是很了不起的成就，因為電纜的流量每秒可達 10 GB 之多。

這些流量的內容大多經過加密，不過英國可以取得元資料。

英國之所以能存取這些電纜，都要感謝兩位領袖，那就是英國維多利亞女王與詹姆斯·布坎南總統，他們無疑都是生活在網路普及前的時代。在 1858 年，阿伽門農號與尼亞拉加號在大西洋中央匯集，以接合第一條銅線。英國女王與飽受抨擊的美國總統利用這條新設的海底線路，向彼此傳送電報。隨後，英國成為至關重要的轉運中心，也就是「終端點」，有更多電纜經由英國布線並穿越歐洲內部，再進入俄羅斯內。「終端點」是電纜的上岸處，在美國與英國，情報單位皆會支付費用給 AT&T 與英國電信公司等「截取夥伴」，以派遣技師團隊進駐終端點現場探勘並交回資料。所有相關安排都會受到雙方的法院命令管轄，並且皆妥善保密，以免相關公司受到負面影響。發生史諾登事件後，對前述體系的管制規定變得嚴格許多，不過情報的價值也變得更高。

經過一百六十年後，過去的銅線已被光纖電纜取代。光纖電纜的耐用性、容量與竊取資訊的難度皆更高，有超過 95% 的網路流量皆經由這些光纖電纜傳輸。根據幾年前外洩的文件指出，情報單位長年來都將一個位於賽普勒斯的終端點視為可取得豐富資料的寶庫。而另一個距離北韓不遠的亞洲終端點也扮演相同角色。在 2008 年，時任國家安全局首長的亞歷山大將軍前去參訪約克郡的曼威斯丘皇家空軍基地時，問道：「為什麼我們不全天候蒐集所有訊號？這聽來是滿適合曼威斯丘的暑期計畫。」[202]

他應該要在全球其他監聽站也發表類似意見。那些站點皆分配給五眼聯盟進行監視作業。英國把焦點放在歐洲、中東與俄羅

斯西部。澳洲監視東亞與南亞，這也是為何在阿富汗的行動通常都是從澳洲的沙漠地帶松樹谷進行指揮。紐西蘭負責南太平洋與東南亞的數位流量。加拿大則密切監視俄羅斯，而南美洲也在其負責範圍內。擁有龐大資料蒐集預算的美國負責監視多個熱點，首要目標為中國、俄羅斯、非洲與部分中東地區。可想而知，前述監視行為皆不是各國相關官員會公開討論的主題，即使在史諾登洩密案爆發數年後仍是如此。

官員不會談論此事的其中一個理由，在於終端點如今已不只是插入耳機竊聽的位置，也成為將嵌入程式（即惡意軟體）插入外國網路的途徑。「它們曾經只供進行防禦之用。」一位電信專家告訴我。「現在，也可用來實施攻擊。」

終端點也是高風險的化身，因為全球通訊流的穩定與否皆需仰賴終端點。如果有約六個終端點遭破壞或侵占，美國國內的資訊流速度就會減慢到如同潺潺涓流。電話通話會中止、市場無法發揮功能，而新聞也會停止。「那是龐大的弱點。」一位英國官員對我說。「也是絕佳的機會。」

因此毫無意外地，Facebook 與 Google 皆開始鋪設自有電纜。

俄羅斯駭客在 2016 年 3 月竊取波德斯塔的電子郵件後，並未急著將郵件公諸於世，這顯現了他們的專業。駭客選擇花時間瀏覽整理資料，仔細找出可能格外具有價值的資訊，例如希拉蕊對高盛集團的演說。希拉蕊拒絕公開那些演說的文稿，但文稿就包含在遭竊的大批重要文件中。（原來那些演說跟她過去擔任

國務卿時的免費演講內容十分相似。）俄羅斯的策略是耐性，只有在可造成最大傷害的那一刻，才是暴露電子郵件內容的最佳時機。

這時在民主黨全國委員會，網管人員塔敏仍不覺得有需要提高警覺的理由。他在 4 月 18 日所寫的備忘錄中，指出民主黨全國委員會終於安裝了「一組強大的監視工具」，換句話說，他們總算決定購買防盜警報器。

塔敏直到在 4 月稍晚使用這些新工具時，才發現有人竊取了認證資料，進而獲得存取民主黨全國委員會所有檔案的權限。他打電話給民主黨全國委員會的執行長黛西，告知她近期發生重大的資料外洩情況，民主黨全國委員會的大多數檔案可能皆已流出，規模遠勝在水門案入侵事件中遭竊的資訊。

於是遲來的恐慌開始蔓延。

在遠離華府的位置，屬於俄羅斯網路行動事業的另一項行動正於德州、佛羅里達州與紐約州展開，而且全在光天化日之下。

俄羅斯情報單位僱用駭客入侵美國民主黨全國委員會時，聖彼得堡網際網路研究中心的網路水軍和機器人作者則在加班。他們的薪酬增加到每週 1,400 美元，以俄羅斯的標準來說等於是一小筆財富，對二十幾歲的年輕人來說更是如此。相對地，他們每天的工作是 12 小時一班，工作內容則是根據透過電子郵件所傳達的主題，產出一批又一批的 Facebook 貼文。[203] 在其中一層樓的俄羅斯語系網路水軍負責駁斥反對普丁的言論，而另一層樓的人員則負責尋找美國社會內的任何分化議題，藉此透過網際網路

製造不和，讓美國政治與社會內原有的斷層繼續擴大。

　　德州似乎是個格外適合加以干涉的目標。俄羅斯網路水軍與機器人作者幾乎都沒有去過德州，不過他們在網路上讀過當地的資訊，也在電影裡看過德州。他們無須天馬行空地想像，就建立了「德州之心」組織，這個看似扎根於休士頓的組織其實是在莫斯科紅場附近運作。他們宣傳名為「制止德州伊斯蘭化」的集會，彷彿真的有很多需要擔心的伊斯蘭化問題一樣。隨後，俄羅斯神來一筆地建立了對立的組織「美國團結穆斯林」，這個組織打著「拯救伊斯蘭知識」的旗號，排定舉辦立場相反的集會。這些行動的概念，是要策動加入這兩個 Facebook 社團的真實美國人彼此對峙，刺激眾人大肆謾罵詆毀，或許還可煽動起某些暴力行為。

　　這驗證了只需要幾個廉價的機器人與模仿當地居民的人員，即可在網路上輕鬆誤導某些美國人民的小團體。不過，對成果最感吃驚的應該是那群位於聖彼得堡的俄羅斯年輕人，後來從他們的電子郵件可以看出，這群年輕人對自己的目標居然這麼好騙感到難以置信。

　　若打算捉出躲在網路中的俄羅斯人，那麼僱用一位與攻擊者擁有相同思路的俄羅斯人不失為一個好方法。於是根據前述理論，德米特里成為這項工作的合適人選。

　　黃棕色頭髮的德米特里當時約三十五歲上下，總帶著開朗的笑容，他在華盛頓的天空下已待了多年。這位網路專家是外交政策論壇的常客，他對商業地緣政治的興趣，跟對位元與位元組的

興趣似乎不相上下。不過，一開始很難想到德米特里會有如此的成就。

　　德米特里是蘇聯核子科學家麥可・阿爾佩洛維奇的兒子，他的童年和青春期的前幾年都在莫斯科度過，那時已是蘇聯日漸沒落的時期。在 1986 年，德米特里約五歲時，麥可千鈞一髮地逃過一項會讓兒子喪父的工作。那時車諾比核能發電廠失火，驚慌的蘇聯官員要求麥可和他的同事前去查看情況。麥可有不祥的預感，因此加以拒絕。其他前去的那些科學家後來都罹患癌症，沒多久就紛紛過世。

　　麥可幸運地撿回一命之後，他開始盤算或許該是離開的時候了。蘇聯解體後，他的機會馬上浮現。阿爾佩洛維奇一家於 1994 年離開莫斯科，首先搬到多倫多，接著麥可在田納西河谷管理局找到了工作，於是就舉家搬到查塔努加定居。德米特里後來進入喬治亞理工學院就讀，取得了當時罕見的網路安全學位。

　　大學畢業後，德米特里在好幾個數位相關職位間輾轉磨練之後，最終進入了邁克菲公司，這家公司以率先推出的防毒產品聞名。德米特里的工作為分析支援網路攻擊的國家，而且他的工作表現十分出色。德米特里以竊取美國公司智慧財產的幕後黑手，一個名為「暗鼠」的中國組織為主題，發表了一則長篇論文。之後邁克菲公司受到美國的晶片製造商龍頭英特爾併購，而在將中國政府與時任國家安全局首長的亞歷山大口中，「史上最龐大的財富轉移」行為建立關聯的眾多研究中，德米特里的論文迅速躍升為搜尋率最高的論文之一。

　　毫無意外地，中國不甚在乎那項研究。中國的人員忽然在英

特爾的北京辦公室內現身，要求檢查營業執照，當然，這跟德米特里的研究完全無關。德米特里回憶起某天他接到公司一位最高階主管的電話，他記得那位高階主管問道：「你知道公司有 60%的業務都在中國嗎？」

其實德米特里並不知道這件事。隔週他即辭去工作，並在2011 年著手與企業家庫茲建立群擊這家網路安全公司。德米特里了解如何追蹤位元資料，他的合作夥伴則知道如何因應法治環境。

時機正好；因為俄羅斯來了。

「你何不來一趟，我們可以做點健康檢查？」

這聽來和善的邀請是蘇斯曼在那年 4 月對亨利所做的提議。前聯邦調查局網路專家亨利受到群擊公司招聘，擔任該公司的安全長暨資訊安全小組主管。蘇斯曼曾為美國司法部起訴網路犯罪，隨後他轉至博欽律師事務所工作，希拉蕊競選團隊與民主黨全國委員會都是該法律事務所的客戶。

群擊公司已習慣從事這類徵召工作；很快地，該公司的鑑識工程師即連進民主黨全國委員會的電腦，掃描是否存在那些已知的網路危險份子特徵。接著大量資料開始回傳給亨利與德米特里。

他們不到一天就找出了要尋找的目標，但是完整的結果讓人怵目驚心。直到那時，他們才發現駭進民主黨全國委員會的俄羅斯情報組織不只一個，而是兩個。[204] 這兩個組織都留下了許多數位指紋。[205]

德米特里和同事很早以前就暱稱第一個組織是「舒適熊」，而聯邦調查局則稱該組織為「公爵」。「舒適熊」改自冷戰時期稱俄羅斯為「熊」的暱稱。（其他人士稱該組織為「APT 29」，意指「進階持續性滲透攻擊」。）證據顯示舒適熊是第一個滲透民主黨全國委員會的組織，也就是霍金斯最初打電話到民主黨全國委員會時所發現的駭客組織。

競爭對手「魔幻熊」這個俄羅斯組織，則跟俄羅斯軍事情報單位總參謀部情報總局有關。魔幻熊直到 2016 年 3 月才侵入民主黨國會競選委員會的電腦，之後也繼續挺進到民主黨全國委員會的網路內。漢尼根的英國政府通訊總部密探所偵測到的駭客行為就是來自魔幻熊。魔幻熊可能不知道與俄羅斯對外情報局相關的舒適熊組織已侵入民主黨全國委員會的網路。至少德米特里的理論是如此。

「那些駭客之間的競爭激烈。」德米特里告訴我。「他們想獲得普丁認同，他們希望能說：『快看看我的成果！』」魔幻熊顯然很忙，因為整理波德斯塔大量重要電子郵件的駭客組織就是魔幻熊。

釐清入侵者的來源後，德米特里即投入調查。謎團在於這些俄羅斯組織究竟想要拿竊得的資訊做什麼。德米特里某天曾淡淡地對我說：「沒有人料到這次事件的全貌會是如此。」

德米特里知道自己需要在民主黨全國委員會採取的行動為何。他需要更換所有電腦基礎設備，否則他永遠無法確定俄羅斯在系統裡埋藏嵌入程式的位置。

進駐民主黨全國委員會總部後的六週中，群擊公司利用執行維護作業的常見藉口，默默進行更換委員會所有硬體的準備工作。隨後在春末的某個週末，所有設備全都關機。民主黨全國委員會員工接獲關閉筆電與手機的要求，以進行「系統升級」。

　　德米特里回憶道：「有些人以為這是為了掩飾裁員。」那是因為民主黨全國委員會一直處於資金匱乏的狀態，不過大家在發現保住飯碗後，都鬆了一口氣。可是在隔週領回設備時，他們的硬碟資料全都被清除得一乾二淨，而且安裝了全新軟體。

　　此刻，民主黨全國委員會領導階層的態度從完全不理不睬，轉為全然的驚慌失措。他們在 6 月中旬開始與聯邦調查局資深官員開會，這時距離霍金斯被轉接至服務專線已過了整整九個月之久。經過一段足以懷孕生子的時間之後，民主黨全國委員會和美國政府才起身行動。而這時的爭議在於是否應公開事件情況。

　　民主黨全國委員會與其主席舒爾茲抱持的動機顯而易見。舒爾茲希望為遭受俄羅斯攻擊的民主黨博取些許同情，並藉此讓只會恭維普丁的川普難堪。民主黨全國委員會領導階層認為風聲勢必很快就會走漏，因此於 6 月中旬決定將駭客攻擊的消息告知《華盛頓郵報》。

　　《華盛頓郵報》報導了這條新聞，而那天我們則在《紐約時報》新聞編輯室中試圖趕上他們的腳步。不過，事情的經過顯現當時大家幾乎都沒有多想俄羅斯的操控手段，畢竟編輯們經手的報導都和當代最離奇的總統競選活動有關，因此駭客的消息很難從那些報導中吸引到太多注意。那時，幾個擾亂民主黨全國委員會的俄羅斯駭客似乎不太像水門事件重演。於是前述報導也遭埋

沒在政治版版面的不起眼角落裡。

　　歐巴馬政府也是費了一番功夫才展現出熱忱。民主黨全國委員會要求政府如同索尼事件般盡快確認責任「歸屬」，但政府拒絕了這項要求，也拒絕讓情報體系公開點名指出犯行者是俄羅斯。聯邦調查局表示他們的調查行動受到民主黨全國委員會阻礙，他們一直認為民主黨全國委員會不願全力配合。民主黨全國委員會不願讓聯邦調查局存取主伺服器，所以聯邦調查局只能從群擊公司獲得第二手的證據。

　　政府不願將駭客行動「歸屬」到俄羅斯身上的態度很難說是罕見。情報單位向來都對揭露來源與方法抱有疑慮。群擊公司等民營安全公司點名俄羅斯是一回事，但美國政府若要點名俄羅斯，就必須要更加確定才行。一位資深情報官員對我說道：「如果要這麼做，就必須準備好回答問題：『那你們打算如何因應？』」

　　民主黨全國委員會的律師蘇斯曼認為政府的主張十分可笑。群擊公司不需要靠祕密來源，就釐清了事件真相，而且確切來說，俄羅斯根本沒有隱藏行蹤。「現在美國正在進行總統選舉活動，而我們得知俄羅斯駭客已侵入民主黨全國委員會。」蘇斯曼記得自己在與民主黨全國委員會高階主管及其律師開會時這麼說。「我們需要將此事告訴美國大眾，而且要盡快。」

　　不過，在《華盛頓郵報》與《紐約時報》刊出報導後的隔天，才看出俄羅斯其實盤算著規模更大的計畫。[206]

　　網路上突然出現一個網路帳號為 Guccifer 2.0 的人物，他聲稱侵入民主黨全國委員會的駭客是自己，而非某個俄羅斯組織。[207]

從他彆腳的英文可明顯看出其母語並非英文（彆腳英文已經成為俄羅斯行動的標誌）。他力主自己只是一個才華洋溢的駭客，並在文中寫道：

> 世界知名的網路安全公司群擊公布民主黨全國委員會伺服器遭到「老練」駭客組織駭入。
>
> 我很開心這家公司如此高度欣賞我的技能))) 不過事實上，這挺容易，非常容易。
>
> Guccifer 可能是滲透希拉蕊與其他民主黨電子郵件伺服器的第一人，但他當然不是最後一個。難怪任何其他駭客都能輕鬆存取民主黨全國委員會的伺服器。
>
> 群擊公司太丟臉了：你們以為我待在民主黨全國委員會的網路裡將近一年，卻只儲存了兩份文件嗎？你們真的相信嗎？

Guccifer 2.0 提供了幾份民主黨全國委員會的文件，他宣稱那只是從大批重要文件中挑出的幾份樣本而已。其中包含一份冗長的反對派研究，由竭力想要了解川普的民主黨全國委員會所製作，文件內的章節標題包括〈川普只對他自己忠心〉、〈川普對外交政策議題的無知已多次獲得證明〉。此外還有一張圖表列出民主黨全國委員會的主要捐款者、其居住地點與捐款的金額。

Guccifer 2.0 寫道：「在我從民主黨網路下載的所有文件中，這只是其中一小部分而已。」他也補充指出其餘的「數千份檔案與電子郵件」現在皆已交給維基解密。

他預測道：「他們很快就會發表。」

那天早上，已可清楚看出這次的駭客行動目標並非僅止於蒐集競選活動情報，而是希望能像先前散播努蘭與派亞特的烏克蘭對話一樣，成為能實現相同目標的網路攻擊。只有一個解釋能說明釋出民主黨全國委員會文件的用意，那就是要讓希拉蕊陣營與桑德斯陣營之間的不合加速惡化，並且使民主黨的領導階層臉上無光。將資訊「武器化」的說法也是從這時開始迅速為人所知。這已稱不上是新概念，只是網路能讓資訊散播的速度比前人所知的更為迅速而已。

任何追蹤過俄羅斯駭客組織消息的人都知道，Guccifer 2.0幾乎不可能只是一位精明的獨行駭客。不過他挑選名稱的方式十分高明，「Guccifer 2.0」之名取自一位羅馬尼亞駭客的網路帳號「Guccifer」，當時仍在坐牢的這位駭客曾侵入前國務卿鮑爾與前總統小布希的電子郵件帳戶，因此聲名大噪，隨後鋃鐺入獄。

線上偵探沒花多少時間就戳破Guccifer 2.0編的故事，同時找出證據證明Guccifer 2.0更可能是一個駭客集團，而且和俄羅斯軍方情報單位總參謀部情報總局有某種關聯。為《Vice》雜誌撰稿的比奇萊伊當時靈機一動，直接傳私訊給Guccifer 2.0，隨後馬上得到回答。Guccifer 2.0說自己是羅馬尼亞人。[208]

於是，比奇萊伊使用Google翻譯，以生硬的羅馬尼亞語向Guccifer 2.0問了幾個問題，對方則以同樣生硬的羅馬尼亞語回答，因此很快就發現Guccifer 2.0不會說羅馬尼亞語，他也在使用Google翻譯。若深入檢查Guccifer 2.0張貼的文件，可發現那些文件是以俄文版的Microsoft Word編寫，編輯者則是自稱為

「費利克斯·捷爾任斯基」的人士。費利克斯·捷爾任斯基這個名字，似乎是為了向蘇聯祕密警察創立者費利克斯·埃德蒙多維奇·捷爾任斯基致敬。（莫斯科的捷爾任斯基廣場過去是蘇聯國家安全委員會總部的所在地，此廣場在蘇聯垮台後曾重新取名，不過捷爾任斯基之名很快又捲土重來。）

隨著比奇萊伊在線上與 Guccifer 2.0 對話的次數愈多，他愈發深信自己打交道的對象是「一群人」，而他們不甚擅長湮滅自己的行跡。事實上，對方似乎根本不打算隱藏蹤跡。接著，突然間出現了另一個流出文件的管道，那就是「DC Leaks」網站。這個網站在短短幾個月前成立，但直到 6 月底才啟用。此舉再度顯現挑選幾份遭竊文件加以公開的行為，確實屬於某個更大計畫的一環，而且那是早在幾個月前就已事先擬定妥當的計畫。

在 2016 年 7 月的第三週，即使共和黨對川普的崛起還難以置信，不過川普抵達了俄亥俄州的克里夫蘭，以接受共和黨的總統提名。而這時各處早就浮現質疑川普競選團隊和俄羅斯有牽扯的聲浪。川普競選團隊主席馬納福特曾在烏克蘭，代表此時正在流亡的烏克蘭前總統賺得數百萬美元收入，而那些收入當下正受到更為周詳的細查，進而致使他辭去職位，最後更遭起訴。民主黨全國委員會的數位入侵事件雖屬弔詭，但川普堅稱不可能確切循跡將事件追回到俄羅斯身上的態度，顯得更加弔詭。

不過，當我抵達克里夫蘭時，最大的謎題似乎是川普本人拒絕發表任何對俄羅斯稍有批評的言論，特別是針對普丁的批評發言。我採訪過的其他每位共和黨總統候選人，包括杜爾、小布

希、麥肯、羅姆尼等等，皆極力強調他們對俄羅斯動機的懷疑，尤其普丁的動機更讓他們起疑。

但是，川普依舊宣稱他欣賞普丁的「強硬」，彷彿強硬是唯一能讓人符合優秀國家領導者資格的特質。川普在接受福斯新聞的採訪時，拒絕說明他是否曾與普丁對話。這似乎有些奇怪，因為川普當時也試圖證明相較於身為前國務卿的競爭對手人，自己能以更高明的手腕對應外國領袖。川普從未批評普丁對烏克蘭採取的行動、併吞克里米亞的行為，或是在敘利亞向阿薩德提供的支援。川普反而僅以一段主張帶過那一切：「如果我們可以實際與俄羅斯和睦相處不是很好嗎？這樣不是很不錯嗎？」

因此，我和同事哈伯曼在川普接受黨內提名前一天的 7 月 20 日，準備向川普進行第二場外交政策採訪時，俄羅斯議題在我們的提問清單上高居首要位置。[209] 我們步入川普於克里夫蘭的飯店房間時，川普剛和馬納福特開完會，馬納福特跟我們握手後，就在我們可能向他提問之前迅速步出房間。

川普因為剛剛在電視上聽到自己的消息而顯得分心，並且有些不悅，不過我們開始提問後，他就定下心，熱切地想證明自己熟知所有國際熱點。採訪大約進行至一半時，我察覺有機會，於是向川普指出：「您一直極力讚揚普丁。」

「不！不對，我沒有稱讚他。」他堅持道。

桑格：您曾表示敬重他的強硬。

川普：他也曾稱讚我。我認為普丁與我可以相處得非常
　　　融洽。

278

我們對他那文不對題的答案又繼續追詰了一會兒。我希望讓川普坦誠說出，為何普丁對這位未來被提名人的讚美會以某種方式影響川普，左右他在因應一位侵略性與日俱增的對手時的判斷。當我發現追問毫無進展時，就將話題轉到另一個方向，測試川普是否願意保衛北大西洋公約組織的最新成員國。

「我剛去過波羅的海國家。」我告訴川普。「這些國家發現有潛水艇沿著該國的海岸行駛，看到從冷戰之後就沒出現過的飛機朝當地飛去、轟炸機進行試飛等等。如果俄羅斯越過邊界，侵入愛沙尼亞、拉脫維亞或立陶宛這些美國較少考量的地區，您會立即向那些國家提供軍事援助嗎？」

我認為這是根本的問題，如果普丁希望川普勝選，一定是因為他認為川普勝選會降低西方盟國對美國會保衛盟友所抱持的信心。川普試圖迴避我的問題：

> 川普：我不想說明我會採取的行動，因為我不希望讓普
> 　　　丁知道我會怎麼做。我有很高的機率能成為總
> 　　　統，而我和歐巴馬不一樣，他們每次派遣軍隊進
> 　　　入伊拉克或其他地方時，歐巴馬就會開記者會宣
> 　　　布那些行動。

哈伯曼與我開始追究前述議題時，川普就以他最愛用的主張之一躲避追問。他主張北大西洋公約組織成員國將美國的協助視為理所當然，而且「不付清帳單」。因此，我決定要問得更具體一些：

桑格：我想問的是，當北大西洋公約組織成員國受到俄羅斯攻擊時，這也包括波羅的海的新成員國在內，他們是否能指望美國向他們提供軍事援助？是否能相信美國會實踐我們的義務……

川普：他們曾經實踐過對我們的義務嗎？如果他們實踐過對我們的義務，那答案就是「是」。

哈伯曼：如果沒有呢？

川普：嗯，我不會對「如果沒有」的情況發表意見。我想指出的是現在有許多國家都不曾實踐過對美國的義務。

　　川普成為共和黨被提名人的前一天晚上，我們的報導內容是：第一位讓人懷疑美國是否會保衛條約盟國的多數黨總統候選人。

　　我還想要嘗試詢問另一個系列的問題。我想問川普會如何回應網路攻擊？特別是那些「非戰爭」與「顯然來自俄羅斯」的網路攻擊？

川普：這個嘛，我們正受到網路攻擊。

桑格：我們經常遭到網路攻擊。在使用軍力之前，您會先利用網路武器嗎？

川普：網路是未來，也是現在。聽著，我們正受到網路攻擊，別想那些了。我們甚至不知道網路攻擊來自何處。

桑格：有時我們知道，有時不知道。

川普：因為我們落伍了。現在特別是落在俄羅斯與中國之後，而且也比其他地方落後。

桑格：您支持美國除了像現在一樣開發網路武器之外，也將使用網路武器作為另一個選項嗎？

川普：對。我喜歡未來，網路就是未來。

「網路就是未來」，這就是我們在訪問川普時，這位被提名人對俄羅斯和美國用來在全球爭奪權力的最新武器所提出的見解。不過更糟的是川普還加深了我們的疑心，使我們覺得他面對俄羅斯明顯干預選舉的行動，至少可說是非常自在；同時也讓我們開始思量川普是否已有意或無意地成為了普丁的影響媒介。

對那群與總參謀部情報總局有關聯的駭客來說，電子郵件外洩事件所製造出的新聞顯然不如他們原本期盼的那麼多。於是，他們展開計畫的下一個階段，那就是啟動維基解密。

維基解密傾瀉出的第一批資料分量龐大，包含 44,000 封電子郵件與超過 17,000 個附件。開始大量釋出資料的時間正是我們採訪川普的幾天後，而且剛好在民主黨全國代表大會於費城展開之前，這似乎不是巧合。最具政治影響力的電子郵件清楚呈現出，民主黨全國委員會領導階層正竭盡全力來確保獲得提名的是希拉蕊，而非桑德斯。

任何關注提名過程的人應該都不會對此感到意外；雖然民主黨全國代表大會應保持中立，但是民主黨領導階層皆心知肚明，

認為這次該輪到希拉蕊了。她具有知名度、資金與經驗，而且黨內有許多人認為當歐巴馬在 2008 年崛起時，等於剝奪了她手中的機會。希拉蕊的候選人資格存在著一股必然性，但這股必然性最後卻成為她最龐大的負債之一。

從大批重要文件中釋出的電子郵件內文過於直白又無禮，造成民主黨內部分裂，時間剛好就在支持桑德斯的代表於熱浪中抵達費城之際。而這裡出現一項重大的問題，那就是俄羅斯之所以能加深分化，究竟是因為他們自己充分了解了相關資訊，或是有某些意圖削弱民主黨能力的美國人士助其一臂之力。

如果俄羅斯的目標只是要引發混亂，那已經成功了。眼看民主黨全國代表大會舉辦在即，原定負責主持的佛羅里達州國會議員舒爾茲卻必須辭去民主黨主席職位。

終於，美國或至少任何密切關注情勢的人士開始行動。在 7月底舉辦民主黨全國代表大會期間，我的同事珀爾羅思和我撰文指出：「網路專家、俄羅斯專家與位於費城的民主黨領袖皆十分在意一個不尋常的問題，那就是普丁是否試圖干預美國總統大選？」[210]

希拉蕊的競選團隊經理穆克指控俄羅斯「為了協助川普」而洩漏資料，不過他沒有提出任何證據。

穆克表示，我們在前一週詢問川普是否會援助北大西洋公約組織時，他的回答是一個分水嶺。穆克的指控可能是前所未見的行為。我們在報導中寫道，即使是當年冷戰的高點，「幾乎不可能有任何總統競選團隊願意譴責對手，指控對方其實正祕密聽從美國關鍵敵人的要求行事。」那是我們第一次質疑普丁本人是否

為洩密案的幕後推手。

中央情報局與聯邦調查局的心思早已被這個問題占據。兩天後，風聲在華府傳開，據說白宮內分發了一份高機密的中央情報局初步評估，其結論「高度確信」俄羅斯政府是民主黨全國委員會電子郵件與文件遭竊的幕後黑手。這是美國政府首度開始示意有某個更大規模的密謀正在進行中。

不過，白宮在公開場合仍維持緘默。我的《紐約時報》同事艾立克・史密特與我撰文指出，中央情報局的證據「讓歐巴馬總統與其國家安全助理面臨艱難的外交與政治決策。他們是否應公開譴責普丁總統執掌的政府策畫駭客行動？」

事實上就在此刻，激烈爭執已開始在美國政府內醞釀。我們當時不知道的是各情報單位之間的意見其實出現分歧。中央情報局能表示他們「高度確信」，部分是因為中央情報局在俄羅斯內部所安插的線民。國家安全局則不打算贊同中央情報局的結論。國家安全局尚未掌握到足夠的訊號情報，也沒有截取到足夠的對話，因此最多只能表示他們「能一定程度地確信」駭客行為是俄羅斯總參謀部情報總局的行動，並且是由普丁下令。

前述的爭議在民主黨全國代表大會結束後的 8 月初展開，一位曾參與這段爭議的資深官員表示：「那些爭議直接探討到俄羅斯的角色與意圖的核心本質。最後，通常都能十分冷靜對待這些事務的歐巴馬變得極為激動。他說：『我需要清楚明瞭的資訊！』但他沒有清楚明瞭的資訊。」相關人員無法確定是誰下令執行駭客行動，也不知道行動目標為何。

川普自己似乎了解風險何在。他在推特上寫道：「城裡的新

笑話是俄羅斯外洩了那些宛如災難的民主黨全國委員會電子郵件，一開始就根本不應該寫這些郵件（真是愚蠢），因為普丁喜歡我。」

沒過多久，這就不是玩笑話了。

第 10 章

緩慢的覺醒

在這個嶄新的網路年代裡，我們必須持續在責任及坦誠透明之間追尋適當的平衡，那也是我們的民主標誌。[211]

—— 歐巴馬於其最後一場白宮記者會，

2017 年 1 月 18 日

在 2016 年 7 月底，維基解密網站每隔幾天就會放上俄羅斯總參謀部情報總局相關駭客所竊取的電子郵件。這時助理國務卿努蘭已安頓好她的國務院辦公室，她在多次出訪外國帶回的氈毯和紀念品圍繞之下，開始草擬願望清單，列出美國政府可讓普丁生活苦不堪言的各種手段。

那份清單頗長，努蘭的一位同事後來表示「那更偏向懲罰，而非威懾」。不過，把那份清單分發給國務院與國家安全會議的少數幾位官員檢閱時，努蘭的行動呼籲也凸顯出美國其實擁有許多可以選擇的選項。

清單首先從最明顯的選擇開始，如果普丁想玩釋出難堪資訊

的遊戲，何不讓他體會一下成為受害目標的感受呢？（努蘭當然還記得那種感覺，畢竟先前她和美國駐烏克蘭大使間那段有損名譽的通話曾遭到公開。）普丁在遍布世界各地的俄羅斯境外祕密帳戶中持有龐大財產，美國情報單位對他的財富已拼湊出極為清楚的全貌，而其中有許多財產皆由其俄羅斯財閥朋友代普丁持有。努蘭詢問同僚，若能適時揭露普丁中飽私囊的數億、甚或數十億美元的財產，不是比較符合正義嗎？

此外，那些俄羅斯財閥本身也有許多可以揭露的資訊。導致俄羅斯經濟垂死的原因之一，是這些財閥們從俄羅斯經濟吸金數十億美元，並且用那些錢在倫敦買下價值 1 億美元的多間公寓。除了揭穿俄羅斯財閥不光彩的商業活動外，還可凍結他們擁有的大部分財產，如此不但能對俄羅斯財閥本人構成威脅，也能影響到他們子女的生活。

其他選擇則遙遙超越給人難堪的程度。國家安全會議的俄羅斯專家沃蘭德，以及領導減輕損失的網路應變小組的白宮網路政策主任丹尼爾，希望了解若發起以牙還牙的回應行動，美國會需要承擔何種代價。預算專家丹尼爾通常舉止溫文，然而長期飽受俄羅斯駭客行動所擾的經驗，讓他力主只有給予迎頭痛擊，才能使普丁撤退。丹尼爾後來對我表示，若不那麼做，普丁「只會繼續一如往常地行動」。他和沃蘭德詢問是否能使 DCLeaks 與 Guccifer 2.0 用來散布遭竊電子郵件的伺服器燒毀？還是美國可以直接對付維基解密？另一個點子則是對俄羅斯總參謀部情報總局執行電子攻擊，藉此點明國家安全局知曉他們的命令與控制系統如何運作，也知道徹底毀壞系統。

然而國家安全局提出警告，他們主張無論華府將何種問題加諸在俄羅斯身上，都只能暫時造成影響，而且代價高昂。俄羅斯會得知自己有哪些網路遭到國家安全局滲透，同時還會得知滲透方法為何。一位反對前述想法的網軍表示：「我們不應進行長期影響極低的行動。」

　　在提出的選擇中，有個極端的選項勢必能引起普丁注意，那就是中斷俄羅斯的銀行業務系統，並終止俄羅斯與環球銀行金融電信協會（SWIFT）間的連線，也就是終止跟銀行交易國際清算所間的連線，藉此讓俄羅斯的經濟停擺。

　　「這是非常令人滿意的回應方式。」努蘭的一位同僚後來微笑著回憶道。「直到我們開始思考那對歐洲有何影響。」冬天時，歐洲仍需仰賴俄羅斯的天然氣取暖。就像歐巴馬總統的一位高級助理說的：「沒有人想要打電話給德國，跟他們說因為俄羅斯惡搞希拉蕊競選團隊，所以德國將要度過漫長的凜冽寒冬。」

　　根據歐巴馬的三位高級國家安全助理的描述，前述建議皆未能在 2016 年選舉前正式提交給歐巴馬總統。（相關人員曾在非正式場合內與歐巴馬討論過其中幾項建議。）位居歐巴馬的國家安全金字塔頂端的顧問，包括國家安全顧問萊斯、負責主導「次長會議」以整理選項的萊斯副手海恩斯，以及國土安全顧問摩納可，他們三人都主張雖然反擊俄羅斯十分重要，不過確保選舉程序安全無虞才是第一要務。

　　歐巴馬的幕僚長麥唐諾表示：「那是我們的首要焦點。」麥唐諾同意採取審慎的做法。「總統清楚表明選舉完整性是第一考量。」讓俄羅斯付出代價固然重要，不過可以等到計票完畢再進

行。

於是大家開始等待。

俄羅斯總參謀部情報總局透過 Guccifer 2.0、DCLeaks 與維基解密，開始散播經由駭客攻擊取得的電子郵件，每次流出的資訊都跟民主黨全國委員會的內鬥或希拉蕊對資金募集者的發言相關，這宛如貓草般深深吸引著政治記者，讓其欲罷不能。洩密的內容讓更嚴重的問題相形失色，那就是從報導電子郵件內容的新聞組織開始，是否所有人的行為都正如普丁所願？

中央情報局局長布倫南從 8 月初起，即開始以密封信封遞送情報報告至白宮，美國政府滿心都想著是否有某個更大的陰謀正在進行當中。官員害怕或許針對民主黨全國委員會的駭客行動只是陰謀上演的第一幕，或只是用來轉移大家的注意力。已有三三兩兩的報告指出在亞利桑那州與伊利諾州內，持續出現「探查」選舉系統的行為，而且所有行為都可追回到俄羅斯駭客身上。普丁的大規模計畫是否規劃在 11 月 8 日時對投票執行駭客行動？那會多容易成功？

幾位白宮助理檢視了布倫南的限閱公函，而他們提出的警告讓歐巴馬開始擔憂投票日會發生駭客行為。這些公函內的報告來自身處普丁勢力範圍內的少數幾位高階俄羅斯線人，其中至少有一個消息來源過於敏感，致使布倫南不願將其報告納入會在白宮、國務院與五角大廈廣泛流傳的總統每日情報簡報內。中央情報局之所以能在國家安全局與其他情報單位仍抱有懷疑時，即有「高度信心」表明民主黨全國委員會遭受的駭客攻擊是俄羅斯政

府的傑作，主要就是因為前述消息來源對普丁的意圖與命令提供了說明。[212] 這些來源描述一個由普丁親自指揮且經妥善安排的行動，該行動不但精妙難察、易於否認，而且可在眾多戰線上加以執行，這是極致的現代網路攻擊行動，卻從跟現代風格不符，具有 600 年歷史的克里姆林宮牆後發號施令。中央情報局的結論是普丁不認為川普能贏得選戰。普丁與其他幾乎所有人一樣，都賭他的敵手希拉蕊會稱霸選戰。不過他打算在投票日後，煽風點火地渲染希拉蕊經由作票而竊得勝選的說法，藉此對她造成負面影響。

布倫南之後主張普丁與其高級助理有兩項目標：[213]「第一個目標是暗中損傷美國選舉程序的可信度與完整性。他們試圖傷害希拉蕊。他們認為她會當選總統，因此希望希拉蕊就職時會遍體鱗傷。」這是布倫南離開中央情報局六個月後，於 2017 年夏季在科羅拉多州亞斯本一場談話中的發言。不過，布倫南推論普丁在雙面下注，他表示普丁「也嘗試提高川普的贏面」。

俄羅斯能否成功地對投票作業動手腳，端視投票基礎設施的恢復力而定。投票基礎設施由各州官員主管，他們並不樂意讓聯邦政府過於密切地涉入相關作業。在幾個最關鍵的搖擺州中，選舉系統存在著某些眾所周知的漏洞：特別是賓州，此地的投票機幾乎毫無紙本備案。即使選後實施驗票，也沒有任何可行方式能確認回報票數符合實際的投票結果。其他州也有類似的紕漏。[214]然而無人對此問題擁有全國性的詳盡通盤了解。起初「大家都無法確實掌握選舉系統的弱點是什麼，沒有人知道是否能夠以駭客行為影響投票」，海恩斯後來這麼對我說。

為了了解弱點，歐巴馬祕密命令進行國家情報評估，此文件通常屬於機密，由名為國家情報委員會的獨立組織負責製備，該委員會會檢討複雜的大規模主題，並針對美國的弱點與能力進行詳細評估。國家情報委員會向來以獨立性聞名，偶爾也因願意向傳統觀念提出質疑而聞名。過去的國家情報評估曾檢驗伊朗的核武實力、中國領導階層的穩定性，甚至也曾檢討氣候變遷對國家安全的影響。但是，以前該組織從未受命針對美國選舉體系易受外界影響的程度，進行全方位的檢視。

政府等待報告出爐時，川普則開始警告投票機可能遭到改動，似乎是在為未來的主張鋪路，好在 11 月 9 日提出希拉蕊是靠作弊勝選的主張。漢尼提在福斯新聞台做的節目向來親近川普，而 8 月 1 日，川普在該節目中開始抨擊前述問題，隨後還在一場集會裡進一步加強他的主張，他在集會裡說出了選戰期間的標準台詞：「我擔心選舉將遭到操縱。」[215] 川普從未談到證據或誰會操縱選舉。他不需要這麼做，因為那段煽動的言論已經深深植入川普核心支持者的信念裡，讓他們認為「深層政府」*會以某種方式策動事件，藉此剝奪川普的總統資格。川普稍後在威斯康辛州的某場集會中述說道：「別忘了，我們正在一場遭操控的選舉中競爭。……他們甚至試圖操縱投票所的選舉過程，有太多城市已經腐敗，選民舞弊也是家常便飯。」[216]

一切皆符合某種令人焦慮的模式。公開民主黨全國委員會資料的行動似乎經過精細規劃。俄羅斯的政治宣傳活動則正在全速運作。雖然仍舊無人了解問題嚴重的程度，但已出現關於希拉蕊健康狀態的假新聞報導。通常這類消息只會陷入回聲室效應，在

俄羅斯電視網的今日俄羅斯電視台跟布萊巴特新聞網,這個川普支持者班農[#]的傳話筒之間來回流傳。「我當時不清楚有三分之二的美國成年人都透過社群媒體了解新聞。」海恩斯說道。對於社會運動會為民主程序帶來的衝擊,海恩斯在歐巴馬團隊中是最周詳考量此議題的成員之一。「因此,雖然我們多少知道俄羅斯試圖操作社群媒體,但說句公道話,我們其實並不了解美國有多麼容易受到傷害。」

　　歐巴馬在瑪莎葡萄園島的度假時間,為他的國家安全團隊訂下了一個非正式的期限。團隊成員知道當歐巴馬在 8 月的最後一週返回華府時,他會想要了解不同選擇,首要項目為保護選舉基礎設施的方法。

　　前國防部總法律顧問約翰遜當時擔任國土安全部部長,他開始在私下與公開場合中,提出理由證明美國的選舉系統是「重要基礎設施」,因此需要給予特殊保護,就像電網或林肯紀念堂一樣。[217] 這似乎是頗具說服力的主張,因為如果奠定美國民主的基礎,也就是讓美國實施自由、公平選舉的能力不是構成「重要基礎設施」的條件,那麼還有什麼能符合資格?然而當約翰遜安排與國內州選務官進行電話會議時,眾人之間卻存在著顯而易見的斷層。約翰遜說明在他辦公桌上放著「令人憂煩的報告」,根據報告指出,在亞利桑那州與其他幾個州內,都發生探查與掃描選

＊ 編按:「深層政府」(deep state)是美國的一種陰謀論,認為有一個更深層的組織正在操控檯面上的政府。

＃ 編按:劍橋分析公司(Cambridge Analytica)共同創辦人。

舉系統的行為。[218] 但他卻遇上了懷疑造成的隔閡。約翰遜原本希望能讓大家支援聯邦緊急應變倡議，以協助州選舉委員會解決其網路漏洞，但卻受到眾人的嚴重誤解。

我和同事蘇華奇前去國土安全部總部暨緊急行動中心所在的舊海軍基地跟約翰遜會面時，他告訴我：「就說我沒有聽到太多熱情的反應吧。」喬治亞州州務卿肯普告訴約翰遜，他確定所謂的駭客行動證據只是聯邦政府的託詞，意圖藉此接掌由各州管理的選舉系統。[219]（肯普後來譴責國土安全部駭入喬治亞州的系統以掃描系統內有無漏洞，因此在他心中留下的印象是華府才是最需要擔憂的對象，而不是莫斯科。）

在我們的採訪期間，約翰遜從未說出「俄羅斯」一詞，即使我們全都知道誰該對侵入選民註冊清單的行動負責。當時約翰遜仍受到限制，無法說出顯而易見的事實，因為那些事實尚視為機密資訊。不過，約翰遜手邊的證據與日俱增。亞利桑那州的官員在 6 月發現某位選務官的密碼遭竊，他們擔心使用密碼的駭客可能會進入註冊系統。因此他們將註冊資料庫下線十天以執行鑑識分析，查看資料是否已遭竄改。而伊利諾州則陷入更深層的恐慌，該州的註冊系統遭到侵入，選民資訊也被竊出。鑑識結果顯示駭客行動是由已知的俄羅斯組織規劃進行。在約翰遜掌管的國土安全總部內，網路團隊擔心一旦駭客進入某註冊系統，將能變更社會安全號碼或刪除名冊內的選民。

「只要這麼做就可以在選舉日製造混亂。」一位資深白宮官員對我說。「不需要做太多更動。」雖然當時幾乎無人提及，不過國土安全部在選舉結束的幾個月後，表示他們曾發現證據顯示

在 30 多個州裡皆出現類似的系統探查行動。大家都不願說明為何當時沒有揭露這項資訊。

雖然恐懼已四處蔓延，但仍僅基於臆測。雖然確實發現俄羅斯駭客偵查系統，但他們沒有改動任何項目。同時，由於各州官員的安全許可層級皆不足，因此約翰遜從度假勝地阿第倫達克舉辦的電話會議也宣告失敗。他受到限制不得向各州官員提供任何具體資訊。機密分類規則的用意應是為了避免俄羅斯得知其活動遭到監視，但卻妨害了約翰遜證明其論點的能力。而這種假設所有網路攻擊證據皆應視為高度機密處理的反射性動作，再次讓美國付出慘痛代價。

更糟的是約翰遜一直沒有詳細列舉確鑿證據，證明俄羅斯是探查投票系統的幕後黑手。聯邦調查局給予各州的書面警告中，僅指出亞利桑那州系統的資訊遭到「滲出」，但未表明資訊流向何處。由於其他情報單位抱持的疑問都尚未解決，因此根據美國政府的官方立場，政府無法指控駭客行動的幕後指使者是誰。一位官員談到那次電話會議時表示：「那是我聽過最糟糕又最模糊的政府官員簡報。約翰遜沒有錯，他只是在依循規定，但他卻無法提供任何證據。」克拉珀也遇上類似問題。雖然克拉珀已經看到所有證據，可是他告訴我，那年夏天，在情報單位各不相同的評估達到一致之前，他都「無法決定責任歸屬」。雖然可以理解克拉珀審慎行事的理由，然而此舉的代價也相當高昂。情報單位對保護情報來源與獲知方法的偏執心態，阻礙了他們向遭駭目標提出警告，因此未能向 50 個州的選舉委員會提出警告，讓各州知道世上最精通網路的其中一個國家已經將他們納入了攻擊範

圍。

　　另一方面，布倫南已悄悄組成了一個專案小組，集結中央情報局、國家安全局與聯邦調查局的專家來細分整理證據。由於布倫南愈發憂心忡忡，因此他判斷需要親自向參議院與眾議院的領袖簡報俄羅斯的滲透行動。這不是簡單的工作，因為那些領袖大多分散在美國各地，手邊也沒有安全電話。布倫南一個接一個地拜訪他們；這些領袖的安全許可層級都夠高，所以布倫南能夠詳述俄羅斯的行動，那都是約翰遜遭禁止提及的資訊。

　　參議院領袖瑞德在拉斯維加斯經由祕密電話聽取布倫南的簡報後，美國政府對威脅的回應過於輕微讓他深感焦慮與擔憂。可能是因為我那年夏天一直在撰寫關於這些主題的報導，因此瑞德打電話給我。那時我人在佛蒙特州，原本想趁選舉進入最後階段前放最後幾天假的計畫正好告吹。瑞德對我說，他剛聽完一位「資深情報官員」進行的長篇簡報，我心中幾乎確定他指的正是布倫南，因為最近幾週裡，布倫南幾乎把全副心思都放在俄羅斯議題上。瑞德顯然很失望自己無法說明所得知的細節，因為細節全屬機密。不過瑞德提供了自己的心得，他告訴我：「普丁試圖竊取這場選舉。」瑞德向來清楚每一票的可能去向，他認為俄羅斯只要專心對付「六個以下」的搖擺州，就可以改變選舉結果。

　　無疑地，美國需要針對民主黨全國委員會的相關證據，以及對美國州選舉系統的探查行為向普丁對質，不過爭議在於應該怎麼做。

　　歐巴馬在外交政策上的第一守則直截了當，他曾於某次出訪

亞洲時，在空軍一號上向我的同事蘭德勒與其他人說明該原則：「不做蠢事。」[220]（他要求記者們齊聲複誦。）若作為告誡，這項守則挺理想；因為過去二十多年來，美國許多最糟糕的外交政策行動都是從愚蠢的決定開始。然而若作為跟普丁打交道的原則，那這項守則就無法提供詳盡的行動指引。副國務卿布林肯簡潔地這麼描述：因為沒有人確實了解俄羅斯是否已在選舉系統中嵌入程式碼，並設下可能於 11 月 8 日引動的陷阱，因此謹慎的做法就是緩慢推進行動。「除非已根據合理的評估了解競爭的終點何在，否則沒有人會想要展開這類競爭。」布林肯告訴我。布倫南對這份擔憂的說法稍有不同，他表示沒有人希望「總統競選活動期間的情勢輪番升級。」

歐巴馬格外憂心出現黨派擁護問題，也擔心若在尚未投下任何選票前就公開說明俄羅斯的行動，也就是說明美國選舉遭到滲透的話，會正中普丁下懷。因此白宮擬訂兩階段的計畫，首先請國會、民主黨與共和黨的領袖發表共同聲明，譴責俄羅斯的行動，接著在 9 月初，當歐巴馬前往他與普丁皆排定出席的高峰會議時，由歐巴馬當面跟普丁對質。

歐巴馬派摩納可、聯邦調查局局長柯米與約翰遜一同前往國會山莊，解釋聯邦政府準備以何種方式為各州提供協助。

他們跟以米契・麥康諾為首的 12 位國會領袖展開會議後，場面很快就變得棘手。[221]「會議轉為黨派辯論。」摩納可之後告訴我。「米契・麥康諾就是不相信我們對他說的話。」當時在場的另一位參議員回憶說米契・麥康諾責備情報官員，居然相信了那些他主張是歐巴馬政府自行詮釋的言論。柯米試圖指出俄羅斯

過去曾從事過這類活動，但這次規模更為廣泛。他的論點並未轉變局面。顯然米契‧麥康諾不會簽署任何譴責俄羅斯的聲明。

「那是我在政府工作時最沮喪的其中一天。」摩納可總結道。隨後歐巴馬在橢圓形辦公室舉辦的較小型會議，也未能畫下更圓滿的句點。

按照計畫，歐巴馬和普丁在 9 月 5 日所參與的高峰會應該是最後的攤牌階段。當他們在杭州展開 90 分鐘的議程時，完全沒有出現開場時大家通常會勉為其難地互相寒暄的畫面；明知攝影機都對準自己，歐巴馬和普丁兩人卻像相撲選手般彼此對瞪，等著讓他們一較高下的信號響起。隨後歐巴馬與普丁進入一對一的討論。歐巴馬當時究竟是多麼強硬地向普丁施加威脅，端視由誰描述那段討論而定。不過，基本上歐巴馬提出的警告是美國擁有能夠中斷俄羅斯交易的力量，可藉此摧毀該國經濟，如果美國官員相信俄羅斯插手介入選舉，就會使用這股力量。[222]

歐巴馬結束會議後，高聲質疑普丁是否樂於與「持續不斷的輕微衝突」共存。歐巴馬的話是特別針對烏克蘭，不過他提到的也可能是其他鬥爭之地，那些普丁享受在當地扮演強大破壞者的地點。顯然似乎對普丁來說，持續不斷的輕微衝突沒什麼問題。為了讓俄羅斯在全球舞台上重拾高人一等的地位，那是俄羅斯唯一可以負擔的做法。在歐巴馬政府的高階官員中，克拉珀是少數擁有豐富冷戰經驗的人，他在歐巴馬與普丁的會談結束後表示：「這應該不至於讓大家深感震驚。我認為情況之所以比較戲劇化，可能是因為現在俄羅斯擁有網路工具。」[223]

美國政府繼續將內部爭論封緘為高度機密。[224] 國家安全會議

的會議影片饋送皆遭關閉，過去在準備襲擊賓拉登之前也曾這麼做。萊斯密切管制可得知舉辦會議的人選。她向來擔心發生資訊外洩事件，因此也害怕這次的情況可能會迫使歐巴馬採取行動。

直到選舉結束許久之後，官員才願意說明停止提供影片與保密的完整理由為何。其實，總統的高級顧問已收到國家安全局與網戰司令部的詳盡計畫，其中列出了可對俄羅斯執行的報復性打擊行動。某些方案可讓俄羅斯攻擊美國目標時使用的伺服器燒毀；某些方案可讓網際網路研究中心失去行動能力；另外還有一些方案設計為可讓普丁面上無光，或是使他的財產消失無蹤。「計畫詳盡得驚人。」一位前官員說道。

以上提議受到限制，只有幾位最高階官員知道內容。負責處理俄羅斯事務的白宮與國務院資深官員中，許多人皆未「納入得知」細節的行列。但是，歐巴馬的高級助理再次躊躇不決，因為他們開始看到證據顯現俄羅斯正在撤退。歐巴馬與普丁會面後，探查州選舉系統的速度已大幅降低。俄羅斯似乎已了解傳遞給他們的訊息，此刻若對俄羅斯採取行動，可能會產生適得其反的效果。

約在同一時間，國家情報評估的選舉系統弱點評估結果開始分發至各處。在少之又少的好消息中，有一項結論是國家情報委員會認為，雖然大規模地駭入投票機本體並非不可能，但卻會是極為艱鉅的作業。大多數投票機都沒有連線，這代表駭客需要親自到關鍵的投票地點才能干涉投票結果。理論上雖然可在選舉前先侵入下載至投票機的軟體內，不過由於每個地區的選票各有差異，而且常綜合採用不同的投票硬體，因此必須執行繁複龐雜的

行動才能達到目標。白宮的人顯然因此放下了心頭的大石。

不過那只維持到克拉珀發言之前。他警告若俄羅斯有心讓情勢升級，還有另一條簡單的路可走，因為俄羅斯的嵌入程式早已深入美國電網內部。不用駭入投票機，若要讓選舉日失去秩序，發生眾人責難的混亂場面，最有效率的方法是讓重點城市墜入黑暗深淵，即使只有幾小時也行。

現場「暫時陷入某種沉默」，其中一位與會者回憶當時情況，「可以感覺到大家正在消化話中含意」。

密德堡的人員則在消化另一件事。[225] 俄羅斯不但已進入選舉基礎設施內，可能也已深入特定入侵行動單位，亦即美國網路戰的行動中心內部。

在 8 月中旬，民主黨尚在竭力了解俄羅斯駭客到底對他們做了哪些事時，國家安全局發現，突然被公開在網際網路上的資料不只有競選活動備忘錄，還可看到特定入侵行動單位用來侵入俄羅斯、中國與伊朗等地電腦網路的工具樣本。

自稱「影子掮客」的組織在網路上貼出那些工具，從利用微軟系統漏洞的程式碼，到執行網路攻擊的實際說明手冊等等無一例外。國家安全局網軍知道遭貼出的程式碼正是他們編寫的惡意軟體。該程式碼讓國家安全局可將嵌入程式放入外國系統內，除非目標對象知道惡意軟體長得是什麼樣子，否則嵌入程式可在系統內潛伏多年，不會遭到察覺。但現在影子掮客向大家提供了產品型錄。

國家安全局內部認為這次的資料外洩事件，是比史諾登事件

更嚴重的一次挫敗。史諾登集高知名度與媒體關注於一身，陰暗卻引人注目的個性讓他即使流亡至俄羅斯，同樣能占據頭條位置，但影子掮客造成的傷害卻遠超過史諾登。史諾登外洩的資訊為碼字和可拼湊出作戰計畫內容的 PowerPoint 簡報。影子掮客則持有實際的程式碼，亦即武器本身。那是挹注了數千萬美元才得以建立、植入並運用的程式碼，但現在卻遭到公布，讓所有人都能檢視查看，而且從北韓到伊朗等其他所有網路勢力，都能將其納為己用。

「大家嚇壞了。」一位特定入侵行動單位的前職員表示。「就像可口可樂的職員一早醒來發現有人把祕密配方放到網際網路上一樣。」

第一批資料遭到傾瀉後，接著又有更大量的資料被釋出，並且伴隨著以拙劣英文撰寫的奚落言語和許多粗話，並且大肆提及美國政治的混亂局面。影子掮客承諾會透過「每月資料傾倒服務」來釋出遭竊的工具，他們還留下了可能是誤導的線索，暗指是俄羅斯駭客在背後策動這一切行動。其中一則訊息寫道：「俄羅斯安全人員晚上會變身為俄羅斯駭客，不過只有在滿月的時候。」

這些貼文引發許多問題。這是俄羅斯的傑作嗎？如果是的話，那在國家安全局內翻尋資訊的是總參謀部情報總局嗎？就像他們當初翻找民主黨內部一樣？雖然似乎不太可能，不過總參謀部情報總局的駭客是否已闖入了特定入侵行動單位的數位保險庫？或是他們讓某一位內部人員、甚或好幾位人員倒戈？這場駭客行動是否與另一件同樣難堪的網路工具遭竊案相關？因為先前

中央情報局網路情報中心也曾有網路工具遭竊，而維基解密網站從幾個月前開始，就以「Vault 7」的名稱公開了網路情報中心遭竊的工具。

最重要的是公開這些工具的行為是否隱含了某種訊息，威脅歐巴馬若因以選舉為目標的駭客行為而對俄羅斯窮追猛打，將會有更多國家安全局的程式碼遭到公開？

在國家安全局內，這些問題如野火般蔓延，但大家在公開場合從未提到一個字。一位資深官員形容國家安全局的「Q 團隊」反情報調查人員展開大規模搜索行動，以找出「未遭發現的史諾登」。國家安全局在史諾登事件爆發後，被迫稍微將大門敞開了一些，會說明其任務及監視與否的法律依據何在，但現在國家安全局又再度關上大門。國家安全局的員工突然需要接受測謊，而且有某些員工遭到停職。部分人員選擇辭職。畢竟特定入侵行動單位內那些能力超群的駭客或許在國家安全局可領到高達 80,000 美元的年薪，但他們在私部門的薪資或許會是前述金額的數倍之多。許多人為了防衛美國利益，才願意接受以較低的薪資協助侵入外國系統。不過此刻他們都開始重新考量。如果工作時被視為可疑人物，而且身上還得連著測謊機的接線，那值得犧牲額外的收入嗎？

夏恩、珀爾羅思與我深入調查影子掮客的傳聞時，一位特定入侵行動單位的分析師告訴我們：「史諾登扼殺了士氣。但至少我們知道他是誰。現在的情況卻是所屬單位懷疑向來全心以任務為導向的人員，並且說大家都是騙子。」

最糟的部分在於大家不知資訊外流是否已經停止，因此感到

恐懼。由於置入外國系統內的嵌入程式遭到曝光，使國家安全局暫時陷入黑暗，無法取得資訊。當白宮與五角大廈要求掌握更多選擇，以用來因應俄羅斯並強化對付伊斯蘭國的行動時，國家安全局卻因為舊工具泡湯而忙著建置新工具。

羅傑斯上將與國家安全局的其他主管嚴重懷疑俄羅斯要不就是在幕後指使攻擊，要不就是攻擊的受益者。國家安全局已在2015年吃過莫斯科的苦頭，而且是兩次。第一次是俄羅斯最出名的網路安全集團暨防毒軟體製造商卡巴斯基實驗室公司發表了一篇報告，說明他們稱為「方程式組織」的團體所進行的活動，其中詳述了方程式組織植入數十個國家的惡意軟體。不需要仔細推敲字裡行間的涵義，就可看出「方程式組織」其實指的是美國的特定入侵行動單位；卡巴斯基實驗室特別指出其中某些惡意軟體是由該組織自行製作，而用於攻擊伊朗的「奧運」程式碼也包括在內。接著，似乎是為了進一步挑釁國家安全局，卡巴斯基實驗室對該公司在全球有4億位使用者的防毒軟體發布最新版本，新版本可偵測出特定入侵行動單位的部分惡意軟體，並使其失效。

隨後影子掮客開始洋洋得意地歡呼，他們寫道：「我們駭入方程式組織。我們找到很多、很多方程式組織的網路武器。」

雖然無法確定他們是否真的「駭入」方程式組織，但有兩起涉及國家安全局約聘人員的案件，似乎都和特定入侵行動單位最隱密機密遭外洩的事件有關，而且，大部分官員相信那些機密最終落入了俄羅斯的手裡。

第一起案件發生在2014年年底或2015年年初，那時67歲的國家安全局職員傅黃義把機密文件帶回家裡。[226] 傅黃義本籍越

南，後來歸化為美國籍，他從 2006 年開始在特定入侵行動單位內部深處工作，工作經歷已達十年。不過，根據法庭紀錄，傅黃義在約工作了四年後就開始將機密文件帶回家，其中許多文件皆為數位格式。

後來發現傅黃義是使用卡巴斯基實驗室的防毒軟體，該軟體受到可能隸屬俄羅斯情報單位的人士高明操控，會搜尋國家安全局的碼字，而傅黃義帶回家的文件中顯然包含部分碼字。實際上，卡巴斯基實驗室的防毒產品似乎為俄羅斯情報單位提供了後門，讓他們可進入任何裝有該公司產品的電腦內。

對羅傑斯來說，傅黃義的案件是一場災難。羅傑斯獲派進入國家安全局是為了收拾史諾登事件後的殘局，而不是讓其他弱點惡化潰爛。接著在 2016 年 10 月初，情況甚至更加惡化。試圖查明影子掮客案件真相的調查人員，逮捕了另一位博思艾倫漢密爾頓公司的約聘員工哈羅德・馬丁三世，在他位於馬里蘭州格倫伯尼近郊住宅區的住家與自用車中，滿是機密文件，其中許多都是特定入侵行動單位的文件。哈羅德以電子方式保存他竊出的大批重要文件，根據聯邦調查局表示，那些資料等於「好幾 TB」的資訊。而且其中並非僅包含國家安全局的資料，法庭紀錄顯示哈羅德先前在中央情報局、網戰司令部與五角大廈任職期間，都曾竊取那些單位的資料。

哈羅德・馬丁三世看來並非為俄羅斯工作，但在他持有的資料內。包含某些最後遭到影子掮客叫賣的特定入侵行動單位工具。然而，即使哈羅德擁有這些資料，也不一定代表影子掮客是從他手中取得資料，因此國家安全局系統可能還存在其他更多的

資料外洩情況。

　　羅傑斯此刻背負的壓力更甚以往。前述所有外洩事件的源頭讓羅傑斯成為五角大廈抨擊的目標。官員表示羅傑斯受到譴責，不過國家安全局不會談論此事，羅傑斯也不會。而且時機也很糟，因為羅傑斯遭到責難時，白宮剛好在尋求可因應俄羅斯的網路行動選項，以藉此遏制普丁對美國採取進一步的行動。

　　然而若普丁的駭客已經擁有國家安全局軍火庫內的某些武器，那該怎麼辦？

　　影子掮客揭密事件讓情報單位心生警惕，因為這暗示了史諾登案不是一次性的事件；美國網軍是一而再、再而三地遭到深入滲透。但是歐巴馬和其團隊沒有時間處理這項議題。白宮戰情室內的爭辯主題是應如何處理俄羅斯問題，這跟針對一連串競選活動所進行的議論毫無相似之處。

　　川普在競選活動中，竭盡所能地讓大家對俄羅斯干涉選舉的情報心生懷疑。川普說網路攻擊是「不可能」追蹤的，這無疑是錯誤的說法。網路攻擊「很難」追蹤是對的，但說它「不可能」追蹤就是錯的。川普與希拉蕊進行第一場辯論時，他主張沒有證據顯示俄羅斯需對相關行動負責，並且加上了著名的評論，表示那可能是中國或「坐在床上的某個 400 磅重的人」所為。[227] 聽起來很可笑，然而這也提醒我們在大眾眼裡，網路攻擊看來複雜而神祕，導致這項主題成為做出虛假陳述和施加政治誤導的理想目標。

　　川普的論調讓美國政府面臨更沉重的壓力，政府必須點名俄

羅斯，並且得提供某些證據，但當時無法看出政府是否會採取其中任何一項行動。過去在白宮與國務院發生網路入侵事件後，以及後來參謀長聯席會議的電腦在 2015 年遭到更明目張膽地侵入時，歐巴馬都決定不點名俄羅斯，如今他這種過度謹慎的態度極有可能再度壓過一切。不過 10 月時，歐巴馬對競選活動的攻擊事件做出結論，認為其有所不同。那些攻擊並非只是間諜活動，而是構成了對美國價值觀與制度的攻擊，因此更近似於歐巴馬視為攻擊自由言論的索尼遭駭事件。但歐巴馬對自己是否應站上發言台高調點名俄羅斯感到猶疑，他向助理表示那麼做看來會過於政治化。

因此在 10 月 7 日，克拉珀從國家情報總監辦公室發表了一篇聲明，共同簽署者為約翰遜，那時約翰遜仍在試圖說服州選舉委員會讓聯邦政府掃描其系統有無惡意軟體的蹤跡。[228]（耐人尋味的是柯米拒絕簽署這份警告聲明，因為他擔心那會導致聯邦調查局在政治活動中陷得更深。三週後，柯米自己卻落入重啟希拉蕊電子郵件調查案後又重新結案的混亂漩渦內。）前述聲明確認了美國政府已知的資訊，至少是那些持續關注情勢的人士，或並未認為情報受政治左右而無視情報的人士所知道的資訊，聲明指出：「美國情報體系相信，近期美國人員與美國政治組織等機構發生的電子郵件外洩事件，是由俄羅斯政府所指揮。」該聲明同時表示「某些州也發現其選舉相關系統遭到掃描與探查」，而這些行為源自俄羅斯，不過該聲明並未踏出指控俄羅斯政府的那一步。

白宮內部曾發生激烈的辯論，除了爭議是否該直接譴責普

丁外，大家也爭辯在點名普丁後，是否會促使他採取進階的行動。最後，聲明內容修改得較為和緩：「根據前述行動的規模與敏感度，我們相信只有最高階的俄羅斯官員能授權執行此等活動。」[229] 為了避免造成大眾恐慌，以及讓普丁輕鬆坐享其成，聲明內包含了一段評斷，以審慎地規避相關風險：「若任何人欲經由網路攻擊或入侵行動竄改實際票數或選舉結果，皆會是極度困難的行動，即使是國家行為者亦不例外。」

前述聲明只有三段。雖然明明有許多證據，但聲明內卻沒有提供任何一絲的證據。這種省略證據的做法正好對川普有利，因為若沒有證據，川普即可繼續主張俄羅斯或許與那些行動無關。這是美國史上首度譴責外國勢力試圖廣泛地操作總統選舉。

這項聲明原本應該是重大新聞，可惜時間太不理想。

正當美國政府針對俄羅斯干預行動的聲明開始流傳時，《華盛頓郵報》刊出一篇新聞，報導了川普在 2005 年參加《前進好萊塢》節目時的一段錄音帶，其內容說明了「身為大明星時，大家都會順著你，你可以隨心所欲」的情況，連顯然構成性騷擾的行為也包含在內。[230] 一時之間，俄羅斯代川普干預選舉的行為和祕密錄下的錄音帶，讓川普彷彿是禍不單行，可能會因此完蛋。

然而，如同希拉蕊本人的撰文，前述事件驗證「華府長久以來的老生常談，隨時間經過『涓滴不斷』流出的醜聞，其傷害性可能更甚單獨一樁的惡劣負面新聞。川普的錄音如同炸彈爆炸，立即造成嚴重傷害。但是隨後並未出現其他錄音帶，因此新聞也失去可持續報導的方向。」針對情報單位調查成果的相關討論，都受到那捲錄音帶與其後續風波湮沒。維基解密在不到一小時內

就開始發布早在 3 月時即遭竊的波德斯塔電子郵件，讓眾人注目的焦點驟然轉向希拉蕊在高盛集團發表的演講內容，以及內部人士對希拉蕊身為候選人的缺點所進行的討論。[231] 普丁再度幸運地得到喘息機會。在競選活動最後一個月的媒體電波中充斥著波德斯塔的電子郵件，然而卻無人報導那些電子郵件究竟是如何遭到公開。歐巴馬那時已透過一封前政府成員絕口不提的機密信函，向俄羅斯領袖重述他的警告。歐巴馬決定只有在他向普丁發出的警告毫無成效時，才會繼續對俄羅斯施加制裁。

根據聯邦調查局與布倫南的報告，俄羅斯「探查」州選舉系統的行動持續減少。沒有人了解究竟應如何解讀這項事實，這或許是因為俄羅斯已在目標系統中放入了嵌入程式。不過，就像一位資深助理所說的，在俄羅斯開始撤退時「展開制裁，並不合理」。

美國政府決定將實施威懾或懲罰的問題向後延幾週，直到選舉結束後再行考量。

選舉日就在普丁沒有受到任何懲罰之下到來又結束，幾乎沒有任何顯示投票所發生可疑網路活動的證據，而最終當選的候選人，則曾表示可能從未發生過駭客事件，而且即使曾經發生，也可能不是出自俄羅斯之手。剎那間先前為了反制俄羅斯而做出的所有決定，皆需要重新檢討。「大家都假設希拉蕊會獲勝，因此我們將有時間擬定一套行動並交接給下一任政府。」一位資深官員表示。「但突然之間我們得想出某些無法撤回取消的行動步驟。」

歐巴馬的團隊感到錯愕。凱瑞力主依照因應九一一事件的型態，成立委員會來闡明俄羅斯入侵的真相，他的想法遭到否決。努蘭建議釋出普丁本人難堪資訊的新提案也同樣遭到否決。

即使在川普跌破眾人眼鏡地勝選之後，歐巴馬仍無法下定決心對普丁、俄羅斯財閥或俄羅斯總參謀部情報總局實施立即見效的強力制裁。他擔心美國會因此喪失道德上的優越地位。然而當歐巴馬於 12 月中旬向記者演說時，可從他的語氣中聽出後悔的心情。歐巴馬在演說裡一一陳述相關事實，包括坦承直到 2016 年的「夏初」，他才知道民主黨全國委員會遭駭客入侵一事，不過他未曾提及那距離聯邦調查局首度致電民主黨全國委員會的時間，已經過了九個月。「我希望總統當選人將會秉持同樣的關切態度，確保我國選舉過程中沒有潛在的外力影響。我認為那是任何一位美國人民都不願看到的情況，並且那也不應成為爭執的源頭。」

然而局面卻正是如此。歐巴馬似乎下定決心，不願將駭客行動歸屬到普丁正在執行的大規模計畫內，歐巴馬的第二任總統任期全都籠罩在該計畫擴展延伸的陰影之下，例如攻擊烏克蘭的行動、入侵美國電網的行為，以及在歐巴馬執掌的白宮內，跟俄羅斯駭客互爭非機密網路控制權的數位戰等等。「這不是經過精心設計的複雜間諜詭計。」歐巴馬說道，並將俄羅斯釋出的電子郵件打發為「十分常見的內容，其中某些部分會令人感到困窘或不自在」。他指出重大問題在於媒體、選民等所有人皆沉迷其中。

接著歐巴馬為自己緘默至今的決定提出辯解。「我對舉辦選舉前這段時間所設定的主要目標，為確定選舉本身能夠毫無阻礙

地順利舉行，並且不會在大眾心中造成彷彿實際投票過程發生某種舞弊行為的觀感。」[232] 他表示，現在「這一切不代表我們不會做出回應」。

隨後的回應與外交教戰手冊的內容如出一轍。共有 35 位俄羅斯「外交官」被逐出美國，其中大多數人皆為間諜，其他某些人則疑似煽動駭入美國基礎設施的行動。[233] 另外有數所俄羅斯設施遭到關閉，包括位於舊金山的俄羅斯領事館；當俄羅斯領事館人員燒毀紙本文件時，領事館的煙囪也跟著冒出縷縷黑煙。[234] 白宮亦宣布關閉位於長島與馬里蘭州的兩處俄羅斯外交用房產。美國政府不曾說明的是俄羅斯曾在其中一處房產向下鑽挖，以竊聽一條電話主幹線；根據推測，俄羅斯可藉此取得電話對話與電子訊息，或許還可將其作為進入美國電腦網路的另一條途徑。不過整體而言，美國的那些制裁行動如同歐巴馬自己的一位助理所說，是「以十九世紀的完美回應措施來處理二十一世紀的問題」。

作為離職前的祕密回馬槍，歐巴馬命令將某些易於發現的程式碼置入俄羅斯系統中，這種「本人到此一遊」的訊息可作為留在俄羅斯網路內的定時炸彈，隨後再由某人啟動。如果這是用意所在，那些炸彈卻不曾引爆，而且作為威懾手段同樣不太成功。事實上，俄羅斯幾乎大獲全勝。前中央情報局局長暨前國家安全局局長麥可‧海登表示，俄羅斯的行動是「有史以來最成功的祕密行動」。

歐巴馬政府臨別前的網路制裁，引發了川普過渡期的第一樁

醜聞。川普新任命的國家安全官員佛林中將私下告知俄羅斯大使，他會在川普上任後立即檢討制裁措施。之後佛林對這段對話說謊但隨即遭到發現，佛林因而辭職並認罪，坦承向聯邦調查局說謊。

另一方面，克拉珀、布倫南、柯米和羅傑斯在川普大廈做了一場不尋常的簡報，他們向川普提出機密證據，說明普丁在選舉的駭客行動中扮演何種角色。川普之後駁斥克拉珀與布倫南這兩位專業情報官為「政治走卒」。川普開除了柯米，主要是因為柯米持續跟進俄羅斯調查案，並且拒絕聲明效忠新總統。

由於柯米遭到開除，因此另外指派了特別檢察官穆勒負責抽絲剝繭，調查川普競選團隊與俄羅斯牽連的相關證據。其後柯米前往國會，他指出俄羅斯不但曾插手干預，而且可能會嘗試再次這麼做。「這無關共和黨或民主黨……」柯米表示。「俄羅斯會自行選擇將某黨作為行動目標並代其行事。根據我的經驗，俄羅斯不會將心力全都投注到任何一黨上，他們只在乎自己的利益，而且他們將會回來。」

川普自己的顧問向我承認道川普拒絕討論俄羅斯的駭客行動，他將整起調查視為試圖削弱自己當選正當性的舉動。因此，川普似乎無法擬出因應莫斯科的策略，進而導致局面受到普丁掌控。

一直要到 2017 年 7 月 7 日，川普就任總統的六個月之後，他才終於與普丁會晤。這兩人過去已互相觀望多年，彼此都想著該如何操控對方，而現在於 G20 高峰會即將展開之前，他們終於在德國漢堡坐下進行會談。[235]

這時普丁已明白自己下的賭注已全然付諸流水，川普不會取消箝制俄羅斯經濟的制裁。連通常對川普接近愚忠的共和黨國會，都將通過針對俄羅斯的新制裁措施，以回應俄羅斯干預美國選舉的行為。川普無法否決那些制裁，而軍備競賽則加速進行。

普丁與川普閉門會談了 2 小時又 15 分鐘。川普僅由國務卿提勒森陪同出席，這位飽受批評的國務卿在八個月後唐突地於推特上遭到開除。根據提勒森在會後向我們這群記者說明的內容，從敘利亞到烏克蘭的未來等各種事務都在普丁和川普的討論範圍內。不過提勒森也表示，對於選舉的駭客行動，「他們充分地交換了許多意見」，並且同意美國與俄羅斯官員應舉辦會議，建立「一套架構，讓我們有能力判斷網路領域內所發生的事件，以及應歸責的對象」。

高峰會結束後，川普旋即登上空軍一號，並且在空中打了通電話給我。他想說明第一次與普丁會面的情況。我和川普通話的內容大多屬非公開資訊，不過在川普告訴我的資訊內，有部分是他在後續幾天於不同時間點談及這次會晤時，曾經一再重提的資訊。

川普表示自己在會中曾三次提及以選舉為目標的駭客行動，而普丁每次皆否認涉入其中。不過更引人在意的是普丁提出的解釋。川普說他詢問普丁是否涉入干預選舉，普丁加以否認，並表示：「如果是我們做的，那就沒有人會發現我們，因為我們是專業人士。」

川普向我表示他相信前述解釋。「我認為那是正確論點，因為俄羅斯是全球的佼佼者。」川普在兩天後幾乎一字不差地重述

了這段話。我問川普，即便克拉珀、布倫南、柯米與羅傑斯曾於六個月前向他提出證據，而且其中部分還是取自竊聽到的俄羅斯通訊內容，川普是否仍舊相信普丁的否認說法。川普回答道，克拉珀和布倫南是他所知「最政治化」的兩位情報人員，而柯米則是「洩密者」。

川普顯然認為俄羅斯與選舉間的問題就此了結。隨後我們的通話即因空軍一號開始下降而結束。

經過兩年多後，從後見之明看來，當時接連遭漏提醒的信號，又做出錯誤判斷，因此讓俄羅斯得以干預美國選舉的情況，似乎令人難以理解，而且也無法原諒。然而就從未通盤理解網路衝突存在眾多變異型態的國家來說，那卻是完全可預見的結果。

最初的錯誤有許多皆源自官僚體系的怠惰與貧乏的想像力；聯邦調查局笨拙地執行調查，而民主黨全國委員會的員工則未能善盡職責。[236] 種種致命組合讓俄羅斯駭客享有了全然的自由，能夠仔細翻找民主黨全國委員會的檔案，之後才有人員向民主黨的領導階層和美國總統進行相關情況的簡報。事實證明這其中損失的時間造成極大的傷害。

若俄羅斯以某種更顯眼的方式攻擊美國選舉系統，例如毒殺俄羅斯反對的候選人，就像他們曾下毒殺害異議份子一樣，那麼任何總統都會高聲譴責俄羅斯並採取行動回應。只是俄羅斯利用網路衝突具有的灰色地帶作為掩護，才會讓歐巴馬心生猶疑。等到歐巴馬終於做出回應時，一切已經太遲。

未來幾年裡，美國可能會繼續為這次失敗付出代價。正如柯

米提及俄羅斯時所述：「他們將會回來。」

　　如今，政治人物、國家安全人員、情報官員、聯邦調查局探員、俄羅斯專家與記者等某些人士在回顧 2016 年夏秋之際的決策時，都把那一連串的事件描述為重大的情報失誤，然而就「情報失誤」的傳統意義而言，前述事件不算是情報失誤。這些事件沒有使美國發起討伐詐騙行為的戰爭，也沒有低估俄羅斯或北韓的核計畫進度。失誤之處其實在於美國未能正視俄羅斯能以充滿創意的精妙手法，在全球運用他們新練成的網路技能，而且美國也沒有正面理解那些網路技能其實可成為強效的武器，使美國的政治與社會斷層繼續擴大。我們的觀念還停滯在我們自以為了解的那幾種網路攻擊上，例如針對電網、銀行或核離心機的網路攻擊，因此遺漏了網路攻擊開始轉型為操控選民的趨勢。

　　「這是網路版的九一一事件嗎？」長期擔任中央情報局分析師，現為國家情報副總監的戈登在選舉的一年後問道。「我不知道。或許是，因為它影響的部分比電網更為根本，它影響了我國民主的運作。然而當時卻難以察知這件事。」

　　儘管如此，前述事件看來仍跟九一一攻擊事件不太一樣。九一一攻擊行動被規劃為單一的駭人事件。暗中破壞美國選舉系統的行動則恰好相反，相關行動延續了好幾個月。最初難以察覺其蹤跡，而且這些行動經過設計，犯行者可在遭查出時推諉否認。有部分行動在美國人前往投票前就已先遭發現，然而直到川普當選數個月後，社群媒體上的相關活動才逐漸明朗化。直至今日，仍無法證明社群媒體上的活動是否確實左右了選舉結果。事實上，跟俄羅斯打的算盤一樣，對這類活動成效的爭議導致美國

的政治分裂更加惡化。

前述事件也充分運用科技的完美風暴。當俄羅斯行動逐漸進展時，Facebook 等公司剛好在進行變更，對莫斯科來說是正中下懷。Facebook 為了在成為全球領導級的國際新聞傳播系統因此特意轉型，並根據每位收件者的偏好提供專為其挑選的新聞，這種做法完美契合俄羅斯欲加深美國社會分化的企圖。雪上加霜的是年輕的俄羅斯網路水軍和機器人製作者，熟知如何善用讓Facebook（與推特）系統運作的演算法，進而挾持了這些系統，但這兩家公司對了解相關情況所投注的心力卻過於稀少。我們無法得知俄羅斯的政治宣傳活動是否成功改變了人們的心意與想法。但事實勝於雄辯，深受川普排擠的科技公司所發明的系統，反而可能為川普的勝選助了一臂之力。

俄羅斯決定從擾亂選舉的間諜行動改為協助川普上台的決策，無疑迫使美國向前邁入全新領域。如今美國對網路攻擊效果的想法已截然不同。就在短短五年前，讓我們憂心忡忡的是中國竊取智慧財產的行為；隨後擔心的則是北韓的報復行動，以及伊朗對金融體系的威脅。

俄羅斯的攻擊暴露出即使在攻擊行動連年升級、日益高超的情況下，歐巴馬政府仍欠缺因應網路衝突的教戰手冊。俄羅斯採用源自格拉西莫夫的多面向手法，凸顯出讓美國政府的失敗；政府未預測到網路攻擊的破壞範圍並非僅限於銀行、資料庫與電網，也可用於傷害維繫民主本身的公民思緒。

第 11 章

矽谷的三項危機

如果你是 2004 年，在我剛創立 Facebook 時，在宿舍房間跟我聊天時跟我說，我需要執行的要務之一為防止各國政府干涉對方的選舉，我絕不可能覺得自己會需要做這種事。[237]

—— 祖克柏，提及總統選舉時的 Facebook
資料運用與濫用情況，2018 年 3 月

在 2015 年 11 月 13 日晚上 9 點 20 分，三枚自殺炸彈中的第一枚於聖丹尼的法國體育場外引爆。九分鐘後，巴黎街頭開始響起槍聲，用餐的人驚慌失措，爭相逃至餐廳後方，試圖逃離成為伊斯蘭國攻擊最新受害者的命運。

第一場攻擊的 20 分鐘後，槍手進入鄰近的巴塔克蘭音樂廳，音響正播放著《親吻魔鬼》一曲。[238] 位於音樂廳後側的幾個人聽見有人高喊「真主至大」，隨即槍彈四射。首先槍響來自最底層，接著是走道，槍手上下走動，射殺任何仍在移動的人。對巴黎的圍攻在午夜後不久結束，總共造成 130 人死亡，其中有三

分之二都是受困在音樂廳殺戮區的人士。

　　接下來發生的事可想而知。伊斯蘭國聲稱他們對此案負責。大家互相指責究竟是誰讓聖戰士能自由穿越法國與比利時間無須查驗護照的邊界。歐蘭德總統誓言「不會原諒伊斯蘭國的野蠻份子」。[239] 不過，隨後 Facebook、聯邦調查局與法國當局締結了一段十分低調的美好戰地合作關係，一起聯手追捕伊斯蘭國基層組織的餘黨。

　　警方將九名恐怖份子中某些人的屍體拍照後，向 Facebook 尋求協助，希望能識別出這些恐怖份子的身分，並找出他們在歐洲和世界各地的朋友。警方想要追尋曾協助準備攻擊行動或正在準備未來攻擊的伊斯蘭國成員。相關人員很快就發現其中幾位恐怖份子都擁有多個 Facebook 帳戶，反映著他們分歧的生活。某些帳戶看來過的是一般歐洲生活，其他帳戶則採用戰用假名，描繪著恐怖份子對抗西方世界的人生。在不到幾分鐘或幾小時內，法國與聯邦調查局就取得在紐約待命協助的法官所發出的法院命令。隨後 Facebook 即可合法地分享可疑恐怖份子的資料。Facebook 提供了多筆重要的連結關係，可將帳戶關聯至特定手機號碼。在幾起案子中，警方甚至取得了恐怖份子最後登入帳戶地點的 IP 位址。

　　參與調查的其中一位人員表示：「我們得到手機號碼後，遊戲就結束了。」

　　在歐洲情報單位與美國維吉尼亞州的國家反恐中心協助下，法國和比利時警方著手以三角交叉法找出攻擊者藏身的巢穴。警方於 11 月 15 日對數百個地點展開突襲。幾天之後，警方在聖丹

尼跟伊斯蘭國成員發生槍戰。之後還在比利時執行了更多場突襲。

乍看之下，迅速而成功的追緝行動清晰地證明了若能巧妙運用社群媒體，就可將恐怖組織用來進行招募、規劃與通訊的這款相同工具，用來對抗恐怖組織。由於當時能迅速從伊斯蘭國支持者的 Facebook 社群擷取出連結關係，因此得以瓦解其基層組織的支援架構。我們無法想像那次迅雷不及掩耳的行動拯救了多少生命。

然而，巴黎攻擊事件帶來的教訓當然更為複雜。相較於在歐洲內部追捕伊斯蘭國成員，唯一更能激勵歐洲採取行動的另一項議題，是要從 Facebook 等網際網路大企業手中保護歐洲公民隱私的競爭本能。發生攻擊事件後不久，Facebook 高階主管與歐盟官員會面，討論即將施行的歐洲公民隱私保護規定，這些新規定限制了社群媒體公司與雲端儲存空間供應商可保留的資訊類型。Facebook 高階主管檢閱未來不得再保留的資訊清單時，曾向歐盟代表提出警告，表示如電話號碼、IP 位址等資料，都是當初讓他們能協助警方追蹤到巴黎攻擊案犯行者的資料。如果公司不得保留這類資料，那下次發生攻擊時，他們就無法提供協助。

「他們不在乎。」其中一位 Facebook 高階主管告訴我。「他們說那是情報單位的問題，而非監管機構的職責。而這兩者顯然不會互相商討。」

若要說從試圖尋找、追蹤與瓦解恐怖份子的多年經驗中所學到的經驗為何，那就是雖然某些國家知道如何從遠端摧毀離心

機、破壞電網與飛彈系統，但在面對如今稱為「武器化社群媒體」的問題時，卻為了找出因應方法而陷入困境。「武器化社群媒體」一詞本身也是爭議的主題。內含戰爭號召言論的徵募訊息屬於武器化社群媒體嗎？還是武器化社群媒體等同於過去所謂的「政治宣傳活動」，只是現在能更快速廣泛地流傳而已？斬首影片的用意在於灌輸恐懼心態嗎？還是其中包含了更微妙的訊息，一如普丁用以擴大社會與宗教分裂的那種訊息？

鑑於各國政府已花費數十億美元建置網路防禦部隊，科技公司也為了避免自家平台成為聖戰士的數位庇護所，而投注了大量資源實施防護，因此大家容易預期在與一群資金匱乏的恐怖份子進行網路戰時，我們將能快速而確實地贏得勝利。事實卻正好相反。「那是我們面臨到最艱難的戰爭。」一位資深軍官告訴我。炸毀巴基斯坦的某棟安全屋或敘利亞的某個飛彈基地，成果會是一堆碎石。而若針對傳送斬首影片或徵召訊息的伺服器發動攻擊，只會導致影片和訊息隔幾天後從其他位置再度出現而已。

格爾策表示：「幾乎不可能發生侵入系統後，就可讓一切永遠消失的那種美好場面。」[240] 他曾在歐巴馬政府內擔任國家安全會議的反恐資深主任。歐巴馬即將卸任時，網戰司令部是否曾投注足夠精力追蹤伊斯蘭國的問題變得格外令人擔憂，造成歐巴馬政府內出現一波欲將羅傑斯上將免職的行動。

不過，在華府試圖了解如何針對運用社群媒體執行或規劃攻擊的組織發動攻勢時，矽谷仍無法或不願面對問題的嚴重程度。多年來，全球最聰穎的科技專家都深信在他們連結世界之後，就能實現更為確實的全球民主環境。當推特與 WhatsApp 協助阿拉

伯之春運動成真時，科技專家感到歡欣鼓舞，確信自己打造出了能扳倒獨裁者的武器，並讓更為透明化的嶄新民主應運而生。

然而隨時間經過，更嚴苛的現實也跟著浮現。同樣的網路成為伊斯蘭國最強大的工具。俄羅斯網路水軍與劍橋分析公司的政治目標規劃人員則運用這些網路操控選民。隨後興起要求建置新型網路空間的聲浪，讓我們能知道自己在網路上往來的所有人士的真實身分，這讓中國與俄羅斯感到開心。若要追捕異議份子和懷疑份子、擊潰反對派，這不就是最理想的方式嗎？

另一方面，科技公司逐漸察覺另一項會影響公司未來的國際性威脅。中國精心擬訂計畫，欲於 2049 年，也就是毛澤東革命一百週年時，在經濟與技術領域上成為全球的支配強權。為了達成這項目標，北京訂立全新策略，讓中國投資家成為多家新創公司背後重要的資金來源，而非由加州沙丘路上的創投家為那些公司提供資金。

矽谷的億萬富翁們猛然發現，如今他們需要一項以往從未真正考量過的工具，那就是外交政策。

在 2016 年春天，五角大廈背負著沉重壓力，需扭轉伊斯蘭國於敘利亞與伊拉克擴張勢力的局面，因此首次公開宣布對外國實體執行網路戰。

「我們正在拋下網路炸彈。」[241] 沃克表示，這位通常沉穩的國防部副部長以略顯誇張的說法告訴記者，讓國防部的同僚有些訝異。「我們過去從未採取這種行動。」

國防部當然採取過這種行動，只是不曾公開宣布罷了。這項

任務交由中曾根將軍執行；中曾根在宙斯炸彈行動結束後接掌陸軍的網路行動，而且此時已有風聲指出他是下一任國家安全局與網戰司令部首長的人選。時隔不久，在佛羅里達州負責領導美軍中東行動的中央司令部即集結不同軍力，成立以搜索伊斯蘭國網路為宗旨的「阿瑞斯聯合特遣部隊」。網戰司令部的任務小組紛紛進入麥克迪爾空軍基地與中央司令部的其他職位，和對抗伊斯蘭國的傳統軍事單位聯手合作。

我從一系列簡報中得知新行動的目標為瓦解伊斯蘭國傳播訊息、吸引新信徒、分發指揮官命令與執行日常職務的能力，包括支付戰士酬勞在內。連歐巴馬也加入這次的論辯，他在中央情報局某場探討伊斯蘭國對應行動的冗長會議現身，並於說明戰略時表示「我們的網路行動正在瓦解其命令和控制機制與通訊」。[242]美國政府之所以願意公開行動，無疑只有一項用意，那就是讓伊斯蘭國指揮官感到驚惶，並且更加疑神疑鬼地認為有人侵入了他們的通訊管道，或許還在操控他們的資料。美國政府的理論是若伊斯蘭國開始擔心通訊的安全性，就可藉此遏制他們招募人員的行動。

然而即使前述的聲明聽來讓人印象深刻，締造的成果卻非如此。網戰司令部慢吞吞地在網際網路中尋找伊斯蘭國藏匿數位招募和訓練資料快取的所有不起眼角落，但消除資料後，所有資料卻會再度迅速出現，這種情況逐漸消磨掉歐巴馬高級助理的耐性。克拉珀向我表示：「網際網路很大，而伊斯蘭國利用網際網路的方式非常精明老練。」他們通常透過位於德國與其他地點的伺服器，將資料存放於雲端。

對進展速度最為不耐的是熟知科技的國防部長卡特，他將全副心力都投注到一套對應伊斯蘭國的策略上。卡特是物理學家，也是推動五角大廈大幅提升網路能力並訂立相應政策的主要人員。不過，卡特對羅傑斯的耐性正漸漸消失，因為他認為羅傑斯沒有投入足夠資源或創新概念來處理問題，以讓恐怖組織斷線，並且讓他們持續無法連線。

曾身處那段緊繃僵局的一位資深官員告訴我：「卡特每隔幾週就會召開會議，即使到密德堡出差時也不例外，強力督促他們採取更多行動。」在 2016 年夏天，卡特和羅傑斯間的緊張情勢變得一觸即發，導致國防部長卡特著手尋找替代羅傑斯的人選，這主要是因為網路武器相關資訊不斷從國家安全局特定入侵行動單位的內部流出，不過另一個原因則是因為對抗伊斯蘭國的數位戰缺乏進展。五角大廈和情報官員都表示，雖然克拉珀認同卡特的想法，不過卻缺乏卡特的熱忱。

「大家對此有所爭議。」白宮某位高級官員在後來提到更換羅傑斯的行動時這麼對我說。「不過我們的結論為時間太短，可能連讓替代人選通過都不夠。」

卡特繼續施壓以讓伊斯蘭國斷線。在多次推延之後，歐巴馬任期內的最後一場大型網路行動終於在落後排程三個月的 2016 年 11 月開始執行，此時也剛好是俄羅斯與其選舉影響力行動占據選後頭條的時刻。[243] 那項行動的代碼名為「閃亮交響樂」行動，是以伊斯蘭國為目標的最大型網路行動，也是歐巴馬在白宮戰情室核准的最後幾起大型網路行動之一。

前述行動的概念為結合國家安全局與美國網戰司令部最優異

的技能，竊取幾個伊斯蘭國管理員帳戶的密碼，隨後在網路內利用這些密碼引發混亂，例如封鎖某些戰士、刪除某些內容、更動資料以將車隊派至錯誤地點等等。聽來都不是特別高科技的行動。最初行動看似成功，因為某些戰地影片消失了。這顯然轉移了伊斯蘭國戰士的注意力，並讓他們受到擾亂。

不過效果轉瞬即逝；影片開始在其他位置重新出現。伊斯蘭國指揮官擁有備份系統，並且利用散布在 30 多個國家內的伺服器，迅速切換至其他網路。一位資深官員回想起當時情況，表示網戰司令部人員現身時「會帶著 PowerPoint 簡報，其中列出網戰司令部讓目標遭受到的所有挫敗，但他們卻無法回答一個簡單問題：『你們造成了多少能持久的效果？』」

於是另一場爭辯因而爆發。網戰司令部是否能在不告知盟國將於其國內網路對伊斯蘭國執行攻擊性網路行動的情況下，就自行追尋伊斯蘭國分設在德國等 30 多個國家內的伺服器？那位資深官員表示：「網戰司令部打算利用其他國家的基礎設施，這裡的問題在於我們是否應該先告知這些國家。如果我們告訴了對方，另一個問題則是整體行動是否可能因而外洩。」這場爭論延續了好幾週；歐巴馬最後決定情報單位應向盟國尋求核准，因為若美國發現英國、法國或南韓使用美國網路執行軍事活動，美國也會大為惱怒。

最後，時間耗盡，前述計畫也交接給川普團隊。在 2017年，伊斯蘭國成員大多被逐出敘利亞與伊拉克境內，這其中大部分功勞都要歸功在卡特和他的團隊身上，因為那是他們擬定的計畫。然而卡特離開五角大廈後，卻對網路行動的執行方式撰寫了

一篇炮火隆隆的評論。[244]

　　「網戰司令部對抗伊斯蘭國的成效令我非常不滿。」他在2017年年底以格外直白的行文闡述道。「網戰司令部從未真正生產出任何有效的網路武器或技術。當網戰司令部製作出某種有用的成品時，情報體系常會拖延或試圖阻止運用該成品，聲稱網路行動會妨礙情報蒐集作業。若我們能持續穩定地收到可供行動的情資，那前述說法也可令人理解，但是情況卻並非如此。」

　　他進一步補充：「簡而言之，沒有一個美國機關在網路戰中有優異表現。」

　　卡特的批評不只是針對網戰司令部對付伊斯蘭國的方式；五角大廈內的許多人員，當然還有許多國家安全局的人員，都對這個美國最新作戰單位的整體績效提出質疑。在2017年，一位國防部資深官員在試圖回答對付伊斯蘭國的攻擊進度為何如此緩慢時，告訴我：「該單位擁有的資源不是很多。」。

　　事實上，網戰司令部在成立八年之後，仍過於仰賴國家安全局的技術與工具。某個重要網路任務小組的成員對我表示：「大多數時候，我們都直接使用他們的東西。」就某部分來說，可以預料到新創組織會發生這種情況，不過也有部分原因在於其他軍方人員都不太清楚該如何為終日在鍵盤前作業的士兵配備武器和實施訓練。

　　從網戰司令部的人員配置方式就可驗證這一點。數百位、後達數千位的入伍男女與軍官都會輪流受派到網路任務部隊兩年，學習如何在網路空間防衛五角大廈的資產，或是如何在太平洋司令部或中央司令部對付中國或伊朗時，向這些單位提供專業支

援。然而其實兩年的時間根本不足以學習侵入外國電腦網路和執行行動的繁複作業。這類程序可能需要花費數年時間耐心作業，而通常在這支網路任務部隊的人員心血開花結果之前，他們就已轉任其他職務。更糟糕的是當他們返回空軍、陸軍或海軍時，新學得的網路技巧通常很難運用在他們獲派的職務上，甚或毫無用武之地。

相較之下，在隔壁國家安全局工作的非軍方人員會投入數年時間開發工具、了解俄羅斯、北韓或伊朗網路內部的情況，以及植入惡意軟體。他們常會將那些「嵌入程式」視為得獎的盆栽，需要澆水、培育、悉心呵護。國家安全局的文化更為偏好風險趨避，對他們來說，網戰司令部的進攻單位大多只想著要把目標炸毀，導致國家安全局小心藏匿的嵌入程式因而曝光，失去用處。

此外，雖然大家早先期盼網戰司令部將能成為軍方的全新特種部隊，如今卻發現那更像是炒作，而非現實。「網戰司令部單純就是無法以特種部隊的速度運作，他們不會像特種部隊在阿富汗攻擊房舍一樣，每晚攻擊外國網路。」曾和國家安全局以及網戰司令部往來的一位資深官員表示。「因此他們也沒有多少機會能從錯誤中學習。」

其實，美國只是沒有以如同特種部隊般的速度，向外國敵人實施大型網路行動。獲派執行攻擊性行動的網路任務部隊，每年最多只會執行幾場行動，而且每場都需要獲得總統核准。這導致網戰司令部跟母單位戰略司令部變得愈來愈像。負責監督美國核武部隊的戰略司令部將許多時間都花在訓練、辯論政策、建立行動程序和演練情境等。

但是在那些情境中，其實沒有一個情境涵蓋了外國勢力試圖操控美國選舉時的局面。

　　留著鬍子的 Facebook 安全長斯塔莫斯機靈聰敏，向來直言無諱。對於全球最大的新聞與通訊提供者之所以沒有發現網際網路研究中心及其他俄羅斯組織藉由散播政治宣傳活動，以影響 2016 年選舉之舉，斯塔莫斯提供了簡單明瞭的解釋：他們只是沒有在注意這些部分。

　　斯塔莫斯在 2018 年 2 月告訴我：「事實上，沒有人的職責是找出真實的政治宣傳行為。」Facebook 過去曾部分出於自傲、部分出於盲目地自視為協助散播民主與毀滅獨裁者的力量，但此刻 Facebook 的世界正在逐漸崩塌。

　　斯塔莫斯在 2018 年的慕尼黑安全會議上表示：「我們尋找的目標為傳統的平台濫用。」每年舉辦的慕尼黑安全會議讓外國總理、國家安全官員與智庫成員齊聚一堂，而 2018 年的會議討論集中在新型的網路與社群媒體武器上。「Facebook 之所以沒有發現那些行動，是因為那不是我們注意的目標。」

　　斯塔莫斯徹底了解複雜系統的脆弱之處。他對於那些想法行不通卻又不樂意聽取嚴厲批評以了解箇中原因的高階主管，很少會有時間或耐性因應。斯塔莫斯會十分迅速地直接出言駁斥別人，察覺到他這項特質的人包括羅傑斯上將在內；羅傑斯上將剛開始在國家安全局任職時就已發現這一點。我曾參加一場在 2015 年 2 月舉辦的網路安全會議，羅傑斯在會中以慣用的審慎措詞，探討應如何在加密通訊，以及政府需要能解密恐怖份子、

間諜與罪犯對話的需求之間，取得平衡。

時任 Yahoo! 安全長的斯塔莫斯拿起麥克風，向羅傑斯重述在通訊系統內建立後門等同「在擋風玻璃上鑽洞」的主張。[245] 他表示整體結構的強度會因此降低，並且會破壞安全通訊的概念。羅傑斯再次提出平衡利益的慣例說詞時，斯塔莫斯則繼續強力堅持他的主張。這段影片很快就在網路上瘋傳。

只是漸漸地，斯塔莫斯堅持主張的言論讓 Yahoo! 的最高領導階層感到不快，特別是他極力要求對資料進行完整加密，因此 Yahoo! 本身也會無法解密平台上的通訊內容，等於是仿效蘋果對 iPhone 建置的功能。當然，若 Yahoo! 無法從客戶的搜尋與通訊內容抽出關鍵字，即無法藉由銷售為客戶量身打造的廣告與服務來賺取利潤。處境維艱的 Yahoo! 執行長梅麗莎・梅爾勢必不會選擇實施如此嚴格的隱私保護措施，並且放棄利用 Yahoo! 使用者的習慣而進帳的營收。斯塔莫斯不久後就離開 Yahoo!，轉任 Facebook 的安全長；而他在 Facebook 同樣也跟領導階層發生衝突。

斯塔莫斯於 2015 年加入 Facebook 時，距該公司著名的創建起點已過了 11 年，這時 Facebook 仍自認該公司是傳輸巨量內容的龐大管道，而非發行商。Facebook 商業計畫的基礎在於假設該公司不會執行編輯判斷，而是像電信公司一樣，在不編輯內容的情況下傳遞各種內容。這自然是錯誤的類推概念，因為 Facebook 從一開始就不是透過銷售連線能力獲利，而是扮演著看似友善的全球監視器，再將該公司得知的使用者相關資訊以個別或集體方式賣出，藉此賺取利潤。以往的電信公司從來不會這麼做。就像

我的同事魯斯所寫的：「Facebook 無法停止用我們的個人資料換取金錢，原因跟星巴克無法停止銷售咖啡一樣，因為那是企業的核心所在。」[246]

　　然而，Facebook 與同業競爭公司能奉行前述策略，並忽視平台上出現的各式內容，進而避免進行大規模的編輯，卻是一種介於天真與錯覺之間的想法。電信公司必須打擊詐騙電話，網路電視不得播放色情影片，即使是 Netflix 也有受到限制。因此隨著時間推移，Facebook 不得不持續修改其「服務條款」，將剝削、種族主義或違法活動（例如販賣毒品、賭博或賣淫等）定義為禁止項目。不過，Facebook 從未將此稱為編輯決策，而是稱為「社群守則」，根據這些守則，Facebook 可能必須將某些帳戶停用，或是在「造成實際人身傷害，或對公共安全有直接威脅」時警示執法機關。

　　前述標準似乎具有良好的鑑別力，但當 Facebook 試圖定義那些政策在現實世界中的意義時，情況就不是如此了。Facebook 首先從簡單的事項開始，但事情很快就變得極為複雜。

　　兒童色情內容屬於易於判定的事項，Facebook 在早期就禁止了此類內容。隨後家有新生兒的家長發現在分享自家寶寶洗澡的照片時，會遭到網站移除。如果他們重新張貼照片，帳戶就會遭到停用。接著在 2016 年，Facebook 高階主管首次需要做出新聞判斷，因為演算法似乎無法理解歷史。那時挪威的大型日報《晚郵報》要舉辦攝影展，在 Facebook 上貼出了越戰的象徵性照片，照片中是一位在路上赤身奔跑的小女孩，試圖逃離汽油彈與暴動騷亂。這張照片曾贏得 1973 年的普立茲獎。想當然耳，

該照片立刻受到 Facebook 演算法禁止。《晚郵報》因此高調指責 Facebook，於是 Facebook 高階主管在匆忙進行一連串的電話會議後，不到一天就取消了這起顯然十分荒謬的刪除行為。[247] 這不算是困難的決策。

不過實際上，那場電話會議是 Facebook 資深管理階層首度需以新聞編輯的方式思考，他們得根據歷史、藝術感知力以及最重要的新聞判斷，相應地調整規定。就在這一刻，Facebook 資深管理階層發現任何演算法皆無法執行這項工作。我對某位 Facebook 資深主管提及此事時，他扮了個鬼臉問道：「你覺得還會有更多這種情況嗎？」

他的問題反映出 Facebook 否定未來趨勢的心態有多麼根深柢固。當 Facebook 的心血結晶協助組織解放廣場的學生罷黜穆巴拉克總統，以及在利比亞境內幫助利比亞人推翻格達費時，Facebook 高階主管跟他們在 Google 的同仁都一同慶賀。「阿拉伯之春太棒了。」斯塔莫斯向我表示。「那是光輝的歲月。」然而時間並非站在民主擁護者這一邊。當初幾乎無人想過當全球的獨裁者、恐怖份子趕上我們的進度，情況會如何演變，也無人想過社會控制、蠻橫行為與鎮壓手段能經由相同平台發揮到多大的程度。

最初是從 2000 年代初期的斬首影片開始，接著是遭俘虜的飛行員在籠中被活活燒死的影片。伊斯蘭國人員在推特上建置 Dawn of Glad Tidings 應用程式供跟隨者下載，跟隨者可利用該應用程式傳送詳列近期攻擊的大批訊息，並加上搭配的圖片和主題標籤。社群媒體公司發現新帳戶如雨後春筍般冒出，而且比他

們找出並刪除舊帳戶的速度更快。

可想而知,移除斬首影片屬於簡單的決策,這類影片違反了「服務條款」。但是,各家公司很快就碰上跟國家安全局相同的問題,那就是網際網路上有太多藏身之處。伊斯蘭國將駭人影片與招募影片資料庫的完整數位複本存放在世界各地。於是一場意料之中的軍備競賽隨之展開。YouTube 把審查系統自動化,以求加快影片下架程序的速度。

這成為毫無勝算的數位打地鼠遊戲。歐巴馬的國土安全顧問摩納可對此表示:「我們無法在這場衝突中殺出重圍,也無法刪除出一條離開的路。」

Facebook 和其他業者在 2017 年推出一項出色的科技解決方案,他們將所有斬首相片或兒童剝削照片轉為黑白影像,接著根據每個像素的對比,向該像素指派一個數值,藉此為所有影像建立「數位指紋」。

「假設某人上傳了一段伊斯蘭國的政治宣傳影片,」[248] 比克特解釋道,這位前檢察官如今成為 Facebook 在全球應對各國政府的代表,「有了指紋,未來若其他人嘗試上傳相同影片,我們甚至可在影片傳上網站前就辨識出該影片。」不過她承認必須透過人工審查才可識別出背後動機。「如果是恐怖主義的政治宣傳活動,我們會將其移除。」她對我說。「如果是某人為了新聞價值或譴責暴力而分享這類資訊,那就不一樣了。」

另一方面,Google 採取了「Google 轉址」(Google Redirect)這個不同的做法。[249] 此程序可將搜尋伊斯蘭國政治宣傳活動或白人至上主義內容的人士,轉連到或許能讓他們三思的替代網站。

為了讓此措施奏效，Google 在紐約的智庫兼實驗性單位 Jigsaw 訪問多位曾被吸引成為激進派份子的人士，並嘗試了解這類人士擁有哪些人格特質，例如首先就是他們都不信任主流媒體。

「關鍵是在正確的時間接觸到這些人。」協助帶頭執行這項作業的格林告訴我。原來那些可能受到招募的人士在興起加入極端組織的念頭後，到實際決定加入時，中間會出現一小段間隔時間。若能讓他們立即接觸到曾受招募進入伊斯蘭國，但後來逃離其酷虐生活的那些人士的親身證詞，並且看到他們詳盡描述的血淋淋細節，那麼說服新招募者打消想法的機率，遠比雄辯自由世界有多美好要高出許多。同樣地，宗教領袖能削弱伊斯蘭國聲稱他們遵循《可蘭經》的可信度，因此由宗教領袖提出的闡述言論也能達到相同效果。

格林對我說：「我們的工作是讓易受影響的人士能取得更多且更佳的資訊。」

然而，這項工作需要全球的溝通管道供應商執行創作、刪除與揀選作業。簡單來說，供應商成為了編輯，只是他們轉變的速度不夠快，無法搶在俄羅斯之前轉型。

川普當選總統的六天後，祖克柏馬上開始後悔自己曾不以為然地表示 Facebook 與選舉結果毫無關聯。

「Facebook 的內容中只有極少部分是假新聞，就我個人認為，指稱 Facebook 上的假新聞能以任何方式影響選舉是個頗為瘋狂的想法。」[250] 祖克柏寫道。「選民皆根據其生活經驗做出決定。我相信斷言某人僅基於所看到的假新聞來選擇投票對象，無

疑是全然缺乏同理心的說法。如果你相信這種說法，那麼我認為你可能尚未吸收川普支持者在這屆選舉期間試圖傳達的訊息。」

　　祖克柏在九天後前往祕魯參加一場高峰會，歐巴馬總統也是與會者之一。總統邀祖克柏至私人廂房並直接向祖克柏提出呼籲，告訴祖克柏必須更認真地看待假資訊的威脅，否則下屆選舉時，假資訊將會如鬼魅般糾纏 Facebook，並且也會糾纏美國。[251]歐巴馬的助理事後告訴我，祖克柏對此提出反駁，他表示假新聞是個問題，但是沒有可以簡單解決的方式，而 Facebook 不會檢查張貼在這個全球市鎮廣場公布欄上的每一件事。兩人最後都不滿地離開會議。

　　祖克柏做出發言時，斯塔莫斯和他的安全小組已接近挖掘 Facebook 歷史的尾聲，他們深入研究俄羅斯如何運用廣告與貼文操弄選民的相關報告。隨著斯塔莫斯持續深入了解相關情況，他也開始遇上公司內反對他進一步探查的無聲阻力。斯塔莫斯在 2016 年 12 月 9 日將研究交給 Facebook 的領導階層，研究裡詳細列出了斯塔莫斯小組所發現的俄羅斯活動。[252] 然而當這篇研究終於在四個月後以平淡的標題〈資訊行動與 Facebook〉發表時，內容卻經過刪減編輯，只留下了最基本的要素，具體細節盡遭刪除。研究中甚至沒有提到俄羅斯，而是僅論及匿名的「惡意行為者」，完全不曾點名指出其身分。該研究淡化了影響效果，將數量和衝擊混為一談。「從統計層面來看，相較於對政治議題的整體參與度，這些已知行動在 2016 年美國選舉期間的觸及度非常低。」

　　隨後研究的結論為：「Facebook 無法明確將責任歸屬至發

起此活動的行為者。」

事實上，Facebook 在 4 月時就已非常清楚在 Facebook 上的某些活動，其實都是由受總參謀部情報總局指揮的俄羅斯組織「魔幻熊」在背後發起。Facebook 於 9 月時將許多廣告相關證據交給參議院調查人員。不過，直到參議院公布某些最煽動的例子，例如在看似屬於「黑人的命也是命」運動的廣告中，正在跟耶穌比腕力的撒旦說：「如果我贏，希拉蕊就會贏！」Facebook 才不得不承認有許多政治宣傳活動都在其網站上運作。

「問題在於我們為何會遺漏這一切活動？」一位 Facebook 高階主管對我說。這問題的答案頗為複雜。這些廣告加總後的金額約是數十萬美元，金額極低，而且無法明顯看出廣告來自俄羅斯。接著，發現這些廣告之後，Facebook 律師開始擔心若公開這些由私人使用者張貼的廣告與貼文，可能會違反 Facebook 本身的隱私政策，即使建立那些內容的人士是俄羅斯網路水軍也不例外。

選舉結束的十個月後，Facebook 終於在 2017 年 9 月時勉為其難地開始承認顯而易見的事實。該公司表示操弄 Facebook 內容的人士「可能是從俄羅斯執行作業」，並將超過 3,000 份的這類廣告交給國會。Facebook 也發現證據證明網際網路研究中心在 Facebook 上建立了 80,000 篇貼文，並且可能有 126,000,000 萬人看到這些貼文；不過看到貼文的人士是否吸收了其中訊息，則是另一個不同的問題。但 Facebook 仍堅稱該公司並無義務通知使用者，讓他們知道自己曾接觸到這類資料。

「我得說我認為你不了解情況。」[253] 加州參議員范士丹向來

極力擁護帶動加州經濟的優異公司，但她在後續的聽證會中卻如此表示。「現在我們討論的是會帶來災難的變化，是網路戰的開端。」她的說法並非完全正確，因為這是否屬於網路戰，端視大家對此詞彙的定義而定。而且如果確實屬於網路戰，那麼從長期角度來看，這次的事件也不是開端。

Facebook 在 2018 年的春天跟蹌受挫。根據其他遭揭露的資訊顯示，Facebook 曾於 2014 年讓一位學者存取 Facebook 的使用者檔案，該學者將資料加工後，利用這些資料協助倫敦的劍橋分析公司，為川普競選團隊設定政治廣告的目標群。此事讓祖克柏的懊惱更添一層。這裡的問題在於當 Facebook 使用者註冊時，絕非為了讓自己的生活與愛好因這類目的受到他人的調查，隨後再加以轉售。「我們需負責保護大家的資訊。」[254] 祖克柏在廣告與精心撰稿的一系列電視訪談中聲明。「如果我們辦不到，我們即沒有資格為大家服務。」

更能顯現 Facebook 心境的讓步行動發生在法國，Facebook 在此地宣布該公司欲進行一項突破性實驗，著手對選舉相關照片和影片進行事實查核，一如新聞組織數十年來的作業程序。Facebook 營運長桑德伯格是公司內少數擁有扎實政府工作經驗的高階主管，她坦率地評論道：「我們真心相信社會經驗。」她表示：「我們也真心相信隱私應受到保護。然而我們過於理想化，不曾充分思考濫用的事例。」沒錯，Facebook 的想法十分天真，不過這份天真協助帶來高額利潤，並且使 Facebook 的最高階主管受到蒙蔽，因而無法察覺使用者交託給 Facebook 的資訊可能會如何遭到他人濫用的後果。

夏哈成為國防部的常駐技術偵查員與矽谷創投家前，曾有12 年的時間在阿富汗與伊拉克地區駕駛 F-16。那時候他常常懷疑為何一架要價 3,000 萬美元的飛機所配備的導航系統，卻比不上福斯汽車的導航。

戰機採用的地圖技術非常古老，因此駕駛員在乍看之下無法得知自己距離國境有多近，亦無法看出下方城鎮的特徵。某天，我們在夏哈領導的國防部新創組織「國防創新實驗小組」（Defense Innovation Unit, Experimental，簡稱 DIUx）內四處瀏覽時，他告訴我更糟的是若犯下錯誤，「我無從得知自己正飛進伊朗領空」，那是可能致命的錯誤。

夏哈休假返家時，常會租一架塞斯納小型機，並將 350 美元的 iPad mini 用繫帶綁在大腿上好在四處迅速飛行。利用 iPad mini 內名為「ForeFlight」的應用程式，夏哈可以確切看出自己身在何處及下方地景的所有特徵，也可以檢視地圖或衛星照片。此應用程式能近乎精密地追蹤他的位置。「我完全知道自己在哪裡。」夏哈思考為何用一台老舊的 iPad mini 即可享有優於美國多用途戰機的地圖導航時，他只能得出一項結論：「事情被搞砸了。」

對夏哈而言，這段經驗可當成範例，說明五角大廈為戰鬥機安裝配備的方式有何錯誤。以 1970 年代技術設計的系統無法輕易升級，因為需要耗費數年時間才能完成測試程序以確定系統符合「軍用等級」，屆時那些技術早已落伍。夏哈指出：「因此我們擁有五十年前設計的航空母艦，搭載著三十年前設計的軟體。」

夏哈的空軍生涯即將結束時，他重新踏上矽谷土地，「這裡一切都以速度為依據」。從他的新落腳處望去，五角大廈的作業模式更顯可笑。「誰會想用一支四年前的手機？」他某天這麼問我。

有幾位盟友的觀點跟夏哈相同，卡特也是其中一人。卡特從國防部副部長卸任後，到歐巴馬於 2015 年 2 月請他回任國防部長的這段期間，他曾在矽谷工作了幾個月。卡特的幕僚長羅森巴赫是另一位建構五角大廈網路行動的主要人物。卡特與羅森巴赫決心利用他們兩年任期的時間，改變五角大廈的文化。他們發起「駭入五角大廈」挑戰，設立獎項頒發給能找出五角大廈程式安全漏洞的駭客。（可以想見在比賽中脫穎而出的是一位十八歲的高三生，由他的母親開車送他到五角大廈領取獎項。）卡特與羅森巴赫也嘗試邀請矽谷技術專家撥出一年左右的時間至政府工作，但此舉只有部分成功。根據一位實驗參與者的形容是「這種時間長度僅足以讓不同文化彼此猛烈碰撞，但不足以實現多少成果」。

不過，最重大的實驗是卡特與羅森巴赫成立國防創新實驗小組之舉。國防創新實驗小組最後在矽谷的核心配置了約 50 位軍官與非軍方人員，他們有著明確的任務，那就是要從現有的尖端技術中，找出可立即供戰鬥機、特種部隊隊員、海軍或陸軍人員使用的技術。

在歐巴馬政府與國防部部長辦公室擁有資深經歷的基爾霍夫以及夏哈皆受邀參與其中，擔任主導「夥伴」，從此用詞可看出五角大廈一心希望可融入矽谷的原生族群內。雖然融入的情況良

好，不過夏哈從自身經驗得知，若想請矽谷的公司參與任何由國防部發起的行動，將會相當困難。首先，史諾登事件後的餘波尚未平息。此外，矽谷內也存在著一股非常切實的憂懼，他們害怕被困在五角大廈規則重重的死板官僚體系裡。「我成立新創商業公司時，我的投資人甚至不願讓我跟軍方交談。」夏哈表示。「他們抱怨想跟軍方談成一筆生意就得花上好幾年，然後甚至還要花上更長的時間才能拿到報酬。光是等軍方做出決策就會等到破產。」

夏哈也像其他新創企業一樣需要時髦的辦公空間。但是，雖然五角大廈已準備好成為矽谷的一員，卻沒有準備好支付天價租金。因此國防創新實驗小組徵用了一棟舊軍用大樓內的空間，剛好是在山景城內鄰接 Google 園區的位置。Google 的自動駕駛車常會從其總部旁嗡嗡駛過。

不過，國防創新實驗小組真正需要的是快速致勝，他們需要能夠拯救生命的現成產品，並藉此向五角大廈表明該單位舊有的緩慢採購措施，不但讓軍隊容易受到傷害，同時也無謂地提高了戰爭的難度。夏哈告訴我：「關鍵是採行當下已可使用的技術，並且針對特定軍用需求進行必要的修改。」

很快地，他的辦公室內充滿了機會。首批最具前景的發現中，有一項產品為四軸飛行器，原先開發這種小巧的自動直升機是為了協助建設公司進行作業。該直升機可在室內飛行，並且可沿著樓梯往上飛，以利用雷射測量確認每面牆的建造皆符合精密規格。夏哈和他的團隊一看到這款直升機，就想到此裝置可立即在伊拉克與阿富汗發揮作用。當特種部隊準備掃蕩裡頭滿是可疑

激進份子的建物時，他們需要知道每個人的所在位置，以及該地點是否設有詭雷。雖然夏哈花的時間比原本應需的時間更長，他還是成功讓地面部隊獲得該直升機的原型。

不過，最緊迫的專案是要發射新型小型衛星至北韓上空，藉此確實掌握金正恩在難以追蹤的移動式發射器上所安置的飛彈行蹤，而這項專案牴觸了國防部以及最大且最強勢的國防部承包商。美國仰賴數十年之久的龐大衛星，可以貼切說明五角大廈有多麼仰賴發射當下即已過時的技術。那些龐大衛星造價數十億美元，並且花了數年的時間設計與建置，隨後衛星會在軌道上持續運行多年之後，才從空中墜落。

夏哈和基爾霍夫設想的未來情境則完全不同。有一種背包大小的迷你廉價民用衛星，原先開發的目的是用來計算塔吉特超市停車場內的車輛數量、監看作物的生長狀況等。這類衛星可以成批發射，而且只會在軌道上運行一、兩年的時間。不過因為價格也非常低廉，所以當這類衛星從空中墜落後，五角大廈只要發射解析度更高的較新款替代品即可。這種方式提供的衛星覆蓋範圍，可能足以因應全新軍事應變計畫「狙殺鍊」（Kill Chain）的執行需求。此應變計畫的內容為利用衛星識別北韓的飛彈發射作業或核設施，若衝突似乎已迫在眉梢，則可利用衛星提供的瞄準資料，對那些目標執行先制摧毀行動。

之所以有這種緊迫的需求，是因為美國從太空中監視北韓的覆蓋範圍極度惡劣（而且現在仍舊不佳），美國只有不到 30% 的時間能監看到北韓的動靜。（確切數據為機密。）前國防部部長培里向我表示，如果北韓推出他們擁有的某枚新飛彈，「我們

很有可能永遠不會看到」。

　　「金正恩正如同字面般地爭著迅速部署飛彈能力。」國家地理空間情報局局長卡迪羅在 2017 年中旬告訴我。「因為他加快速度，導致我們跟著加快速度。」

　　可是五角大廈的行動速度仍不夠快。北韓持續增添飛彈與飛彈發射器，這些設備都可以藏在洞穴中，等到發射的前幾分鐘再推出即可。北韓的作業速度遠快過美國國防官僚接納讓五車二太空公司等小型公司威脅傳統承包商地位的提議。以一顆明亮恆星命名的五車二為新創公司，也是其中一家能大幅削減太空雷達觀測成本的小型衛星公司，該公司的雷達能穿透雲、雨、雪、掩護與葉片進行觀測，並且找出可能代表藏有隧道的地面高變動。短短十年前，建立這類衛星群的成本據估為超過 940 億美元。[255] 現在，夏哈相信以幾千萬或幾億美元即可實現相同目標。這似乎是無需費腦思考的選擇，特別是已有警告指出北韓正在投資製作固體燃料飛彈，這類飛彈可以更快速地從洞穴中推出，而且在數小時或數分鐘內即能發射。因此提早偵測察知是關鍵所在。

　　然而當夏哈往來矽谷與華府，試圖推動加快衛星發射的步調時，卻接連碰上阻礙。國會成員不滿國防創新實驗小組鑽採購規定的漏洞，想藉此縮短讓研發專案獲得核准的一般迂迴程序。大型衛星製造商則是一邊假意表現出熱忱，一邊卻覺得那些幾乎沒聽過的新創企業可能威脅到自己數十億美元的合約。而這些大型製造商是強而有力的遊說集團。

　　「我們正在嘗試採行截然不同的方法。」夏哈極為保守地對我這麼說。「這麼做總是會觸怒某些人。」

華府官僚不情願如企業般快速行動已經夠糟了，而且當夏哈與基爾霍夫遊走矽谷，欲探尋可用的新技術時，還不斷碰上抱有相同願景的競爭對手，這個對手不但比較心甘情願，預算也高出許多。原來中國正在經營自己的非官方版國防創新實驗小組，而且是在美國境內。

　　「我想沒有任何人了解他們的規模有多大。」基爾霍夫某晚告訴我。「以前中國會成立公司」，直到美國開始基於國家安全理由駁回多筆這類交易為止。於是中國改採其他能通往相同目標的途徑。中國在矽谷開設自有的創投基金和投資基金，並且利用投資基金買下新公司的少數股權，股權不會多到讓美國政府展開審查，但卻足以讓中國提早了解公司的技術。

　　沒有人能夠估算出中國涉入的程度，因為缺乏具體數字，所以無法通盤了解中國的投資策略。因此夏哈與基爾霍夫找了曾執掌識別眾多 Stuxnet 細節的賽門鐵克公司，並且熟知矽谷的精明高階主管布朗來編寫一份非機密的相關報告。他們希望該報告能喚醒華府，起身因應中國採取的新手法，亦即挑揀出矽谷最關鍵的技術以供中國國有企業和軍方使用。布朗很快就跟曾在國家安全會議與國家經濟委員會任職的辛格聯手合作。辛格過去也曾協助歐巴馬做好與習近平會晤的準備。

　　「我得知的第一件事，是中國高超地仿效了矽谷。」布朗對我說。百度是對應 Google 的解決之道；阿里巴巴是中國的亞馬遜；騰訊以微信與 QQ 等應用程式而聞名，並且在中國有三分之二的人口都使用騰訊的應用程式來傳訊與轉帳。根據某位創投家的估算，中國人每天使用其應用程式的總時間達 17 億個小時。[256]

不過布朗得知的第二件事，則是中國採取的行動基本上跟國防創新實驗小組如出一轍，也就是投資「早期」公司。只是中國行動的規模遠遠超出五角大廈心中的規劃。

　　中國的策略之所以如此高明，是因為中國低調行事。若他們買下整家公司，那麼華府一個沒沒無聞且很少人了解的單位，亦即美國外資投資委員會可能會因此著手執行官方審查。此委員會可能會基於國家安全理由，建議總統阻止銷售公司的交易，而歐巴馬與川普兩位總統都曾這麼做過好幾次。

　　但是就持有公司少量股份而言，則並未訂立相關規定。而投資人若持有少量股份，就擁有提早了解技術的特權。這讓布朗心生警戒，他知道中國投資人就連拒絕投資的公司和技術都會詳加審視。美國在數十年前擬定外國投資規定時，沒有人曾想像過會有這種可能，當年幾乎不存在創投活動，也無法想像中國會是參與其中的一員。

　　布朗表示：「大家不斷對我說：『你太小題大作了，回頭想想日本吧。』」他提到的是在 1980 年代末期與 1990 年代初期，某些人曾擔憂美國會成為日本的「技術殖民地」。但是，布朗漸漸開始相信這次情況不一樣。「日本是忠誠的盟友。當時日本從未在軍事上與美國對立，也從來沒有在經濟上挑戰美國的機會。而且我們擁有共同的價值觀。」但是就中國而言，前述特質皆不適用。（在 1980 與 1990 年代時最讓美國憂心的日本，在國防創新實驗小組的創投圖表中僅占了 130 億美元，這個數字只有略高於中國支出金額的一半而已，這也是顯示經濟財富發生轉移的跡象。）

國防創新實驗小組報告從 2017 年春天起機密地分發至華府各處，報告內的發現讓人震驚，同時也顯現雖然歐巴馬和習近平的協議具有某一程度的效果，讓中國因此慢慢收手，不再偷取美國產業的心血結晶，但中國卻找出許多完全合法的方式來「投資」美國產業。[257] 一個口中仍會盛讚共產主義的政府已摸清了創投資本主義，並且斷定創投資本主義是取得該國所需技術的最短途徑。

布朗和辛格蒐集到的數據全都取自公開來源，這些數據說明了一切。該報告發現在 2015 年的所有創投交易中，中國參與的交易超過 10%，並且以對商用與軍用皆屬關鍵的早期創新技術為主，包括人工智慧、機器人學、自動駕駛車、虛擬實境、金融科技與基因編輯等等。報告內詳細整理了在 2015 年至 2017 年間，曾向接受創投支援之美國公司進行投資的投資者，結果發現排名第一的是美國投資者，投資金額為 590 億美元，第二為歐洲投資者，金額是 360 億美元，而中國緊追在後，投資金額為 240 億美元。

部分最高額的直接投資來自百度和騰訊，不過，例如 West Summit Capital（華山資本）、Westlake Venture（西湖創投）等某些名字聽來像西方公司，但其實完全為中國人所有的創投公司也投資了驚人的金額。布朗告訴我：「這類公司是私人行為者，不過一律皆在中國政府的核准之下行動。」

習近平則透過傳遞不起眼的訊息，表明自己完全支持前述策略。在 2017 年秋天舉辦的第 19 次全國代表大會上，習近平談到如何將目標放在這些具有戰略地位的領域上。而當習近平在

2018 年發表新年賀詞時，特意安排將人工智慧的書籍放在他的背後，好讓攝影機能夠拍到。在矽谷的中國投資者不需要觀看演說內容，就能了解習近平的訊息。那些投資者在 2010 年至 2017 年間完成的美國人工智慧公司交易為 81 件，價值 13 億美元，其中有高於三分之一的金額，也就是有超過 5 億美元都是在 2017 年的單一年度內支出。[258]

布朗及辛格的國防創新實驗小組報告很快就送到塞爾瓦將軍手中，他當時擔任參謀長聯席會議的副主席，即卡特萊特曾擔任的職位。塞爾瓦將軍曾鼓勵進行該研究，並用其敲響五角大廈內的警鐘。但是收到報告時正值川普剛坐上總統職位的時期，因此報告未能呼籲美國政府應從中國的角度思考，藉此找出最佳的研發投資方式，以及可將這些投資與國防專案整合的方法，反而成為讓川普要求實施貿易保護主義的另一個藉口。即使中國持有的美國國債達 1 兆 2,000 億美元，但川普的經濟團隊卻不知為何深信自己能完全防止中國在美國投資敏感的新技術。

在 2018 年年初，川普希望找出能阻擋中國投資的新措施，甚或一併阻擋可能有益於北京的非中國投資。他阻止新加坡的博通公司買下高通公司。高通公司生產的晶片至關重要，但皆供專門用途使用，美國特種部隊等眾多軍事單位都使用該公司的晶片。雖然博通本身不是中國公司，但此處表現出的擔憂在於博通不會大量投資進行研究，而是會讓華為與其他中國公司從中受益。

《紐約時報》的同事從專門處理中國相關業務的國際律師巴隆得知，在逐漸擴大的科技戰爭中，前述行動是個轉捩點：「美

國政府現在的認知為外國投資者，尤其是來自中國的投資者，在美國都能以愈發精明老練的手法取得技術。」其中帶有的訊息很清楚，現在即使是少數股權的投資，美國也一樣會重新審視，並且也會審視其他類型的中國資本。

此外，美國官員的態度也漸趨明朗，如今對於他們相信可能向北京提供後門以進入美國網路的中國技術，美國官員皆會加以禁止。在 2018 年 3 月，中曾根終於獲提名執掌國家安全局與美國網戰司令部時，他微笑著告訴國會自己絕不會使用華為手機；美國電器零售商百思買也差不多在同一時間停止銷售華為手機。不過中曾根沒提到的是雖然華為已崛起為全球最大的網路設備製造商，而且為亞洲大多數地區和歐洲部分地區提供連線，但其實美國國家安全局已悄悄向 AT&T 與威訊無線發出禁令，讓華為連投標製作美國 5G 網路的零件都不可能。各家公司，甚或情報單位內的某些人員，皆主張這麼做過於短視；他們指出如果華為投標，就必須讓美國透澈分析華為建置網路的相關細節。但美國官員只是聳了個肩表示不行。

這是值得注意的進展。在歐巴馬執政早期，中國為了國有公司的利益而運用網路技術竊取美國的科技，歐巴馬政府也因此開始心生憂懼，如今這已演變為規模大幅擴張的科技冷戰。中國的竊行已經不像過去那麼多，他們改為以完全合法的方式買進美國公司。而美國則竭力找出一石二鳥的方法，希望能在無須抵制國際化自由市場的原則之下阻止中國。

國防創新實驗小組報告內的真正警訊，不是中國在矽谷的所

作所為，而是中國在自家的行動。

　　歐巴馬時代的智慧財產盜竊戰役曾是頭條焦點，而川普總統在 2018 年春天重拾這項議題，作為威脅向中國商品課徵高額關稅的正當理由之一。雖然中國竊行的速度減緩，但無疑中國許多大小企業仍在設法經由各種合法或違法手段，取得研究、開發與產品設計資訊。不過，另一個同樣令人嚴重關切的議題，則是中國為了在 2030 年成為人工智慧領域的全球龍頭所集聚的心力，以及為了達成這項任務而對人工智慧技術挹注的龐大投資。位於安徽省合肥的一個大型園區刻劃出了前述行動的規模；中國在此地投下 100 億美元建造名為「量子信息科學國家實驗室」的研究樞紐，這是中國量子運算的核心所在。

　　量子運算能使用光子將計算速度提升至曲速，不再採用過去操作一與零的老派方法，而量子運算是以暴力法破解任何加密的關鍵所在。若能成功，即可建立安全的通訊連結，以及無須仰賴全球定位衛星的導航系統，因為全球定位衛星可能會受到敵人干擾或遭用來找出隱形潛水艇所在位置等等。而中國已經執行過量子衛星測試。

　　前副國務卿沃克向我的同事梅茲表示：「問題在於美國應如何回應這項挑戰？」推動五角大廈進入此領域一較高下的人正是沃克。「現在跟當年發射史波尼克衛星時一樣。」

　　沃克的比喻點出了一項關鍵事實，中國人民齊心努力締造的任何突破，都會直接注入中國的軍力內。而矽谷跟華府間的分歧從發生史諾登洩密案前就一再浮現，當美國政府試圖在加密系統中安置後門時，雙方的角力又再度引發分裂情勢，可是中國並不

存在這種情況。

　　但美國的分歧卻愈演愈烈。在冷戰模式中，美國軍事科技與太空計畫得到的突破成果都會傳達給商界，可是如今這種模式已不再。而相反的模式，也就是利用矽谷技術打造新一代的武器，則在政治與文化層面上都直接碰上反對態勢。

　　「即使美國擁有最優秀的人工智慧公司，仍無法確定這些公司是否會實際涉入國家安全相關事務。」新美國安全中心的格雷戈里・艾倫表示。現在已可看見其影響效果，那就是美國從第二次世界大戰後熟悉的軍事優勢正因此逐漸消蝕。

　　發生史諾登事件後，在 2018 年初春，於距離國防創新實驗小組總部幾個街區遠的 Google 園區內，再度爆發拒絕與軍方合作的反抗。「專家計畫」是五角大廈的一項先導計畫，此計畫利用人工智慧技術處理「廣域動態成像」，藉此偵測移動的車輛與移動的武器系統，而 Google 預定參與此計畫的消息引發公司內部反彈。隨著風聲傳遍 Google 公司上下，數千位 Google 員工都簽署了連署信，信中以下述聲明作為開場白：「我們相信Google 不應參與戰爭事務。」雖然 Google 保證該公司的工作並非協助五角大廈「操作或駕駛無人機」，也不是協助發射武器，但是連署信拒絕接受公司所做的保證。Google 員工合理地將公司保證視為巧妙的託詞；因為或許現有武器無法從該計畫中獲益，但顯然五角大廈希望能將計畫成果整合到未來的武器中。

　　Google 的員工寫道：「該技術是為了軍用而打造，一旦交付技術之後，即可輕鬆用以協助軍事任務。」接著是畫龍點睛的一句話：「簽訂這份合約，Google 將加入帕蘭泰爾、雷神與通

用動力等公司之列。」這份聲明的結尾督促該公司起草「明確的政策，聲明 Google 或其承包商皆不會建置戰爭用技術。」

反抗不只發生在 Google 內。同一時間，微軟低調地請其他數十家公司簽署協議，表明絕對不會在知情下，協助美國或其對手等任何政府建置用於對付「無辜平民」的網路武器。這些公司也誓言會協助任何發現自己遭到攻擊的國家。

這些反抗行動的核心在於跟冷戰時期完全相反的企業形象概念。雷神與通用動力能夠茁壯發展，是因為他們隸屬於美國國防編制內，負責為西方聯盟提供武器。這些公司的服務對象是政府，不是消費者，因此他們當然願意選擇靠一邊站。

Google 與微軟則不具備前述觀點。他們擁有國際化的客戶，大部分營收皆來自美國境外。所以可以理解這些公司會認為自己本質上屬於中立，他們將對客戶群的忠誠擺在第一，個別政府則次之。

相較之下，華府仍將這些公司視為「美國的公司」，享受著美國自由所賦予的恩澤。在五角大廈的眼中，這些公司的專業知識與技術應率先用於防禦讓該公司得以創立，並蓬勃發展的國家。這是兩種截然不同的世界觀，而至少在和平年代中，這兩種世界觀將永遠無法達到一致。

第 12 章

先發制人

凱利（美國國家公共廣播電台）：有用在北韓身上的
　　Stuxnet 嗎？
布倫南（歐巴馬政府的中央情報局局長）：（笑聲）下
　　一題。

——2016 年 12 月

在 2016 年春天，北韓的飛彈開始自空中墜落，前提是若飛彈能飛行到那種高度的話。[259]

在一次又一次的測試裡，金正恩飛彈機隊內自豪的舞水端飛彈在發射台上爆炸、在發射後數秒就墜毀，或是飛行約一百六十公里後即永遠沉入日本海裡。在金正恩的想像中，這款飛彈將可讓他用來威脅關島的美國空軍基地，並且作為射程可達夏威夷或洛杉磯等更大型飛彈的技術基礎，因此舞水端飛彈發射失敗的事件宛如災難。

金正恩在 2016 年 4 月中旬至 10 月中旬期間，總共下令進行八次舞水端試射。其中有七次皆失敗，某些試射失敗的情況還特

別慘烈，隨後金正恩即下令全面暫停相關行動。88% 的失敗率是前所未聞的比率，尤其那還是已獲得實證的設計。舞水端的設計基礎為一款小巧但射程長的飛彈，那是蘇聯在 1960 年代為了從潛水艇上發射而製作的飛彈。此款飛彈的尺寸小卻擁有強大威力，正好完美切合金正恩的新策略，也就是將飛彈放置在移動式發射器上運送至國內各處，並儲放在山區隧道內，讓美國衛星難以找出飛彈的所在。

金正恩為了擴增北韓飛彈機隊的射程與殺傷力，挹注大量投資來修改蘇聯的發動機。北韓曾靠著向埃及、巴基斯坦、敘利亞、利比亞與葉門與其他國家銷售短程的飛毛腿飛彈，賺進數十億美元，而舞水端的複雜度遠勝於飛毛腿。發展舞水端技術對金正恩來說至關重要，他希望這項技術能為新一代的單節和多節飛彈鋪路。若能在軍火庫內增添這些生力軍，金正恩可望實踐他的威脅，讓任何位於太平洋的美國基地、最終連任何美國城市，都逃不過他的手掌心。

北韓進行飛彈發射作業的經歷頗長，早已博得精通此門技術的名聲。因此，舞水端在 2016 年接連發生試射失敗的事件令人感到驚訝又困惑。首先是在 4 月失敗三次、5 月與 6 月失敗兩次，接著在北韓暫停作業以釐清舞水端究竟發生了什麼事之後，在 10 月又試射失敗兩次。從飛彈試射的歷史來看，大家在初期都會飽嘗失敗的痛苦，不過隨後就會了解箇中奧妙，進而獲得成功。美國與蘇聯在 1950 年代與 1960 年代競相製作洲際彈道飛彈時正是如此，當年在工程師與飛彈專家熟稔相關技術之前，曾發生過多起驚人的墜毀事件。舞水端的情況卻與這種慣有趨勢相

反。北韓的工程師彷彿在成功試射其他飛彈多年之後，突然將所學的一切忘得一乾二淨。

　　金正恩與他手下的科學家都非常清楚美國和以色列曾對伊朗核計畫所動的手腳，因此他們試圖隔絕自己，以免遭受到同類型的攻擊。然而飛彈試射失敗的比率之高，讓北韓領袖開始重新評估是否有人正暗中破壞北韓的系統，或許是美國，也或許是南韓。在 2016 年 10 月時，報告指出金正恩下令調查美國是否以某種方式使飛彈的內部電子裝置失效，例如侵入飛彈的電子元件或命令與控制系統等。[260] 而且，總是有可能其實有某一名內部人士、甚或數名內部人士涉入其中。

　　每當北韓發射失敗之後，五角大廈即會宣布偵測到北韓執行測試，甚至常常會對飛彈試射失敗表示欣喜。為了慶祝北韓國父金日成的冥誕，因此北韓在 2016 年 4 月執行舞水端的首次完整試射，而美國國防部發言人在試射後向記者表示：「北韓發射飛彈時發生爆炸，是一次失敗慘重的嘗試。」[261] 北韓的後續試射接連失敗時，五角大廈的官方新聞稿冷冷地以樣板措詞說明：「北美航太防衛司令部判斷北韓發射飛彈的行動不會對北美構成威脅。」[262] 而在那些聲明中，都不曾推測問題出在何處。

　　不過，五角大廈、國家安全局與白宮內部倒是出現了許多揣測。有一群經過篩選的政府人員知道美國訂有機密計畫，欲將針對北韓執行的網路與電子攻擊升級，而且特別著重於北韓的飛彈測試上。每次發生爆炸、每次飛彈偏離軌道墜入海中時，都會引發相同的迫切問題：「這是我們造成的嗎？」

　　在 2014 年年初，距離歐巴馬得知北韓進度的相關警訊已過

了兩年多時，他敦促五角大廈大幅加快讓北韓飛彈墜落的作業，並且再次改採網路與電子破壞行動來解決地緣政治的緊繃情勢。在那之後發生了許多事件。索尼遭攻擊一案讓美國政府把注意力集中到北韓身上，不過焦點是放在北韓的網路攻擊上，而非飛彈計畫。華府的核專家把注意力全投注在美國跟伊朗的交涉上，最後在 2015 年夏天達成協議，並根據協議將伊朗的 97% 核燃料運離伊朗，讓該國的努力倒退了十年以上。俄羅斯以遠勝以往的侵略性崛起，中國則是以意外活躍的作為，展露出中國欲在過去從未冒險參與的領域中追求影響力、經濟支配地位與軍事地位。而川普從深夜節目畫龍點睛的結尾笑話搖身一變，成為勢不可擋的候選人，正是最適合占據電視節目的崛起方式。

在前述事件此起彼落的期間，歐巴馬政府正默默大力推動著妨害北韓的行動。

花了兩年時間找出進入北韓飛彈計畫內的方法後，歐巴馬政府當然希望美國可建立足以承繼「奧運」行動的方案，一項可將北韓能夠以核武要脅美國城市的時間向後延好幾年的方法。「現在想讓核武計畫本身的進度倒退已經太遲了。」前國防部長培里告訴我。「若要中止北韓的洲際彈道飛彈計畫，擾亂他們的測試會是十分有效的做法。」這是美國政府唯一的希望。白宮曾短暫稱為「戰略忍耐」的公開策略已失敗，當下也沒有在施加任何外交手段，而且軍事攻擊行動的風險又過高。這麼一來就只剩下祕密行動了。一位對反制核武擴散擁有豐富經驗的人員，曾困乏地向我表示，此時「我們唯一可做的就是拖延時間」。

針對北韓的飛彈計畫，美國領導執行的網路與電子攻擊複雜

度遠勝於幾年前用來對付伊朗地下離心機的計畫。納坦茲的核工廠是相對較簡單的目標，因為那是固定的設施，並且位於一個高度連結的社會裡，工程師、外交人員、商業高階主管和學者在此進進出出，全都是可將惡意軟體帶進伊朗境內的潛在人選。而且當國家安全局與以色列情報特務局撰寫破壞地下離心機的程式碼時，他們也擁有充裕的時間。根據一位資深網軍表示，如果程式碼有錯誤，可以把程式碼拿回工作地點修補改進，等一週、一個月或六個月後再試一次。如果離心機因過快提高或降低轉速而自毀，就很有可能是程式碼奏效了。

但是，追擊北韓飛彈則為全然不同的挑戰。光是連線就極為困難。飛彈是從散布在北韓各處的多個站址發射，而且採用移動式發射器發射的比率也逐漸增加，北韓精心規劃藏匿蹤跡的騙局，以隱瞞發射的時間與地點。但是時機就是一切，因為可干涉飛彈發射的時間很短，僅限於在對方為飛彈加注燃料並準備發射的那一段時間內，或是在飛彈發射後的幾秒之內。

即使北韓的飛彈爆炸或墜入海中，了解確切原因也同樣困難到讓人抓狂。如果歐巴馬政府的計畫曾造成任何影響，那麼北韓發生的問題有多少比例是源自該計畫？又有多少比例是源自其他原因？的確，對付北韓飛彈計畫的專案在五角大廈、國家安全局與網戰司令部上下引發許多人士的懷疑，他們認為或許「奧運」行動的某個表親就是北韓問題的解答。

舞水端每次試射時，美國的預警衛星與雷達即會擷取飛彈運作的原始資料，例如速度、軌道、發動機效能等等。隨後這類資料會回傳至夏威夷的太平洋司令部、奧馬哈的戰略司令部，以及

羅傑斯上將在網戰司令部和國家安全局的團隊。接著，中央情報局的韓國事務專家與大規模毀滅性武器專家會細分這些資料，將其輸入位於阿拉巴馬州亨茨維爾的國防情報局飛彈和太空情報中心電腦內。「我敢打賭美國太空總署用來分析月球發射行動的時間，不會有我們細查金正恩飛彈試飛的時間多。」一位美國官員後來這麼告訴我。

然而到頭來，仍無人能以具信服力的方式判斷歐巴馬下令執行的計畫是否有所成效。在飛彈高飛或四分五裂之際，反映飛彈失敗當下精確狀況的最佳證據也跟著飛彈一起離去。離心機會變慢，但飛彈卻會消失。專攻北韓系統多年的網路與電子專家小組會在五角大廈現身，指出網路戰和電子戰計畫有直接對金正恩的火箭問題造成影響。無庸置疑地，該專家小組有強烈的理由要證明這一點，因為他們希望讓大家看見美國暗中對網路武器挹注的龐大投資有所成果，而這至少有部分是為了確保網戰司令部的新提案能獲得資金。但是根據幾位官員表示，該專家小組一直無法證明任何一次試射失敗是因美國的干涉行動所致。

接著飛彈分析師會帶著不同的解釋抵達五角大廈。他們會有些不甘願地承認，或許政府全體總動員所找出的入侵北韓系統的方法，可能是導致北韓失敗率加速飆升的原因，但是無法確定這一點。其他還有各種可能的解釋，例如失敗的肇因可能是不良零件，畢竟美國與盟國為了進入北韓的供應鏈內，從十多年前開始即執行相關計畫；或者也可能是因為北韓工程師沒有自己以為的那麼聰明；又或者是北韓在焊接火箭外殼時出了錯。

「當網路攻擊的熱切擁護者前來主張勝利要歸功在他們身上

時，你得審慎以對。」一位前官員向我提出忠告。

　　無論真實原因為何，美國欲使飛彈偏離軌道的計畫都締造了一項成功之處，那就是讓金正恩與他的四位飛彈推手開始疑神疑鬼。在飛彈發射的照片中，這四位領導級官員常圍繞在北韓的年輕領導人身邊；而他們四人這時顯然在思考這段厄運究竟是源自破壞行動、能力不足，或是一連串的不幸事件。就此方面來說，美國展開的網路破壞行動在北韓引發了焦慮，就像 Stuxnet 曾在伊朗造成的心態一樣。那時伊朗的離心機原本似乎都正常運轉，隨後卻遭到無法解釋的災害襲擊。心理影響的效果可能與實質影響一樣重要。

　　這位年輕的北韓領導人個性是出了名地反覆無常，眾所周知他曾處決姑丈，並執行神經毒氣攻擊殺害同父異母的兄長，即便如此，事實卻證明他對手下火箭小組的缺點擁有驚人的容忍度。「我們從沒聽說過他殺害科學家。」[263] 崔鉉奎（音譯）表示，他經營的 NK Tech 網站維護了一個內含北韓科學出版品的資料庫。「他了解試誤是科學研究的一部分。」

　　金正恩的飛彈計畫相關人員只能希望他會繼續保有如此寬容的胸懷。

　　在北韓飛彈開始接連炸毀之前，我印象裡只有略為耳聞過「主動抑制發射」（left of launch）一詞。

　　我知道其中的基本概念；根據假設，飛彈在發射前是較易瞄準的目標，而「主動抑制發射」意味著在發射飛彈前就先阻止飛彈。這個詞彙是仿效伊拉克戰爭時的用語，當時軍方常以「主動

抑制爆炸」（left of boom）的簡稱，描述他們在路邊炸彈造成傷害之前就先找出炸彈並拆除的作業。

然而從國際法與地緣政治角度來說，「主動抑制發射」更加令人憂心。這種行動的核心概念是美國預備在和平時期對其他國家發動攻擊，亦即侵入該國的基礎設施內部，以搶在該國利用飛彈以及命令與控制系統來打擊美國之前，先攻擊那些系統。當然，若總統下令以傳統方式實施這類攻擊，例如在和平時期派遣轟炸機摧毀飛彈基地等，即可能會引起戰爭。因此美國希望能透過改採網路武器或其他破壞手段，藉此更神不知鬼不覺地溜進內部、在發生任何情況時都能矢口否認責任在自己身上，並且還可在無人察覺之下安然脫身。

五角大廈偶爾會少見地公開提到「主動抑制發射」行動，可想而知這時他們都會讓此行動聽來更為正向。五角大廈從不使用「先制」一詞，他們了解這個詞彙會帶來許多法律與政治問題，首先顯而易見的問題就是只有國會可以宣戰。美國官員甚至從來不曾將「主動抑制發射」描述為可供總統選擇的祕密行動，因為總統若要展開祕密行動，只要簽署了總統「決定」即可授權情報機關執行防禦美國的行動。

「主動抑制發射」只被視為另一種飛彈防禦機制，相較於較傳統的飛彈防禦方式，例如可在飛往美國的核彈頭抵達美國海岸前，先將其擊毀的反飛彈系統，「主動抑制發射」行動可提升成功防禦的機率。

傳統系統需要運用所有可得的幫助。當蘇聯於 1957 年試射全球首枚洲際彈道飛彈後，美國即著手研發反飛彈防禦技術。那

次試射行動激勵艾森豪總統展開應急計畫，廣召眾多美國最優異的科學家參與。經過六十年的時光和超過 3,000 億美元的投資後，傳統飛彈防禦系統的概念並未發生太多變化。[264] 目標仍舊是「以彈制彈」，換句話說，若要攔截飛行中的彈頭，就會從阿拉斯加、加州或海上船艦發射精密導向反飛彈系統，通常為將其發射至太空中以執行攔截。

蘇聯一次可發射的飛彈數量之多，任何美國系統都無力招架。之後隨著蘇聯垮台，小布希總統將焦點轉至北韓，而當時的北韓只期盼自己有能力朝美國的方向高高拋射幾枚飛彈而已。小布希在 2002 年年底宣布，政府正於費爾班克斯南方泥濘的大型基地內部署長程反飛彈攔截飛彈，並且在加州也設有同型的設備。

這時樂觀主義又再度凌駕經驗之上。美國測試攔截行動的成功比率頗為難堪，因為大約只有 50% 成功，而且這還是在理想條件下執行測試的成功率。[265] 五角大廈旋即停止公開任何可量化的測量結果，因為真相實在太傷人。每當參議員施壓要求提供更多細節時，就會有人向參議員表示若是舉辦機密會議，他們將會樂於討論相關資訊。

有鑑於這些讓人失望的成果，在五角大廈內部，甚至是在依存數十億美元傳統攔截飛彈合約的國防承包商內部，「主動抑制發射」的重要性皆逐漸提升。如果可在地面上或飛彈飛行的前幾秒內阻止飛彈，那麼就完全無需發射攔截飛彈。攔截飛彈會成為備用的防禦措施，而非主要防禦措施。最精明的承包商迫切地想要下標新業務，因此他們開始討論「飛彈擊潰」計畫，而非「飛

彈防禦」計畫。不過，那些承包商龍頭卻有著祕而不宣的擔憂；若以網路與電子措施打擊飛彈的成果太好，可能會讓他們價值數十億美元的傳統反飛彈計畫就此告終。這些公司的豐厚利潤仍舊來自折彎金屬的加工作業、生產攔截飛彈等等，而不是來自編寫程式碼。

向某家大型國防承包商提供顧問服務的一位人士告訴我：「那是雙面刃。大家都希望那方法有效，但是不希望它太有效。」

華府將許多行動細節都藏在光天化日下。

在 2016 年，布羅德與我開始針對北韓飛彈試射失敗的驚人次數，在五角大廈和白宮四處探問相關資訊時，毫不意外地，大家都是面無表情地保持緘默。歷經 Stuxnet 洩密調查之後，沒有人希望自己遭指控談論網路破壞計畫，尤其那還可能是個毫無效果的計畫。不過，偶爾會出現線索顯示答案就藏在「主動抑制發射」計畫中。

布羅德深入研究公開文獻，不久後他即帶著一疊一吋半厚的五角大廈證詞與公開文件，微笑著出現在我的華盛頓辦公桌前。他注意到就祕密計畫而言，人們大多會為了籌募資金而到處遊說，因此勢必會頻繁提到這些計畫。

線索的蹤跡從鄧普西將軍開始浮現；當歐巴馬推動強化攻擊行動時，鄧普西正擔任參謀長聯席會議的主席。北韓在 2013 年 2 月展開核試驗後不久，鄧普西公開宣布一項新的「主動抑制發射」行動，其重心放在「網路戰、導能與電子攻擊」上。[266] 該行

動隸屬在五角大廈提出的一份更大型簡報內，該簡報主題為未來七年內應完成實施的各項技術，幾乎沒有人注意到「主動抑制發射」的相關資訊。但其實美國的最高階軍官曾說明對於阻止潛在敵方攻擊的傳統措施來說，惡意軟體、雷射與訊號干擾正漸漸成為重要的新輔助工具。

鄧普西將軍在聲明內不曾提到北韓。他不需要這麼做。在五角大廈對此主題發表的政策文件內附有一張地圖，圖中顯示了一枚從北韓飛向美國的飛彈。這也讓其他人開始得以自由採用類似的類比。

不久後，最大的飛彈防禦承包商雷神公司，就開始在會議中公開討論「主動抑制發射」技術蘊含的嶄新機會，特別是可於發射當下執行的那些網路與電子攻擊。在公開網站上曾貼出雷神公司某場產業會議的一份文件，直到我們開始提出關於該文件的問題後，文件才被撤下。那份文件的內容可說是毫不婉轉。在文件的一張投影片中，標示出了特別適合採用「主動抑制發射」措施因應的多個敵手，而在普丁與習近平的照片之間，放有一張金正恩表情嚴肅的照片。此外，在說明計畫運作方式的圖表內，則以亮色區塊標明雷神公司的技術可在飛彈發射前後所完成的各種步驟。代表發射前後幾分鐘內的那個亮色區塊本身是最引人深思的部分。雷神公司在該區塊內加入了「網路」與代表電子戰的「EW」等詞，代表那段時間是發射程序最脆弱的時間點，適合執行攻擊。

該圖表說明網路與電子攻擊也能將敵方工廠作為攻擊目標，這是運用工業破壞行動拖延北韓腳步的最新措施。此計畫需要執

行規模龐大的複雜作業，美國的國家實驗室、能源部與中央情報局皆參與其中，而過去也曾使用此計畫對付伊朗。但此計畫稱不上是萬無一失的方法。北韓正在學習如何於本國製作愈來愈多的系統，甚至開始自行生產部分高揮發性火箭燃料，為北韓最長程的飛彈提供動力。

北韓的這番進展，讓國家安全局和其特定入侵行動單位侵入北韓系統內部的行動更顯急切。這類行動自然仍列於最機密項目之列。不過，矽谷一區公司這家創新網路安全公司的創辦人，特立獨行的前國家安全局人員法爾科維茨讓我們得以稍稍了解相關資訊。[267] 我的同事珀爾羅思曾為《紐約時報》向法爾科維茨採訪他的新創公司，他表示該公司用來預測網路攻擊的某些措施，靈感其實來自國家安全局內部為了侵入北韓飛彈計畫電腦系統而執行的作業，他描述那是用以了解北韓飛彈發射時程的手段。

法爾科維茨沒有說明美國將取得的資訊用在何處，因此也無法解答美國究竟只是透過諜報行動得知發射時程，或藉此主動在北韓系統散播嵌入程式的問題。不過，另外尚有某些公開與私下流傳的跡象顯示，美國已成功進入北韓的命令與控制系統。根據美國與南韓的前行動人員表示，想要存取北韓的封閉電腦網路十分困難。不過他們也指出一旦進入網路內，很快就能攻陷北韓的數位防禦機制。某位人員表示北韓軍方跟伊朗軍方同樣疑心病重，但技藝卻不如伊朗高超。

2015 年，一群頂尖的反飛彈專家齊聚在戰略與國際研究中心所進行的檢討，為我們提供了更多相關細節。[268] 退休的海軍少將梅西說明五角大廈正在研發方法，除了要防止飛彈成功發射

外，也要干擾飛彈的飛行路徑與導航系統。國防部飛彈防禦局局長敘林隨後也在國會證詞中，描述「主動抑制發射」可以「大幅改變局面」，因為這類行動能減少需求，不再「只能仰賴昂貴的攔截飛彈」。[269]

每隔一陣子，就會有人在這類會議與聽證會內觸及與計畫核心概念相關的深刻問題。某天即發生這種情況。退休的空軍准將托多羅夫詢問對於國際法定義為先制戰爭的行為，美國要如何提出正當的理由。[270] 他指的是美國在發生任何襲擊前搶先攻擊北韓的飛彈發射作業，以取得戰略優勢的行為。托多羅夫問道「以軍人和國家的身分來說，美國」是否準備好「預先攻擊潛在目標」？如果美國打算這麼做，我們是否準備好面對其他國家以相同手段對付美國？

托多羅夫直搗的這項關鍵要點，從 2002 年小布希總統聲明先制行動再度成為美國因應敵對環境的核心原則之後，就三不五時地成為眾人爭論的主題。如果美國發現北韓發射台上有枚裝載彈頭的飛彈正在加注燃料，而且似乎對準美國領土或盟國領土，那麼根據國際法規定，美國就可能擁有摧毀發射台上那枚飛彈的權利。

然而「主動抑制發射」描繪的情境卻不相同。當某國在不具迫切威脅的情況下對另一國執行攻擊時，即屬於「預防性」攻擊。例如珍珠港事變，或是某個強國趁自己還有能力時，先下手為強地攻擊某個逐漸崛起的弱小競爭國家等等，這大多屬於國際法禁止的行為。

網路攻擊擁有無形又易於否認的特質，因此發動先制戰爭的

誘惑力可能也變得高過以往。不難想見，幾乎沒有政府官員願意過於深入探討如何將戰爭法的規定適用到網路攻擊行動上，至少在公開場合裡都是如此。

而在私下，政府官員對這些議題的爭論則沒有停過。不過，正如曾在歐巴馬執政期間擔任國家情報總監總法律顧問的利特某天對我說的：「如何將戰爭法適用到網路上的議題，是政府律師耗費了最多時間，但生產效益卻最低的議題。」

在 2016 年 3 月，當北韓正加速測試珍貴的舞水端飛彈時，我試圖請川普討論他對美國新的網路軍火庫有何想法，以及若他當選之後會如何加以運用。川普當時人在海湖莊園，也就是他所擁有的佛羅里達州高爾夫球俱樂部。川普同意接受《紐約時報》以國家安全議題為主題的詳盡採訪，我和同事哈伯曼對他的訪問也是其中一環。

我嘗試請川普在採訪中討論網路武器的目標很單純。我希望了解這位彷彿仍身處 1959 年，會從坦克、航空母艦與核武角度來談論軍力的候選人，是否曾思考過各項嶄新技術。對任何第一次接觸外交手段、高壓政治與軍事規劃的新手來說，第一步應該是要了解工具箱內的最新工具。

數位戰對川普來說是全新概念。隨著對話繼續進行，我們無法確定他是否曾聽說美國對伊朗執行的網路行動。川普主要在意的是要展現自己對網路與其他所有議題的立場，都比歐巴馬更強勢、更果斷，即使他其實不太確定歐巴馬究竟在網路領域實施了哪些行動。如同川普從他自己的世界觀所觀察到的許多結果一

樣，川普主張美國正在自毀良機：[271]

> 我們與這項發明非常息息相關，但我們極為落伍，
> 我們似乎已遭到其他許多不同國家玩弄。而且我們不知
> 道是誰在這麼做。我們不知道誰擁有這種力量、誰擁有
> 這種能力，某些人說那是中國，某些人則說是俄羅斯。
> 但當然網路必須、你知道的，當然我們的思路中必須包
> 含網路，在我們的思路裡應占有極大的分量。不可思
> 議，網路的力量是不可思議的。不過如你所說，我們可
> 以排除、可以排除、我們可以透過加強運用網路，讓許
> 多國家無法運作。我不認為我們辦得到。我不認為我們
> 跟其他國家一樣先進，我想你可能也同意這一點。我不
> 認我們擁有先進的能力，我認為我們在許多不同層面都
> 在倒退。我認為我們的軍力正在倒退，我們雖然在網路
> 上有所進步，但是其他國家進步的速度卻快上許多。

他的話較像是鐵口直斷，而非分析，此外也較像是宣言，而
非原則。我們試圖讓川普討論何時是使用網路武器的正當時機，
他卻不受眼前眾多事實的阻礙，自己把話題轉到誰強誰弱的問題
上。

接著，為了強化他的競選說詞，川普總結道：「坦白說就保
衛美國而言，我們所受到的領導不是很理想。」

川普在十個月後就任美國第 45 屆總統，並且承繼了一項複
雜的網路行動，目標為他幾乎不了解的一個敵對國家。同時，布

羅德與我蒐集到極具信服力的證據，確定了美國欲透過某個深入的精密行動使飛彈偏離軌道，而目標正是北韓。隨著進行的報導愈多，我們也對那些攻擊行動的運作方式做出了確切的結論。

接下來是敏感的部分，我們要向政府告知準備發表的消息、尋求政府的意見，並且聆聽他們的說法，了解政府是否認為我們公開的任何資訊會危及進行中的行動或造成生命危險等等。[272] 我們在歐巴馬政府執政的最後幾週裡跟情報官員會面，全心預期他們的第一個反應是告訴我們不得出版任何與此敏感主題相關的報導。然而情報官員卻沒有說出類似的話，因此我們離開會議時，心中都想著我們還得做更多報導。

我們的報導剛好碰上川普就任時的混亂場面，以及他喧騰騷亂的第一個月任期；如閃電般急襲而來的多項行政命令、川普對俄羅斯調查事件愈發偏執的態度，以及他對「深層政府」欲暗中傷害他本人和其政見的猜疑等等。我們一直到 2 月底才準備好發表那篇報導。此時我致電給川普的副國家安全顧問麥克法蘭，向她說明我需要前去一趟，以確定新政府知道我們將發表一篇新報導，探討新政府所承繼的一項大型計畫。

隔天我就步入了麥克法蘭的白宮西廂小辦公室。她的上司佛林中將剛於前幾天遭到開除，因為佛林對自己和俄羅斯駐美國大使基斯利亞克之間的對話，向副總統彭斯做出誤導的陳述。歐巴馬在總統任期的最後幾週裡，曾對俄羅斯施加選舉相關制裁。佛林否認自己曾跟基斯利亞克談到要撤銷那些制裁，但事實上這個主題確實曾出現在他們的對話中。

當我經過國家安全顧問的轉角辦公室時，門戶大開。裡頭的

地毯被捲起，書架上的書全都盡數拿下，而佛林的辦公椅也堆放在辦公桌上。看起來就像是得搬出宿舍那天的房間一樣，想必那也不是任何人預期會在剛成立一個多月的新政府裡看到的景象。這是尚有更多混亂即將降臨的徵兆。

我知道歐巴馬的過渡團隊留下多本滿含北韓簡報資訊的活頁夾給新政府，不過我認為應該很少人有權限或時間看完所有資料。前國防情報局局長佛林可能是最清楚北韓威脅現況的人員。可是佛林不但剛遭開除，那些由他精心挑選並被大家戲稱為「佛林摩登原始人」的助理，也逐一遭到免職。

麥克法蘭四十年前曾在白宮擔任季辛吉的初級助理，我與麥克法蘭坐下交談時，她向我表示新政府十分認真看待歐巴馬的警告，亦即北韓是新政府眼下最迫切的國家安全問題。麥克法蘭的工作（雖然她的任職時間沒能維持太久）包括召集「次長會議」，參與成員有國務院、國防部、能源部、財政部與情報單位的二級與三級官員，他們會在會議中為總統與內閣安排各項策略。而初期舉辦的大多會議毫無意外地都跟北韓有關。

不過，當我開始向麥克法蘭說明我們對「主動抑制發射」計畫的所知資訊，以及美國如何利用該計畫對付北韓時，我能從她臉上的神情看出她是第一次聽說這些資訊。這點倒是令人意外，因為新的國家安全團隊最需要快速掌握的最新現況，應該就是美國為了削弱北韓威脅而執行的全套行動。或許麥克法蘭只是擅長隱藏手中的牌，然而我們的討論內容並沒有顯現出新政府已通盤掌握自己將要面對的局面。

過了半小時後，麥克法蘭表示自己得去向總統簡報其他事

務。不過她告訴我，她認為我們規劃發表的報導沒有任何國家安全問題。

「一切聽來都可行。」她在前往橢圓形辦公室時這麼說。

事後證明麥克法蘭的樂觀回覆表達得太早。當風聲傳進毫無處理敏感國安報導經驗的新政府內部後，《紐約時報》收到一封措詞嚴厲的信，寄件人是先前擔任選舉律師的白宮法律顧問麥加恩。信中譴責我們準備發表的報導有違美國國家安全，並且暗示政府可能會試圖採取某種行動。

不到幾天，接替佛林擔任國家安全顧問的麥克馬斯特即邀請我們前往他的辦公室，以親自聆聽我們說明準備發表的內容，那也是他全天上職的第一天。麥克馬斯特是擁有軍事史博士學位的戰略家，曾撰書闡述美國軍方如何自欺越戰經過的深刻歷史，因此他立即用歷史事件作比喻。

麥克馬斯特問道：「這像是恩尼格碼的密碼嗎？」他指的是遭英國破解的德國加密通訊方式，那是曾隱瞞數十年之久的祕密。布羅德和我向他表示，我們認為情況不盡相同，因為有確切證據指出金正恩已了解這項問題，也已在一連串的試射失敗後停止了舞水端的測試。

麥克馬斯特過去從不需要深入處理北韓議題或網路問題；他的名聲源自於波斯灣的經歷，並在裴卓斯將軍的提拔下逐階晉升。麥克馬斯特先前的工作為主管陸軍能力集成中心，肩負考量未來衝突的職責。但麥克馬斯特顯然仍在惡補關於北韓危機規模的資訊。

他請我們再次與情報官員會面以詳談相關細節。隔天，我們

下樓進入地下室的白宮戰情室，與官員一同檢討我們的發現。根據先前的討論，我們已決定省略技術性細節，包括幾項可能帶來暗示的資訊，以免讓北韓得知其系統何處較為脆弱。省略前述資訊是我們的慣常做法。不過，我們認為解釋美國從事的行動則至關重要；如同我們的執行總編輯巴奎特指出，美國人必須先了解美國過去如何竭力處理北韓危機，隨後才能在掌握充分資訊的情況下，公開討論美國對北韓危機的回應方式。「那是美國最迫切的威脅之一。」巴奎特表示，這意味著我們在報導美國對網路武器的運用情況時，應採用「如同報導五角大廈文件、維基解密、無人機攻擊、反恐怖主義以及核武的方式」。

隨著報導出版迫在眉睫，麥克馬斯特前去向川普簡報說明我們欲公開的內容以及所保留的資訊分別為何。川普先前已加重抨擊《紐約時報》，因此麥克馬斯特提醒我，川普很可能會在推特上斥責《紐約時報》，不過這倒也不是第一次了。事實上，川普在報導發表的當天早晨就於推特上展開攻擊，但跟我們無關。

「在如此神聖的選舉程序中，歐巴馬總統到底是有多低級才會竊廳（錯字）我的電話。」他在那天早上這麼寫道。「這是尼克森／水門事件。」這段推文是毫無事實根據的指控。

川普的推文證實他根深柢固的偏執心態，以及新總統上任前六週的混亂過渡期都成為了阻礙，讓新政府難以將焦點集中到歐巴馬曾提出的警告上，也就是美國所面對的那項主要國家安全威脅上。雖然前任政府留下數百頁關於北韓的簡報資料給新政府，但新政府已吸收消化的資訊似乎是微乎其微。對於美國阻擾飛彈發射的主要祕密計畫，有不少問題都圍繞著計畫的成功或失敗打

轉，幾週內就遭開除的麥克法蘭未能盡數處理那些問題，而對任期只維持一年出頭的麥克馬斯特來說，那些問題更是全新的領域。

顯然川普的心思尚未放到他不久後稱為「火箭人」的獨裁者身上，也沒有留意他隨後威脅會以「烈焰與怒火」將其燒成灰燼的這個國家。不過，大家的立場都開始漸趨強硬。在川普就職的十九天前，金正恩發表了如同嘲諷這位總統當選者的聲明，金正恩在聲明中表示北韓已進入初次試射洲際彈道飛彈的「最終準備階段」；[273] 洲際彈道飛彈不但比舞水端大，也比舞水端更精密複雜。川普則以他典型的虛張聲勢推文回應道：「那不會發生。」[274]

川普似乎已無法避開前幾任總統皆曾面臨的相同難關，那就是該如何在不引發更廣泛戰爭的情況下對付北韓？他得正視已在白宮戰情室中爭辯許久的議題。在下令將五角大廈的網路戰與電子戰升級、以強力經濟制裁再度嚴格限制貿易、跟北韓展開交涉以凍結其核計畫和飛彈計畫，或是準備直接以飛彈攻擊北韓的核武與飛彈基地等多個選項中，美國政府應該選擇何者？

在我看來川普仍舊缺乏因應策略，所以顯然他的答案可能是以上四項都會嘗試。

當美國試圖暗中破壞金正恩的飛彈計畫時，北韓的駭客正在西方世界尋找新目標。這時離索尼遭攻擊已過了兩年，北韓的網路軍團學得了更多知識，也往更國際化的方向成長。就像矽谷某家重量級公司的高階網路安全主管對我形容的：「如果要頒發『最佳進步』獎給那些將網際網路武器化的國家，北韓將可贏得

這個獎項，而且沒有人會有異議。」

美國正在思考如何使用網路武器讓北韓的飛彈失去作用時，北韓則在考量如何用網路武器支付飛彈的成本，對一個受到各式經濟制裁局限的國家而言，支付前述款項是一項艱鉅挑戰。因此，北韓的駭客團隊在 2016 年擬訂計畫，打算從孟加拉中央銀行竊取 10 億美元。[275]

北韓駭客擁有可找出脆弱機構的敏銳嗅覺，於是他們在 1 月鎖定孟加拉，認為當地應只採行了微乎其微的網路防護措施。這個賭注下得很聰明。北韓駭客透過數位方式悄悄探查該中央銀行，僅用了幾週時間就掌握所需的一切。他們弄清了國際轉帳的程序、竊取到一些認證資料，並且得知銀行會在某個節日暫停營業，而且節日接連著週末，因此多出的這幾天讓駭客有時間在任何人出面阻止他們前，先行轉帳。

駭客做的轉帳指示加總後逼近 10 億美元，其中有一筆款項是轉往斯里蘭卡的沙利卡基金會，結果那成為致命的錯誤，因為這類交易都須經由紐約聯邦儲備銀行進行，而某人在給紐約聯邦儲備銀行的指示中，將「基金會」的「foundation」拼成錯的「fandation」。這個讓人詫異的錯誤導致轉帳遭到中止，不過在此之前，金正恩手下的駭客已拿走了 8,100 萬美元。如果這是實際搶劫銀行的行動，將會成為現代規模最大、手法最高明的劫案之一。（相較之下，1950 年在波士頓北區發生的布林克斯高額劫案中，搶匪只劫走約 270 萬美元，將此金額乘以 10 倍就等於現在的幣值。）

對索尼進行駭客行動後，讓北韓有充分理由相信他們因利用

網路漏洞所受到的任何報復行為，都會微不足道；北韓是對的。對孟加拉央行的攻擊行動沒有帶來任何懲罰，隨後的加密貨幣劫案也一樣沒有懲罰。

「網路如同為北韓量身打造的權力工具。」前國家安全局副局長英格利斯告訴我。「這項工具的進入成本低，幾乎算是不對稱手段，而且網路的使用具有某種程度的匿名性與隱密性。網路可讓廣泛的國家基礎設施與私部門基礎設施陷入險境，而且網路也是一種收入來源。」

更早以前，北韓曾偽造一百美元的假鈔作為國家的行動資金。隨著美國將貨幣製作得更難仿製，偽造也愈發困難。不過，勒索軟體、數位銀行搶劫，以及針對南韓新設的比特幣交易所進行的駭客行動等等，在在皆可補償北韓無法製造偽幣的損失。現在，北韓可能是第一個利用網路犯罪資助國家行動的國家。

孟加拉絕非唯一的受害者，甚至也不是第一個受害者。菲律賓在 2015 年就曾遭到侵入，接著是越南的越南先鋒銀行遭侵入。而於 2016 年 2 月，駭客進入波蘭的金融監管機構網站，並且感染了來自委內瑞拉、愛沙尼亞、智利、巴西與墨西哥等多國央行的網站訪客，希望能藉此趁機侵入這些央行。

隨後發生了兩起最為膽大包天的攻擊，一次是針對南韓，另一次則針對全世界。

北韓最想要閱讀的軍事文件，莫過於美國對朝鮮半島爆發戰爭時的相關規劃。根據南韓國會國防委員會成員李哲熙（音譯）表示，當全世界的注意力都轉移到美國總統大選上時，北韓在 2016 年秋天的某刻突襲南韓的國防聯合資料中心，並且搜刮

走 182 GB 的資料，包括美國的行動計畫 5015 在內，那是美軍優雅地稱為「斬首行動」的詳細計畫大綱。[276] 前述駭客行動的相關細節幾乎全未外洩，不過北韓駭客竊取的文件中似乎包含某些策略，其目標為找出並殺害北韓的最高階文職與軍職領導者，接著盡可能地大量排除移動式飛彈機隊與奪取核武。但行動計畫 5015 的範疇並非僅止於此，由於北韓的菁英突擊隊幾乎是一定會溜進南韓，因此行動計畫 5015 的策略還包含了反擊北韓突擊隊的各項方法。

　　某些人推測北韓原本就打算讓他們竊取戰爭計畫的行動被發現，藉此使對手感到膽怯不安，並迫使對手重新編寫策略。我們可能永遠無法知道真相為何。不過，這起竊行只是再度證明北韓滲透南韓敏感網路的程度有多麼深入。另外也有證據顯示平壤在南韓的重要基礎設施內植入了「數位暗樁」，藉此因應需利用這些暗樁來癱瘓南韓的電力供應或命令與控制系統的需求。

　　隨後出現了 WannaCry。

　　我們不清楚北韓駭客團隊花了多長時間規劃這項美國稍晚指控為「無差別」攻擊的行動，此攻擊影響了幾十萬台的電腦，其中許多都是醫院與學校裡的電腦。不過，駭客進入內部的方式倒是十分清楚，他們利用了影子掮客組織從國家安全局偷出的微軟軟體漏洞。這是最基本的串接式犯罪，國家安全局弄丟了自己的武器，於是北韓利用這些武器回擊。

　　在這起事件內，國家安全局遭竊的駭客工具名為「EternalBlue」，這是特定入侵行動單位工具箱內的標準項目，因為此工具利用了微軟 Windows 伺服器的弱點。Windows 作業

系統受到大眾廣泛使用，所以也讓惡意軟體能散播到數百萬個電腦網路上。從電腦蠕蟲「Conficker」肆虐之後，已將近十年不曾看到類似的作品。

這次北韓將國家安全局的工具嫁接至一款新型勒索軟體上，此勒索軟體會鎖住電腦並讓使用者無法存取其中資料，除非使用者願意付款購買電子鑰匙。這起攻擊是經由基本的釣魚電子郵件傳播，類似俄羅斯駭客在 2016 年攻擊民主黨全國委員會與其他目標時所使用的電子郵件。釣魚電子郵件內含加密的壓縮檔，可迴避幾乎所有病毒偵測軟體。一旦在電腦或網路內遭觸發運作後，使用者就會收到要求支付 300 美元以解鎖資料的訊息。我們不清楚究竟有多少人付了錢，但是就算真的存在鑰匙的話，那些付款的人也從未收到可解鎖文件與資料庫的鑰匙。

駭客的推測正確，雖然國家安全局在發生攻擊的兩個月前即警告微軟有這個弱點，隨後微軟也修補了系統內的漏洞，但舊版微軟 Windows 的使用者中，只有極少數的人花功夫更新軟體。[277]於是，當攻擊者在 2016 年 5 月 12 日傍晚執行攻擊時，所有使用符合條件的老舊電腦與軟體的使用者，例如英國國民醫療保健服務等等，全都成為待宰的肥羊。

「許多受到最嚴重負面影響的電腦都是執行 Windows XP 的電腦。」微軟總裁史密斯之後向我說明。「Windows XP 是我們在 2001 年發表的作業系統。你只要停下來略加思考，就會發現那是在推出第一支 iPhone 的六年前，也是第一款 iPod 上市的六個月前。」史密斯沒有用另一項眾所周知的歷史重大事件作比喻；九一一攻擊是讓美國舉國上下對自身弱點的看法發生轉變

的一刻，而 Windows XP 作業系統發放至製造商的時間就在發生九一一攻擊事件的 18 天前。

如同俄羅斯在前兩年對烏克蘭電網執行的攻擊，WannaCry 也屬於瞄準平民的新一代攻擊。就此層面來說，它近似於恐怖主義。字母公司的 Jigsaw 隸屬於母公司 Google 之下，過去 Jigsaw 曾率先開發新方法，以提高人們在網際網路的安全性。現在執掌 Jigsaw 的是前國務院官員賈里德·寇恩，他表示：「如果你懷疑自己為何變得更常受到駭客攻擊，或是更常成為駭客嘗試攻擊的目標，那是因為國與國之間的戰爭在網路空間裡愈演愈烈，導致你遭到數位炸彈碎片波及。」

賈里德·寇恩說得沒錯，WannaCry 就是可用來說明最新型網路戰趨勢的極佳範例。在國家之間的網路戰剛興起的前幾年，大家經由駭客行動癱瘓的目標幾乎都是戰略性目標，而且通常皆屬於國有。「奧運」行動對準了與世隔絕的地下核濃縮設施。攻擊伊斯蘭國的行動直搗殘暴的恐怖份子組織。對北韓飛彈執行的駭客行動目標則是會直接威脅美國與其盟友的計畫。

然而 WannaCry 鎖定目標的方式似乎更為隨機，因此難以預測後果。在英國，由於數個主要醫院系統的電腦系統都暫停運作，導致救護車改道、非緊急手術延後。幾十個國家的銀行與運輸系統也受到影響。但北韓是否知道或在意他們會造成哪些系統癱瘓，卻令人存疑。

「我猜攻擊者完全不知道何處會遭到攻擊。」一位美國調查人員對我說。「那是為了製造混亂」與恐懼。實際上共有 74 個國家受到此惡意軟體攻擊，這證明了此軟體本身並無特定目標。

受害最嚴重的是英國，其次是俄羅斯。（某些人可能會認為這是數位天譴的象徵，因為地位最顯赫的其中一個受害者是俄羅斯內政部。）接下來依序是烏克蘭與台灣。我們無法從中識別出任何政治模式。

除此之外，攻擊前並無預警。英國國家網路安全中心的營運總監奇切斯特向我的《紐約時報》同事表示，他們不曾發現任何徵兆。事實上，英國的調查人員懷疑 WannaCry 攻擊可能是某個仍在開發的武器在初期發生故障，或是用來測試戰術與弱點的行動。

「這屬於某項行動的一部分，而那項持續演進的行動旨在找出可導致重要產業無法運作的方式。」英國政府通訊總部的前情報與網路行動副主任洛德表示。「某人只要針對社會基礎設施內的某個關鍵要素，執行可適度讓其喪失功能的攻擊，然後在一旁看著媒體大肆渲染、造成民眾恐慌就可以了。」

雖然在網路防禦機制上耗費了數十億美元，不過到頭來，英國國家網路安全中心、英國的情報體系和微軟幾乎沒有對終止攻擊行動做出任何貢獻。他們得感謝哈欽斯讓攻擊畫下句點。大學中輟的哈欽斯與父母同住在英格蘭西南部，靠自學了解駭客技巧。當攻擊行動仍在進行時，哈欽斯注意到軟體內某處有個網址，他在主要是出自好玩之下，付了 10.69 美元將該網址註冊為網域名稱。而原來啟用該網域名稱的操作就是鎖死鍵，此舉阻止了該惡意軟體繼續擴散。（哈欽斯後來遭指控製作另一種用來竊取銀行認證資料的惡意軟體，因此在拉斯維加斯遭到逮捕。）[278]

經過數個月後，直到 2017 年 12 月，美國與英國才正式宣告

金正恩政府須對 WannaCry 負責，這時距離歐巴馬譴責北韓攻擊索尼的那天已有三年。[279] 川普總統的國土安全顧問博塞特表示，他可以「心安理得」地指控駭客「是聽從北韓政府指揮」，不過他表示其結論除了源自細查「行動的基礎架構外，也審視了我們曾於過往攻擊內觀察到的諜報技術、慣例作業與行為。因此，我們在本案中必須運用某些偵探手法，而不是只分析程式碼。」

博塞特坦承雖然已辨別出北韓的身分，但他無法對北韓採行更多其他行動。[280]「除了讓北韓人民餓死之外，川普總統已利用了幾乎所有可用手段，力求改變北韓的行為。」博塞特承認道。「因此，我們所剩的發揮空間不太多。」

想當然耳，偵探手法的施展範圍，並沒有延伸到解釋影子掮客如何讓北韓取得美國為自家網路軍火庫所開發的工具。說明國家安全局如何讓北韓駭客獲得能力的過程可能過於敏感、過於丟臉，或是兩者皆是。但那只是整樁事件最令人擔憂的其中一部分而已。

雖然美國政府表示他們會將發現的 90% 軟體缺陷都回報給業界，以修補那些缺陷，但「EternalBlue」顯然包含在政府為了強化國家火力而隱匿不報的那 10% 內。微軟直到根據漏洞設計的武器遭竊之後，才得知該漏洞的相關資訊。然而美國政府卻表現得彷彿無須為這場毀滅性的網路攻擊負責一樣。博塞特的副手喬伊斯是特定入侵行動單位的負責人，他顯然多少了解遭竊的武器究竟發生了什麼事；但當我向博塞特與喬伊斯提問時，他們卻聲稱錯全在使用武器的人身上，而不是在無法控管武器的人身上。這是個令人費解的主張，因為如果某人沒有將自己的槍枝鎖

好，導致從他家偷出的某把槍被用在校園槍擊案中，那麼這位槍枝擁有者至少應承擔某種程度的道德或法律責任。

某天，我和前國防部長暨中央情報局局長帕內塔討論 WannaCry 攻擊時，他告訴我：「若美國政府無法妥善保管自己的軍火，那會成為問題。我們不能陷入這種處境。我們也無法容忍其他國家提出這類解釋。」

微軟總裁史密斯顯然感到惱火，他把國家安全局遺失武器的情況，比喻為空軍遺失的戰斧巡弋飛彈被射到某個美國盟友境內。史密斯指出這如同逮捕「車庫中有戰斧巡弋飛彈的國家安全局約聘人員。在一般人的車庫裡可不會看到戰斧巡弋飛彈。」

事實上，在這年頭是會看到的。

就在兩個月後，烏克蘭受到 NotPetya 攻擊，促使西米奇從紐約上州採取行動。NotPetya 與 WannaCry 十分相似，不過根據川普政府在 2017 年年初表示，NotPetya 是俄羅斯的作品。此案的駭客顯然已從北韓先前的行動學到經驗。他們先確定了沒有微軟軟體修補程式可延緩程式碼的散布速度，而且也沒有「鎖死鍵」。

簡而言之，他們設計出更為準確的武器，接著對全球超過 65 個國家中的 2,000 個目標發動攻擊。丹麥的快桅航運公司是受損最嚴重的目標之一，該公司指出他們損失了 3 億美元的營收，而且必須更換 4,000 個伺服器與數千台電腦。[281] NotPetya 讓短短三年前的索尼攻擊事件看來有如業餘人士所為。

無論在 2016 年使金正恩的飛彈發生問題的肇因是破壞行

動、能力不足、劣質零件或組裝錯誤等等，他在 2017 年時都已
解決問題。

金正恩推出全新飛彈技術的速度讓美國情報官員措手不及，
更遑論才剛剛上任的川普政府。顯然除了舞水端之外，金正恩還
同時執行其他計畫，而該計畫的基礎是數十年前為洲際彈道飛彈
提供動力的另一款蘇聯發動機設計。

與舞水端不同的是該計畫奏效了，而且是立即奏效。金正恩
迅速地演示其飛彈射程可抵達關島，接著是可以抵達美國西岸，
隨後更可抵達芝加哥與華盛頓特區。北韓在 2017 年執行的九次
中程與長程試射中，只有一次失敗，成功率達 88%，比起前一年
的表現，改善的程度令人訝異。[282]

此外，金正恩在 9 月的第一個星期日引爆了第六枚核彈，其
威力大幅超越北韓過去引爆的所有核彈。相較於把廣島夷為平地
的原子彈威力，北韓這枚核彈的威力高出 15 倍。這讓金正恩踏
進核武強權的金字塔頂端。

許多人都曾預期如此情境終將到來。中央情報局二十年來的
公開評估資料皆宣稱北韓可望在 2020 年前擁有這種能力，然而
無人預料到金正恩能在前一年發生一連串失敗之後，突然出現大
幅進步。如同美國選舉期間發生的俄羅斯駭客事件，情報體系也
未警覺到金正恩的戰略性行動。

我在 2017 年 12 月再度與麥克馬斯特將軍會面。他很乾脆地
承認金正恩企圖趕在展開任何交涉之前，或趕在制裁造成更具懲
罰性的傷害之前，先行確立北韓的核武強權地位，因此他衝往終
點的速度「加快，而且時間表也比大多人所以為的緊縮許多。」

當然，麥克馬斯特將軍與其他官員不會觸及的問題就是北韓在 2017 年的試射接連成功，這是否代表他們已找出舞水端的缺陷並加以解決。「主動抑制發射」行動怎麼了？新型飛彈是否較不易受到網路與電子攻擊傷害？還是供應鏈有所變化，所以較難讓劣質零件流入飛彈計畫內？或是美國的結論為攻擊舞水端的行動實在太過顯眼，因此現在採取保留的做法，直到美國準備好攻擊更大型的飛彈時再採取行動？

　　眾多跡象顯示美國仍舊倚重網路工具，只是隱藏得更妥當。川普在 2017 年 11 月請國會核准 40 億美元的緊急項目資金，藉此強化飛彈防禦機制並對北韓採行其他遏制行動。[283] 其中有數億美元皆投注到預算文件內稱為「瓦解／擊潰」的行動內。有幾位官員確認了那些行動包含嘗試執行更精密複雜的網路與電子攻擊。此外，雖然大家對傳統的飛彈防禦機制能否奏效抱有疑慮，不過仍有數十億美元分配到傳統機制上。

　　川普政府的前中央情報局局長蓬佩奧，偶爾會針對當下進行中的計畫透露蛛絲馬跡，他表示美國「正勤奮作業」以拖慢金正恩的進度，讓金正恩準備好在某枚飛彈上加裝核彈頭的日子晚點到來。蓬佩奧表示那一天只有「數月之遙」，不過他從川普政府上任初期的前 18 個月裡，就一再重複這個估計值。國防部長馬提斯的反應則較為悲觀。當北韓在 2017 年 11 月完成最成功的飛彈試射後，馬提斯表示北韓已擁有「基本上可達全球任何一個地點」的攻擊能力。

第 13 章

清算

推特和你們做的是一樣的事嗎？
——2018 年 4 月，在針對 Facebook 的使用者
資料處理方式召開的參議院聽證會中，參
議員葛瑞姆向祖克柏提出的問題。

在前英國政府通訊總部負責人漢尼根的口中，五眼聯盟這個
菁英俱樂部是第二次世界大戰英語系同盟國現今僅存的殘影。這
些五眼聯盟國家的情報主管在 2018 年 7 月齊聚加拿大諾瓦斯科
西亞省，參加於度假村舉辦的晚宴時，大家的對話都圍繞在一項
問題上，那就是他們是否有可能阻止中國為西方世界建置連線？

在冷戰年間，五眼聯盟舉辦的這類低調會談幾乎總是聚焦於
如何遏制俄羅斯或協調諜報網路等話題上。發生九一一事件後的
幾年裡，他們的會談轉變為戰略會議，眾人商討如何因應塔利班
和蓋達組織之類的團體。不過隨著網路時代降臨，大家漸漸察覺
到強權競爭再度上演，只是型態與過去大相逕庭。

莫斯科和北京構成截然不同的挑戰。俄羅斯是好戰的破壞

者，這個財務破產的國家擁有核武，試圖讓西方世界分裂並製造混亂。相較之下，同儕競爭者中國並非那麼重視短期的失序混亂，反而比較偏好長期的支配能力。中國的領導階層日益深信若要達成此目標，不應仰賴核武或船艦，而是要靠伺服器、軟體與電纜。如同一位資深情報官員對我說的：「中國需要掌控基礎設施。」那正是華府憂懼的重點所在，如果中國或任一家中國龍頭企業掌控西方的電信網路核心，那麼中國將能更輕鬆地截取流量或將流量轉向，包括可以直接將流量傳回北京。

從首先在渥太華舉辦的正式會議，到隨後於諾瓦斯科西亞省舉行的龍蝦晚宴，五眼聯盟在那年 7 月中旬的首要關注焦點，一直都放在中國的策略與計謀上。其中某些與會者是新加入會談的成員，包括剛獲指派的中央情報局局長哈斯佩爾，她也是第一位領導中央情報局的女性；友善的澳洲通訊局首長勃吉斯同樣是新成員。其他人則已有多年處理這類問題的經驗，例如英國軍情六處的楊格等等。不過大家都清楚一件事，那就是手邊的時間不多。

由於推出又稱「第 5 代」技術的 5G 技術，因此網際網路即將轉型。為了建置這種嶄新的無線網路，需要重新設計與打造網際網路的中樞系統。在未來幾年裡，從澳洲、北美到歐洲，將會對該系統的「網路骨幹」建置作業進行決標，這包括交換器和軟體等可讓該系統正常運作的配備。建置網路的最終人選決定權都掌握在全球各國政府手中，而那些決策最後會根據創造工作機會、節省成本與國家安全等各種不同政治考量來判斷。

五眼聯盟擔憂若中國贏得建造網路核心的合約，中國將能控

制流經網路的資訊，進而讓中國能配合需要來竊取、操作資料，或是讓資料轉向。就 5G 而言，對中國的擔憂等於對華為的擔憂。這家中國電信設備製造龍頭幾乎就要取代蘋果，站上全球第二大手機製造商的地位；不過華為的眼光放在 5G 網路上，該公司決心建置從雪梨到華沙的網路。如果華為能控制這些龐大切換器的軟硬體，將會擁有無與倫比的存取能力，屆時，全球最大經濟體和防禦這些經濟體的軍事同盟日常進行的作業，全都會落入華為的可及範圍裡。

華為擁有優勢地位，因此能夠成為新網路建置作業中的關鍵要角。一般認為華為的設備水準在全球名列前茅，足以媲美諾基亞和愛立信這兩個主要競爭對手。至 2018 年 12 月中旬，華為已在全球贏得 20 多筆大型 5G 商業合約，包括中東與非洲地區的合約在內。

可以理解大型電信業者已迫不及待地想讓這些新網路開始運作。在 5G 網路廣泛普及之後，消費者使用手機連線至一般行動電話網路時，將會在螢幕上看到資料以驚人的速度載入。停頓的畫面、似乎永遠無法載入的頁面等耽擱時間的惱人現象，也就是延遲的現象將會消失，至少根據理論是如此。速度提升之後，勢必利潤也會隨之而來，因為透過空中傳輸，經由最近的基地台下載一整部電影到智慧型手機或平板電腦內時，將只需要花一、兩秒的時間。

速度與無所不在的特質僅是開端。建置 5G 網路除了可供智慧型手機使用之外，還有其他更多用途。未來許多裝置將會持續向彼此饋送大量資料，而 5G 網路的設計可供數十億個感測器、

機器人、自動駕駛車與其他不同裝置相互連線。據信如此的能力可望引領新一代工業革命到來；未來工廠、建設工地、甚或整個城市在運作時，將可減少持續仰賴人力介入的需求。虛擬實境和人工智慧工具將會變得稀鬆平常，而且從幾乎任何位置皆可作業。

然而在這種情況下，讓消費者受惠的特質也對駭客有利。五眼聯盟的各個首長憂心前述的嶄新連線能力，可能會成為中國取之不盡的寶庫。5G 系統與前幾代系統相同，運作時必須倚賴由切換器與路由器構成的實體網路，網際網路的資料都靠這種我們看不見的管線系統來流動。但由於 5G 網路的資訊會持續經由雲端交換，因此 5G 技術更為仰賴多層架構的複雜軟體。這類軟體的適應性更高，而且會持續更新，很像是 iPhone 會在夜間充電時自動更新一樣。這種革命性轉變會帶來深遠影響，因為政府主管機關或網路使用者將永遠無法確認最新的更新內容是否跟先前版本一樣安全。「後門」或許會隨著更新一併引進，導致轉向資料的作業變得更加簡易。

更重要的是，規範這些網路如何於全球互動的技術標準仍在不斷變化，而中國正試圖訂立這些標準。早年曾創立自己的電信公司，現在則擔任參議院情報委員會副主席的民主黨參議員華納表示：「問題就在這裡。我們習慣的世界，是一個由美國發明網際網路、設定標準並製作所有關鍵零件的世界。但這種世界即將消失，而且再也不會重現。現在我們必須適應一個不同的世界，在新世界裡，我們看到的所有物聯網裝置都會是由中國製作，而供這些裝置運作的許多網路同樣也是出自中國之手。」

幾乎就在川普於 2017 年 1 月上任的同時，一個國家安全會議小組也開始調查華為和中國中興通訊公司（一家跟華為競爭的較小公司）會對美國網路造成的威脅。美國與中國間的 5G 掌控權之爭，在白宮內部眼中似乎是個零和賽局，這是只能有一個贏家的新軍備競賽。

　　美國政府為了挫敗中國的野心，早期提出的某些構想聽來十分牽強，而且成本高昂。一直擔任空軍軍官的史帕丁准將向來關注中國，並將中國視為正在崛起的對手。史帕丁起草了一份備忘錄與 PowerPoint 簡報，提出充分理由證明美國政府應將 5G 網路國有化。史帕丁提議政府應自行建置 5G 網路，如同在二十世紀中期建造橫跨全國的公路一樣。「沒有艾森豪總統，就沒有州際高速公路。」史帕丁主張。「沒有甘迺迪總統，就沒有太空計畫。」

　　史帕丁在華府各處進行前述簡報，主張唯一能與中國競爭者打平的方法就是訂立聯邦應急計畫。在其中一張簡報投影片的圖裡，顯示著城牆高聳的中世紀城市遭到圍攻的模樣，剛好能貼切比喻美國現行的古老網路技術所面臨的情況。接著史帕丁在展示一張曼哈頓下城蓬勃發展的對比圖片時，力主美國需要優先開發 5G 技術，以確保美國能夠繼續保有科技優勢。「否則中國終將獲勝，而且政治、經濟與軍事領域無一例外。」

　　自然，史帕丁的計畫外洩，這立即扼殺了他的計畫。新選出的共和黨政府中無人想將私營企業的財產　削減到幾十億美元左右。川普政府的聯邦通信委員會主席駁斥計畫的概念十分荒謬，白宮則跟報告劃清界線，而史帕丁很快就從國家安全局離職。

在大家心頭縈繞不去的恐懼，無非是害怕中國除了在 5G 技術上領先群雄之外，還會利用這項優勢好在人工智慧與量子運算領域中取得領先地位。

前述恐懼都不是新浮現的擔憂，但卻達到了極盡強烈的地步。例如雖然歐巴馬和習近平在 2015 年簽署網路相關協議，禁止國家利用網路竊取智慧財產，但愈來愈多證據顯示中國開始違背這項協議，再度開始駭入美國企業與國防承包商內部。事實上，中國在簽署該協議後之所以即刻停止行動，似乎是為了重新對首要的國有駭客小組進行編制，並提升其專業能力，隨後就能利用更為老練的手法重返美國企業內部。不過，這次中國駭客是聽命於中國國家安全部，不再由人民解放軍指揮。

在 2018 年秋天，參議院情報委員會的領導階層開始召集各電信公司的首長進行會談，中曾根將軍、國家安全局與網戰司令部的其他主管也包含在內。大家在這些機密議程中激烈爭辯在 5G 技術領域中的「領先者」究竟是誰。領先者是仍然擁有較佳設計、較佳演算法和較隱密網路的美國嗎？或是利用外援與政治勢力，將從中東到拉丁美洲的許多國家都納入華為勢力範圍的中國呢？

這是很有意思的辯論，然而白宮內的川普助理漸漸認為這項爭議已無關緊要。在川普的助理看來，在中國公司製造的設備和軟體中尋找後門太過狹隘，而且對於找出特定高階主管跟中國政府之間的牽連，他們也秉持類似的消極看法。對川普的助理而言，更重大的問題在於中國的獨裁政府，以及在商業獨立與國家之間漸趨模糊的界線。從某種角度來解讀北京新頒布的一系列法

案，中國似乎正透過這些法案授予該國政府新的法律權限，讓政府能夠檢視華為等公司所協助建置與維護的網路內部，甚或接管那些網路。美國政府多年來也曾提出類似主張，而中國的版本則略有不同。新的法律規定所有中國公司皆須就國家安全事務，向中國政府提供「技術支援與協助」。我們不清楚那是否需要進行任何法律的正當程序，或許靠中國國家安全部的一通電話就可以辦到了。中國的企業現今已在協助中國政府追捕異議份子，這類行動通常都是透過臉部辨識軟體的輔助。

幾乎就在諾瓦斯科西亞省的晚宴結束之際，五眼聯盟的一些國家立即採取行動，封殺華為與中興通訊建置該國的 5G 網路。美國在 2018 年 8 月率先發難，川普總統簽署了國防授權法案，禁止在政府使用的網路內使用大多數的華為和中興通訊設備，實際上就是限制美國大型電信業者不得使用中國的設備。

澳洲很快也跟著採取相同行動。澳洲在 8 月發布禁令，阻止華為和中興通訊為該國 5G 網路提供技術。華為的高階主管柏迪曾在美國國土安全部任職，並且負責處理網路相關議題，因此華為後來聘請他擔任華為在美國的首席安全官。柏迪表示他對前述決策感到震驚。「我們和澳洲政府之間原已對解決 5G 相關風險的方式達成協議，」他表示，「但突然之間，澳洲總理介入並表示因為美國政府所施加的壓力，所以他們要中止相關計畫等等。」

紐西蘭在 11 月駁回當地某家電信公司使用華為設備建置新網路的提案。英國的英國電信公司則著手移除某些華為製造的老舊設備，不過英國電信堅稱那都是從先前收購的公司所接收的設

備。但是英國基於幾項理由而沒有完全禁止華為，例如英國各地的電信業者都抱怨若將華為排除在外，會使 5G 的推出時間延後達一年。此外華為也拉攏倫敦的權力菁英，包括聘僱曾擔任英國電信公司執行長的上議院議員約翰・布朗，以及其他英國領導級人物加入華為的英國董事會，這當然不會帶來負面影響。

當英國發生爭論時，白宮則繼續拓展對抗華為的行動。白宮向波蘭政府施壓，要求該國拒絕華為協助當地建置 5G 網路，並且暗示波蘭政府若讓華為進入波蘭，將會危及未來任何的美軍部署作業，對波蘭領袖已稱為「川普堡」的美軍常設基地願景也會造成負面衝擊。前往柏林參訪的一位資深美國官員代表告知德國同級官員，若德國政府與中國製造商往來，會讓北大西洋公約組織陷入危險處境。（這項主張並未打動德國，因為德國認為川普總統本人就是北大西洋公約組織面臨的最大威脅。）

想當然耳，沒有確切證據可證明對華為的指控。那都只是猜測，大家僅是逐漸意識到現在所做的決策，都可能左右中國未來能夠多快和多完整地「掌控」外國網路。在政治爭論中，美國對安全性的疑心重重，常跟美國在經濟上對中國的不滿之情混雜在一起。川普的國家安全顧問波頓表示，川普認為美國採取的貿易與安全行動宗旨都是「為了預防未來政治／軍事力量發生失衡現象」。

很有意思的是波頓用了「預防」一詞，而不是「管理」，他的用語似乎暗示美國可以完全阻擋中國，無須接受中國將會掌控全球大部分網路的事實。

美國與中國之間因華為而生的緊繃關係，在 2018 年 12 月 1

日華為財務長孟晚舟遭逮捕之際達到爆發點。美國已長期對華為違反伊朗制裁令的行為進行調查，並且因這項調查而逮捕了孟晚舟。孟晚舟可不是普通的高階主管，她是華為創辦人任正非的女兒。（如同我的《紐約時報》同事佩雷所說，孟晚舟「擁有等同於桑德伯格等人的地位，而且桑德伯格還得剛好是賈伯斯等這類美國科技先鋒的女兒」。

中國立即反擊，他們逮捕十多名加拿大人，並且扣留其中數人作為說服加拿大放棄引渡孟晚舟至美國的籌碼。中國的訊息很清楚，任何想要糾纏華為的國家，都該考量旅居中國的該國人民會因而陷入何種風險，即使是清白無辜的人也同樣有危險（這似乎無法強化中國的主張，也就是華為和中國為各自獨立的實體）。中國政府的領導階層不會容忍小國插手干涉。

然而中國官員在公開與私下發表意見時，都試圖將逮捕孟晚舟的行動，跟逐漸逼近關鍵時刻的美中貿易交涉加以區隔。不過川普自然沒有察覺其中的區分，他立即讓逮捕行動染上政治色彩，指出只要有助於讓他和習近平達成有利協議，進而終結迫在眉睫的貿易戰，那麼他就可能會「干預」孟晚舟一案。川普不懂的是其發言讓美國司法體系看來宛如中國的司法體系，不但受到政治左右，也受到國家策略與經濟利益影響。這釀成了嚴重錯誤，但卻是川普式思維下的常見事例。

對華為而言，沉重打擊接連而來。波蘭政府在美國官員的暗示之下，於 2019 年 1 月採取行動，逮捕華為員工王偉晶（音譯），指控他祕密為中國情報單位工作。

華為立即開除王偉晶，中國官員則正確地指出在美國的電信

公司內，也曾出現相同的內奸行為（更不用說國家安全局本身了）。不過在這起案件中，還有一位前波蘭情報官員跟王偉晶同時遭到逮捕，因為該官員疑似協助中國滲透波蘭政府最安全的通訊網路。

即便如此，部分歐洲國家仍警告美國從經濟、外交與法律層面多方施壓的行徑，宛如紅色恐慌在高科技領域復甦。當年參議員麥卡錫曾於國務院中尋找共產黨員的蹤跡，如今川普則在 5G 網路中搜尋潛伏的機器人。漢尼根表示他擔心對中國技術的渲染炒作「有些歇斯底里」。德國聯邦資訊安全辦公室首長則警告：「做出禁止等重大決策時需要具有證據。」

自然而然地，華為將自己塑造成受害者。以寡言聞名的華為創辦人任正非在 2019 年 1 月打破沉默，表明他雖然是共產黨黨員，但不是黨的工具。有人詢問任正非，若中國國家安全部現身，並針對華為有在當地管理網路的某個外國國家，要求他提供該國的資訊時，他會怎麼做。任正非聲稱他不會交出資料。「我可能得關閉公司。」他反駁道。「我們寧可關閉華為，也不願為了追求公司利潤而傷害客戶的權益。」

任正非的問題在於出了中國後，幾乎無人相信他的說法。史丹佛大學的林赫伯（音譯）長年研究華為等公司帶來的網路威脅，他是這樣形容自己的疑慮：「除非看到中共（中國共產黨）在法院審判中敗訴，我才可能願意考慮購買華為產品，但在此之前都不可能。而我想還得等一段非常長的時間後，才會看到中共遵循不利於該黨的法院命令。」

此外，某些跡象暗示中國已在測試可從哪些行為中全身而

退。美國官員與學者在 2016 年時開始注意到某個奇特的現象。規模龐大的中國國有電信業者中國電信集團,似乎會短暫「挾持」傳經網際網路的某些訊息。在部分情況下,應直接傳送到美國與其盟友或直接從該地傳出的基本流量,反而會被轉向經過中國傳輸,這距離原本預定的路徑有數千英里遠,而且有時一去就是好幾個月。

羅德島美國海軍戰爭學院的丹查克教授對前述挾持現象所共同撰寫的研究,是此主題中最出色的非機密研究。他的研究說明中國如何從歐巴馬任期內所訂立的美中協議鑽漏洞,繼續攻擊美國與其盟友的公司。雖然協議內禁止直接攻擊美國公司,但就像丹查克所寫的:「這無法防範挾持西方國家的重大網際網路骨幹。」業界稱長程電信業者連接至區域網路的連接點為「網路連接點」,基本上等同於進入某國數位空間的入口;因為中國電信在美國擁有八個「網路連接點」,所以似乎無須費多少功夫即可奪取流量,並暫時將其轉向中國,而非傳至原定的目的地。

這些轉向行為的性質隱密,因此除非貼近細查,否則不會有人注意到這類情況。但是中國的運氣不好,因為有個研究人員小組正是負責進行這項作業。丹查克與該小組的創辦人辨識出一套有違網際網路基本原則的網路流量模式。其中或許最離譜的案例發生在 2016 年 10 月,原本網路流量應該是從美國傳出,並在經過大西洋後傳遞到總部位於義大利米蘭的某家銀行,但該流量卻遭中國電信截取並傳送到太平洋另一端的中國。之後,中國那邊顯然發生了某種問題,因此雖然他們曾試圖將網路流量傳回原本路徑,該網路流量卻未能確實抵達米蘭。

轉向造成的傷害十分微弱。但是，就像一位曾檢閱相關情報的人士對我說的話：「其中完全沒有意外色彩。」而他們相信若採用華為設備，「這類事件會更容易發生」。現在請試想若遭轉向的流量包含的不是銀行資料，而是軍方的目標選定資料的話，會是何種情況。此外，這類行為是單行道，因為中國在美國境內擁有存取權限，但是美國公司在中國內部卻沒有相同的存取權限（除了在香港之外）。

前述每樁事件都在侵蝕著中國與西方聯盟之間對彼此的信任。隨著美國試圖將中國阻擋在西方網路外、中國也試圖將西方國家阻擋在自家網路外，網際網路也變得愈發兩分化。我們現在已可看見獨立的中國網際網路雛型，這個獨立網際網路的主宰者是中國的搜尋引擎、中國版的 Facebook 與中國的審查制度。俄羅斯和其他威權主義國家也在嘗試開拓自己的網際網路影響範圍，只是技術略遜一籌。因此，西方世界的原版網際網路雖然仍保有自由環境，但大家卻因接連發現他人可輕易操控西方網際網路而疲於奔命。

網路這項發明曾因可讓眾人跨越國界即時溝通，並讓大家能以前所未見的方式取得資訊，而被讚譽為可讓世界融為一體的偉大發明，但如今網路卻迅速演化為數位版的柏林圍牆。而如同古老的圍牆一樣，網路也將自由世界與不甚自由的世界互相隔絕。

當美國跟中國彼此角力之際，矽谷的 Facebook 與祖克柏正面臨每況愈下的壞消息襲來。

隨著調查人員更深入調查 Facebook 在俄羅斯執行駭客行動

期間的內部情況，可愈發明確地看出當某些國家為了影響現實政治情勢，而將擁有 22 億位使用者的 Facebook 平台當成自家的遊樂場時，祖克柏與其營運長桑德伯格居然都被蒙在鼓裡。

桑德伯格加入 Facebook 的原因，是為了向這家由工程師主導的公司提供些許政治智慧。現在，Facebook 因為當初漠不關心俄羅斯特意製造的混亂而必須付出的代價，正漸漸變得明朗。歐洲監管機構與美國國會某些成員開始討論修改隱私法，而對於仰賴蒐集個人資料並尋找新方法好將資料轉為利潤的商業計畫而言，修法無疑會帶來傷害。自從祖克柏在哈佛大學宿舍裡創立 Facebook 以來，這是他首度面臨一再要求他下台的強大壓力。根據民調顯示，曾名列美國最受推崇公司之一的 Facebook，此時獲得大眾敬重的程度已急遽下滑。雪上加霜的是千禧世代還開始刪除手機中的 Facebook 應用程式。

祖克柏未能搶在資料輪番遭到公開前採取行動，加深了他所面臨的問題。原來劍橋分析所獲得的 Facebook 使用者資訊存取權限，比 Facebook 最初承認的權限更多。此外，俄羅斯玩弄系統的徹底程度與高明程度，都超越了大家最初的了解。

前 Facebook 安全長斯塔莫斯察覺自己與公司領導階層間的鴻溝已然過寬，因而離開 Facebook；隨後他在 2018 年 11 月承認道：「沒錯，桑德伯格對我大吼。」斯塔莫斯寫道在 2016 年與 2017 年期間，他和同事「發現一個由偽造人物構築而成的網路，我們有信心該網路跟俄羅斯有關係」，換句話說，那是在 2016 年選舉期間，為了於美國內部播下分裂種子而製作的機器人與假身分。

斯塔莫斯透露他曾於 2017 年 9 月告知 Facebook 董事會「難以啟齒的真相。那就是我對於是否已找出了俄羅斯打算從事的所有行動毫無自信。此外，情況很有可能繼續惡化」，讓 Facebook 無法趕在情況惡化之前，先行開發技術與培養內容審查員以抑制相關問題。他寫道桑德伯格「因此覺得遭到出其不意的打擊措手不及」。

斯塔莫斯離開 Facebook 後，在公開場合發表了他任職 Facebook 時曾私下長期提出的主張：Facebook 的資深領導階層的心思全被快速成長的需求占據，而且還得分神注意其他議題，因此資深領導階層已經有太長的時間都堅守「最小化與否認策略」。而美國情報單位未能向 Facebook 提供任何「可據以行動的情報」供其妥善運用，也導致問題進一步加劇。

不過現在，隨著俄羅斯行動的規模曝光，當下的迫切目標是得找出回應方式。劍橋分析危機的嚴重性為美國國會提供了所需的機會，讓國會能以討論資料隱私的名義召開聽證會，主要證人則是祖克柏。

2018 年 4 月 10 日是為期兩天的馬拉松作證第一天，祖克柏抵達國會山莊後，眾多攝影機立即朝他蜂擁而上，讓聽證室裡擠得水泄不通。媒體才剛在幾個月前拍到祖克柏拜訪美國偏鄉地區，某些人曾短暫相信那可能是他參選總統的序曲。現在祖克柏卻成為民主黨與共和黨的眾矢之的。前幾週裡，祖克柏把大部分時間都用來跟高薪聘請的顧問、律師與形象專家團隊閉關練習，對即將到來的聽證會進行角色扮演。他們確實有需要擔心的理由。祖克柏對愚蠢問題是出了名地冷淡又缺乏包容力，但面對

至今還在跟使用 Microsoft Word 奮鬥的國會成員時，他勢必會聽到這類問題。「我們知道若祖克柏看來在閃躲，就會被開膛破肚。」事後該團隊的一位成員表示。「而且若他無法每次皆以『這是個好問題，參議員先生／女士！』作為開場白，肯定會陷入麻煩。」祖克柏接受專家團隊的指導，學習如何讓自己看來誠懇而親切。他甚至換下招牌的灰色 T 恤，改為穿西裝、打領帶。接受了如何避開潛在地雷區的充分訓練之後，祖克柏已準備好面對 Facebook 史上頭一樁似乎揮之不去的醜聞。

　　祖克柏做完開場陳述後，時年八十四歲的司法委員會主席葛拉斯里參議員表示，共有來自兩個委員會的 44 位參議員等著質詢 Facebook 執行長。顯然眾多國會成員都知道他們應該要對 Facebook 的行為，以及祖克柏不願承擔大部分責任的態度表現出憤慨之情；不過對於自己該感到憤慨的原因，許多人似乎就不是那麼確定了。夏威夷州的民主黨參議員沙茨追問祖克柏，若他把跟超級英雄電影《黑豹》相關的資訊，透過 WhatsApp「傳送電子郵件」給某人，Facebook 是否能取出該資料並傳送相關廣告給他。

　　「那都經過完全加密。」祖克柏說道，並花了點時間說明那是什麼意思。

　　南卡羅萊納州的共和黨參議員葛瑞姆想知道的是：「推特（當時）和你們做的是一樣的事嗎？」參議員哈奇則好奇 Facebook 如何在不向使用者收費的情況下獲利。（「參議員先生，我們會刊登廣告。」祖克柏說道，努力不去眨眼或聽來高人一等。）

有幾項問題非常犀利，直接對準了使用者選擇、隱私與企業社會責任等基本原則。但就像《衛報》專欄作家弗里德蘭的形容，聽證會給人的整體印象宛如祖克柏是「前去問候祖父母的有禮青少年，結果整個下午都在教他們如何開啟 Wi-Fi」。

　　比起 Facebook，整場聽證會讓參議院臉上無光。當習近平在向中國人民發表的演說中，以最為堅定的態度說明中國對 2025 年設下的主要目標是人工智慧、量子運算、自動駕駛汽車等等眾多項目時，美國參議員卻在告訴祖克柏他們的小孩有多喜歡 Instagram。那場聽證會有如在回顧過去，而非放眼未來，但問題並非僅只於此。問題在於美國需要建立協調一致的策略，好在未來十年中妥善因應社群媒體相關議題，可是參議員卻以為就政治層面而言，他們仍可表現得彷彿毫無頭緒一樣。不過這是因為其中許多人確實沒有頭緒。

　　之後，Facebook 仍繼續費勁處理該公司面臨的難題。他們在 2016 年發現問題規模大於預期，接著又在 2019 年察覺解決方案的難度超出先前的想像。現在，Facebook 必須判斷哪些內容構成合法的政治言論，這是該公司從未預見自己須執行的編輯工作。

　　Facebook 精明的政府關係主管比克特於 2019 年年初向我表示：「我們的問題在於得找出界線，清楚劃分可接受的政治資訊與真實的欺瞞行為。」

　　光是辨識那條界線就已讓 Facebook 煞費苦心，遑論要依循那條界線了。該公司先前監督內容的工作相較之下比較直接，例如對於構成兒童色情、霸凌與恐怖主義的內容，人們大多抱有共

識。訓練內容審查員或建立演算法以移除斬首影片之類的內容，也不算困難。

政治言論卻截然不同。監管政治言論時，內容的關係不大，反而是跟來源比較有關。在 2016 年，其中一則欲分裂美國人民的廣告鼓吹德州脫離聯邦。這聽來似乎太過火，但如果是由美國公民發表的內容，顯然就會受到美國憲法第一修正案保護的言論。問題在於 2016 年的那則廣告是俄羅斯網際網路研究中心的產物，由普丁大廚的俄羅斯員工負責製作，而他們企圖讓該廣告看起來是由某個德州人撰寫並張貼。廣告製作者想欺瞞的部分不是廣告內容，而是廣告來源。

根據 Facebook 的用語，前述廣告屬於「協同造謠行為」的一例，這類內容皆受到 Facebook 的服務條款禁止。用說的聽來很單純，但當 Facebook 嘗試釐清哪些屬於造謠、哪些構成可接受的政治言論時就不是這樣了，情況迅速變得複雜。

就在 2018 年美國獨立紀念日前夕，德州新聞媒體《維護者報》決定鼓勵讀者閱讀《獨立宣言》的全篇內容。為了讓大家更能輕鬆地讀完整篇宣言，《維護者報》每天都在該報網站的 Facebook 粉絲專頁張貼短短的幾個段落。他們的企劃完美地實踐了九天，但是在第十天，企劃卻突然遭到中止，而且是受到 Facebook 本身中止；因為 Facebook 在審查這些貼文後，認為貼文屬於「仇恨言論」。雖然問題的起因一直未能完全明朗化，不過《維護者報》認為原因可能是以下這段對喬治三世的怨言：

他在我們之間煽動內亂，並致力使我們邊境地帶的

住民參與其中，那些住民是無情的印地安蠻族，眾所皆知，他們的作戰原則是無視於男女老幼與情況即將一切破壞殆盡。

「印地安蠻族」一詞似乎觸動演算法，因此傑佛遜的偉大創作遭標記為仇恨言論。（羞窘的 Facebook 很快取消了對貼文的封鎖。）

約在同一時間，某個德州樂團氣憤地發現 Facebook 暫時封鎖了他們為新歌打的廣告，那是一首鄉村樂作品，歌名為《我擁護國旗》。Facebook 將這首歌標為政治言論。而為了發布政治廣告，該樂團必須證明自己為真實存在的樂團，且樂團成員皆居住在德州境內，不是來自俄羅斯聖彼得堡的機器人。

時值 2018 年，Facebook 如何處理這項驗證程序呢？當然是透過傳統的郵寄方式。為了證明潛在廣告客戶是貨真價實的美國公民，Facebook 會寄送內含確認代碼的明信片至廣告客戶的實體地址。只有在回覆明信片後，廣告主才能讓廣告上線。簡單來說，若想在祖克柏於 15 年前發明的革命性平台上打廣告，必須依賴富蘭克林創建的郵政系統，而且還得祈禱郵局沒有將明信片送到錯誤地點，或放任明信片遭雨淋濕。

如此的機制看來十分可笑。（就前述樂團而言，由於明信片未能及時寄達，因此廣告無法生效。）接著福斯新聞報導了這則新聞，藉此強化他們指稱矽谷公司缺乏愛國心的說法。該樂團的一位成員向福斯新聞表示：「如果一家號稱政治中立的公司內部存在這等偏見，讓他們把演算法的程式設計為會駁回類似《我擁

護國旗》的內容,那我認為許多美國人覺得自己遭到冒犯都很合理。」

於是 Facebook 又再一次地退讓。

祖克柏、桑德伯格及他們的律師、遊說人士與形象塑造人員團隊,重新認知到媒體組織與大學校園多年來早已清楚的一件事,那就是「中立」並非與政治無關;此外,某些人詮釋為仇恨言論的內容,在其他許多人眼中可能只是一般政治上的你來我往而已。

在那一整年中,Facebook 團隊須做出判斷的爭論性決策清單愈來愈長。曾自詡為全球最大通訊管道的 Facebook,突然被迫必須在情勢最緊張的政治環境內判斷接連而來的問題。Facebook 的領導階層不得不像編輯一樣思考,有時還得如同政府般進行考量。在 2018 年 7 月,某位桑迪胡克小學槍擊事件受害者的絕望家長發表社論,要求 Facebook 採取行動,禁止針對邊緣團體歸類為「危機演員」的人士所發表的仇恨言論、死亡威脅,以及相關的肉搜行為。隨後一篇聯合國的報告指出,有確鑿證據顯示在緬甸發生利用內含假新聞的 Facebook 貼文指控羅興亞人犯罪的情況,以藉此引發種族滅絕行動。「這比那些關於總統選舉的假廣告更糟糕。」一位 Facebook 高階主管在我於 2018 年年底拜訪 Facebook 總部時對我說。「有人因此遭到殺害。」

然而,沒有教戰手冊可協助 Facebook 依循那條介於負責任的內容監督跟審查制度之間的界線,於是 Facebook 自行建立手冊。根據我的《紐約時報》同事費雪的報導,Facebook 的核心人員每兩週會召開一次早餐會議,在會中彙整特定的全球規則,

決定構成可接受言論的條件為何，而這大多是根據各項事例逐一判斷。也就是說，這些人員在早上喝咖啡的時候，決定全球 20 億位民眾可於 Facebook 平台上發表和不得發表的言論，並且將這些方針歸結為 PowerPoints 檔案與試算表，分發給全球數千名的 Facebook 內容審查員。許多內容審查員都是較不需要專業技能的員工，對於這些他們應在牢記後執行的複雜規則有何涵義，也知之甚少。

這些規則手冊的內容有時近乎古怪。例如其中詳細解釋了哪些表情符號可能用來表達剝奪人性，以及可接受「jihad」（吉哈德、聖戰）一詞出現在哪種上下文裡等等。

好消息是 Facebook 終於認真看待這項問題，壞消息則是普丁打開了潘朵拉的盒子，首先導致華府遭到吞噬，接著是矽谷。最終的成果更超越普丁或任何俄羅斯領袖的期望。

對 2016 年選舉干預的調查加速進展，但普丁幾乎絲毫不受阻礙。俄羅斯駭客繼續將嵌入程式安置到美國各地的電網內，而且動機依然不明。例如有幾家新創公司會根據新聞的可信度給予評分，並將評分結果提供給亟需第三方裁決者的大型社群媒體組織，而其中一家新創公司 NewsGuard 就是遭駭客攻擊的組織之一。

但當 2018 年中期選舉逼近之際，卻可明顯看出普丁並不打算依循上次他為了協助川普而運用的干預手法；國家安全局和美國網戰司令部也沒有重新利用 2016 年策略的意思。一位資深美國網軍告訴我：「最至關重要的是美國不能再讓他人發現我們其

實毫無準備。坐在國會聽證會裡解釋我們為何未能發現俄羅斯侵入、為何未能大舉反擊時，看起來真的是蠢斃了。」

選舉成為測試一項新工具的途徑，那是在 2018 年 8 月簽署的一份總統命令，此命令解除了中曾根將軍與網戰司令部所受的限制，因此他們現在無須先獲得明確的總統核准，即可對美國的敵人執行例行的攻擊性網路行動，亦即非戰爭行動。這項命令削減了大量繁瑣規則，因此過去根據歐巴馬總統簽署的前一份命令，必須向商務部、能源部等等所有其他政府部門進行諮詢的冗長程序也得以免除。

川普自己從未提到新的命令，或許是因為他不知道自己簽了什麼命令，也可能是他不想討論為何有此需要。先前川普與普丁在 7 月進行第二次會晤後，曾於赫爾辛基舉辦記者會。即使跟美國的情報評估結果背道而馳，不過普丁在記者會上依舊否認俄羅斯與美國選舉的駭客事件間有任何關聯，而此時川普再度發表宛如支持普丁的言論，這已是他第二次打自己的臉。因此在這種情況下，美國政府很難解釋為何現在總統願意放手讓網戰司令部對付莫斯科持續不斷的選舉干預行為。

從各方面來說，川普新簽署的命令並未提供可隨意運用網路武器的無條件權限。施用網路武器時必須具有特定的目標，行動目的也必須清楚明白。（關於中曾根究竟擁有多少自由的細節仍不清楚；跟歐巴馬的做法不同，這次白宮並未發表該命令的內容甚或摘要。）

「美國將會從事許多攻擊性行為，我認為美國的敵人需要知道這一點。」波頓在命令簽署的一個月後表示。他在向記者舉行

會議時，主張雖然新措施的核心在於防禦，但是「我們將識別、反擊、阻礙、緩和與遏制網路空間內那些破壞國家利益穩定與有違國家利益的行為，同時保有美國在網路空間中無可匹敵的地位。」

波頓的用語很模糊，而且「無可匹敵」（overmatch）一詞是冷戰時期的概念，意味著美國的核武在數量與威力上皆應勝過所有敵人，使用這個詞彙或許代表過往的武器較能讓波頓感到安心。

不過在密德堡，已於數個月前接掌國家安全局與美國網戰司令部的中曾根將軍，正試圖將川普的總統命令化為現實，同時嘗試向俄羅斯傳遞他相信原應在 2016 年即該傳達的訊息。

讓我們將時間倒退至 2018 年 7 月，那時中曾根集結非軍方人員與軍方指揮官組成「俄羅斯小型專案小組」，負責找出可擊退普丁的手段，這些手段必須強烈到足以讓普丁有所感覺，但又不會嚴重到迫使他將行動升級。接近 2018 年中期選舉時，中曾根察覺到有可利用的機會。根據我同事巴恩斯的報導指出，網戰司令部在選舉的前一個月採用最巧妙的手法，展開迎戰外國影響力活動的首批行動。網戰司令部辨識出幾位俄羅斯駭客，其中幾人來自聖彼得堡的網際網路研究中心，其他人則據信受僱於俄羅斯情報機關；隨後網戰司令部傳送直接訊息給這些駭客，警告他們美國政府知道其確切身分，並且正在追蹤他們於線上的一舉一動。這有點像是老式幫派電影，聯邦調查人員雖然現身發出警告，卻沒有執行逮捕。

選舉日隨即到來。中曾根並未坐著空等，而是採用攻擊性手

段，執行小型的先制攻擊，這正是當年歐巴馬助理們曾希望自己採取的行動。中曾根切斷了網際網路研究中心的連線，之後他在一份機密的「行動後」報告透露這項行動，而該報告立即外洩，讓大家知道新官已上任監督。一位資深官員向《華盛頓郵報》誇耀道：「他們讓俄羅斯關機。」

或許暫時是如此。這類攻擊的現實之一在於永遠無法持久。受到攻擊的目標終會釐清自己遭癱瘓的方式，並且找出變通的辦法。不過在前述事件裡，中曾根的用意在於傳達明白的訊息。他稍後也解釋自己下令執行（但從未公開說明）的行動屬於「持續交戰」策略的一環，而在其他人的口中，可能會將「持續交戰」稱為永恆不斷的網路戰。

他表示該策略有三分之二皆為與美國國內機關合作，例如聯邦調查局與國土安全部等等，「藉此預防以我國政治程序為目標的干預與影響力行動」。

中曾根表示其餘三分之一的策略則涉及「在網路空間內以行動對抗敵人的方式。前述行動包含主動防禦在內。我們應如何警告敵人？如何影響敵人？如何確立我們的定位，以因應未來必須實踐某種成果的要求？所謂的行動是指於美國境外、在美國網路之外的空間執行行動，讓我們能確切掌握敵人的動靜。」

他警告道：「如果美國得在自己的網路內進行防禦，就已喪失主動權與優勢。」

對中曾根來說，這其中的教訓十分明確。網路行動讓普丁、習近平、金正恩與伊朗的毛拉獲得「新方法，可執行連綿不斷的非暴力行動」，這類行動能逐漸消蝕美國的力量，而且「不會達

到觸發武力回應的門檻」。他警告這造成「現在無須經歷武力衝突，全球的權力分布就可能發生變動」。因此，囤積網路武器，亦即儲備網路武器的整體概念會是解決美國衰退的處方。

中曾根的分析正確無誤。不過，他的解決方案需要美國持續進攻，全天候在外國網路內執行行動。這麼一來，我們一定會被發現，而且雖然美國的敵人也對我們採取相同行動，但現在仍不清楚他們屆時會如何反應。此外，我們也不清楚在情勢緊繃之際，當美國面臨日常輕微衝突可能升級為更惡劣局面的風險時，美國又會如何因應。

同樣地，我們不清楚美國人民是否已同意採行持續進攻的策略。大多數人都不知道這項策略是以人民的名義施行。而正因為這類行動的細節仍受到滴水不漏的防護，所以也只有少數熟稔科技的菁英人士能對「主動防禦」想法進行極其有限的論辯。未來，對「主動防禦」的論辯應可成為棘手問題的解決之道。

美國政府究竟有無成功預防對 2018 年中期選舉的攻擊行動？這幾乎不可能得知答案。沒有證據顯示俄羅斯曾在 2018 年攻擊某州的選舉系統或註冊系統，但這可能只是因為操控中期選舉太過麻煩。相較於總統候選人的人數屈指可數，中期選舉的所有眾議員席位與三分之一的參議員席位加總後，共有 470 個席位。若想找出對俄羅斯有利或有害的人選，以及破壞地方層級選舉的方法，或許只會是大費周章地換得微薄報酬而已。偵查到民主黨全國委員會入侵事件的群擊公司創辦人德米特里，曾在某天這麼對我形容：「俄羅斯非常聰明，因此同樣的手段不會用第二次。」雖然俄羅斯無疑正在開發新技術，但他們似乎選擇等待下

一屆總統選舉到來，因為那時可造成實際衝擊的機會更大。

顯然俄羅斯還滿有機會達到前述目標。在 2016 年的攻擊事件中宛如待宰肥羊的美國各州，事後並未學到多少教訓。當年在總統選舉期間未對投票機設有紙本備案的州，到了中期選舉時依舊沒有紙本備案。雖然包括賓州在內的幾個州成立了委員會欲擬定相關解決方案，但他們是以委員會慣有的緩慢步調進展，而俄羅斯跟其他人士則以如同網際網路般的速度競相前進。

這也是為何下一屆與隨後每一屆的總統選舉仍舊是造成眾人嚴重擔憂的源頭。俄羅斯讓全世界得知美國系統有多脆弱。而且俄羅斯並不孤單，因為在 2018 年中期選舉時，伊朗意外地現身，並且製作了多則 Facebook 假廣告與假貼文。Facebook 先前曾發現伊朗駭客假冒自由美國人民的身分，並用這些人的名字鼓吹親伊朗、反沙烏地阿拉伯的議題，而在 2019 年年初，Facebook 仍在刪除那份清單上幾百個與伊朗相關的專頁。這次Facebook 又要再度趕上別人的進度。Facebook 在 2019 年 1 月火速移除的帳戶中，有將近三分之一的帳戶都已成立了至少五年。

美國的最高階情報官員在 2019 年 1 月底向參議院呈報 2019年全球威脅評估時，網路威脅重回清單上的第一順位。不過這次的評估有一段頗長的篇幅，都在探討應如何打擊欲利用社群媒體展開影響力行動的美國敵人。美國官員在幾年前幾乎不曾承認的這項威脅，如今又再次躍升回首要焦點。

情報體系似乎也開始意識到未來的威脅。「你知道在國家情報總監威脅評估中，另一個真正引起我注意的詞是什麼嗎？」史

丹佛大學的網路專家澤加特問道。「deepfake。」她指的是報告中提出的不同隱憂。網際網路上可能很快就會出現某些圖片或影片，內容看來宛如美國政治人物做出種族主義發言或製造分裂的言論，但實際上他們從未說過那些話。如果偽造得夠高明（而且現在許多偽造案例已十分高明），那麼幾乎無法戳破這些騙局。

　　「過去，欺瞞詭計是菁英層級的事務，各國政府會試圖在軍隊調動和突擊上欺騙對方。」澤加特表示。「現在，隨著科技進步，欺瞞詭計已成為主流。」

　　「相較於未來的趨勢，俄羅斯在 2016 年選舉期間製作的那些 Facebook 假網頁，看來將會如同《摩登原始人》。」

後記

參議員蘇利文（阿拉斯加州共和黨參議員）：你認為我
　　　們的敵人此刻是怎麼想的？如果對美國進行網
　　　路攻擊，他們會面臨什麼後果？
中曾根中將（美國網戰司令部指揮官）：基本上，我認
　　　為他們現在不覺得自己會面臨嚴重後果。
蘇利文：他們不怕我們。
中曾根：他們不怕我們。
蘇利文：這樣好嗎？
中曾根：這樣不好，參議員先生。
　　　　　　　——中曾根中將擔任美國網戰司令部指揮官的
　　　　　　　　提名確認聽證會，2018 年 3 月 1 日

　　在網路年代到來之前，圍繞美國的兩片海洋象徵著我們歷久
不衰的不敗國家神話。雖然核武攻擊的威脅在冷戰期間占據了我
們的心思，但一般而言，美國皆能確實消滅獨裁者、以無人機攻
擊恐怖份子，以及炸毀千里外的飛彈基地，而且相較之下，我們
很少需要憂懼遭到報復。當然，過去也曾出現讓美國舉國上下驚
懼的例外時刻，例如英國在 1812 年戰爭中讓華盛頓陷入火海、

日本攻擊珍珠港，以及蓋達組織撞毀世界貿易中心與五角大廈等等。但我們都知道唯一能威脅美國存亡的攻擊，僅限於蘇聯或中國的洲際飛彈彈頭，或是能取得核武的恐怖份子之流。經歷數次駭人的千鈞一髮事件，特別是在 1962 年的古巴飛彈危機後，美國和我們的主要敵手之間終於建立起一種不甚安定的權力平衡，那就是「相互保證毀滅」，藉此遏制最壞情況發生。因為失敗的代價過於高昂，所以前述的那種平衡奏效了，或至少目前為止都還有效。

在網路年代中，我們尚未找到這種平衡狀態，而且可能永遠無法取得這種平衡。網路武器與核武截然不同，至今為止，網路武器的效果相對仍較輕微。但若假設這種情況會維持不變，不但等於假設我們熟知自己解放的這項科技具備何等毀滅性威力，也等於假設我們能夠妥善因應處理。而根據歷史經驗，那會是一種高風險的賭注。

我的書桌上一直放著一本好書：《和平與戰爭期間的飛船》。[284] 此書最初於 1908 年在倫敦出版，作者是軍事歷史學家希爾納。書中嘗試推測飛機這項當時新奇的發明，將會如何改變歐洲強權的歷史演進。其中一章的標題為〈英國可能遭受空襲嗎？〉。這個問題在德國於 1916 年首度在英國境內四處執行空襲時得到解答。接著不到一年內，就展開了爭奪空中控制權的首批戰爭。隨後在 1940 年，倫敦即受到倫敦大轟炸的摧殘。

我們尚未在網路世界中看到如同倫敦大轟炸的事件。早期造成的傷害有限，例如伊朗的離心機、德國的一所煉鋼廠、拉斯維加斯的一座賭場、運作受創的一座沙烏地阿拉伯石化工廠、因神

祕原因而偏離正軌的北韓飛彈等等。但是，似乎每週都會出現暗示未來局面的跡象，例如亞特蘭大的市政服務因勒索軟體而癱瘓，以及英國保健系統遭受網路攻擊後，醫療機構無法接收病患等等。

急速成長的攻擊數量和瞬息萬變的攻擊目標，只是其中一部分的警示，提醒我們正歷經一場以數位速度進展的革命。

在這場革命的初期，採用網路武器似乎毫無風險。然而如今這種推估方式正在轉變。

如果美國總統使用遙控武器摧毀伊朗的核離心機、毀壞北韓的飛彈，沒有人會因此責怪美國總統。畢竟若要在讓美國軍官或情報官員冒生命危險，或無須讓任何人實際踏上某國領土就能深入當地之間做選擇，這其中的答案似乎不言自明。具有絕佳隱密性和低風險的無人機深深吸引了小布希與歐巴馬；同樣的道理也讓網路武器顯得令人難以抗拒。而且對付伊朗與北韓時，網路武器都提供了可減慢危險軍事計畫的步調又不會引發戰爭的手段。

未來十年裡，較難判斷的問題在於若我們選擇更頻繁地採用網路武器，是否仍會是明智的決定。如同美國執行「奧運」行動一樣，美國侵入北韓飛彈系統之舉也創下了先例，其他國家勢必會依循這類先例。當美國公開談論應設定基準來規範禁止從事的攻擊性網路行動時，例如應禁止對醫院、緊急應變人員與現今成為目標的選舉系統執行攻擊時，全球都將美國視為偽君子。每當美國將觸角伸進其他國家的重要基礎設施內，就是在為自己打造遭受報復的絕佳目標。

然而，對於美國在網路空間的所有舉止都會引發更強烈回應的時代，我們顯然尚未做好準備。因為如同本書先前內容所述，威懾在網路環境中沒有用。沒錯，至今電網不曾遭受毀滅性的攻擊，但「網路珍珠港事變」可能會促使美國總統想要履行 2018 年核態勢評估報告內的威脅行動，也就是某些非核武攻擊行動（主要為網路攻擊）將可能促使總統採用最終武器。

　　美國需要施加威脅的這項事實，讓美國過去數年的失敗經歷更加顯眼。在 2014 年，羅傑斯上將接掌國家安全局時在辦公室內告訴我，對其任期的衡量根據，在於他能否成功說服美國敵手相信攻擊美國網路得付出代價，而且是高昂的代價。當年稍晚，羅傑斯在史丹佛大學表示：「現在若從廣義角度來看大部分國家的組織與個人，以及他們在網路內從事的活動時，可發現其中大多數人的結論，似乎都是認為實際上需要因此付出代價的風險極低。」[285]

　　四年後，接任羅傑斯職位的中曾根將軍在提名確認聽證會上，承認「他們不怕我們」時，他等於承認了投注數十億美元到新防禦機制與新型攻擊武器後，美國仍舊無法建立可對抗網路攻擊的威懾機制。

　　這或許是可以理解的情況。核威懾在冷戰期間也沒有立即誕生。在經過技術專家、戰略家、將軍與政治人物多年協同合作之後，才得以創建核威懾。當時大家對此進行了非常公開的論辯，但美國似乎不願意針對網路領域這麼做，這可能是因為害怕揭露我們的能力，也可能是因為害怕必須放棄其中某些能力。

　　在核武年代，威懾機制之所以能在美國與蘇聯間充分奏效，

除了因為雙方都知道對方擁有可摧毀世界的力量外，也因為兩國皆對自家武器系統的完整性具有自信。美國與蘇聯都確定當總統下令發射時，即可確實執行發射。

但在過去幾年裡，我們一再看到網路武器可削減那份自信的情況。伊朗無法全然確保自己能控制離心機。北韓懷疑有人破壞發射系統。五角大廈內則有愈來愈多人擔憂在不遠的將來，當美國指揮官下令發射飛彈時，將會無法射出飛彈。

美國曾於 2016 年經歷過這種喪失自信的情況，不過並未攸關生死。那時我們害怕俄羅斯駭客設法侵入選舉系統，尋求可竄改選民註冊資料的方法。即使駭客的行動失敗，單是嘗試之舉即足以降低大眾對投票結果的信心。請試想若某個擁有類似技巧的組織侵入美國的核武預警系統，並觸發美國遭受攻擊的假警報時，那會是何種情況。這可能促使總統在那枚虛構飛彈襲來之前，就先發射出我們的武器。

前述情節聽來可能像部難看的驚悚片，然而除去網路操作部分，那跟 1979 年差點引發嚴重災難的事件幾乎完全相同。那時值班人員叫醒時任國防部次長的培里，向他報告預警系統顯示有 200 枚洲際彈道飛彈正在飛來。軍方迅速判斷那是假警報；有人將模擬攻擊來襲的訓練磁帶放入實際的預警系統中。不過培里後來提出警告，若敵人試圖利用精密的惡意軟體從事相同行為，例如經由內部人員置入惡意軟體等等，「下次我們可能就沒有這麼幸運了。」[286]

從美國的命令與控制系統遭到滲透時的後果，可以清楚看出為何破壞他國的類似系統會是危險行為。如果美國領袖或俄羅斯

領袖擔憂飛彈無法在人員按下按鈕時升空，或遭修改為會偏離軌道，那麼過去幾十年來協助降低核戰爆發機率的威懾機制，也可能容易因而變得薄弱。這種情況亦可能促使各國製作更多飛彈作為保險措施，或許還會提早對外發射。

國防部政策次長米勒在跟方登完成前述問題的研究之後，向我表示：「不難想像我們是如何大幅提高了風險，導致我們現在更可能因意外事件、疏忽或蓄意欺騙，而在無意間陷入衝突。」米勒也是美國經驗最豐富的核戰略家。「可以想見其他國家行為者、甚至非國家行為者都可能執行網路攻擊，導致我們和俄羅斯間的情勢在無意間升級。」米勒總結道。所以總統或許會根據遭到巧妙操控的資訊，而倉促地對數百萬條生命仰賴的決策做出判斷，這情況簡直就是瘋了。

中曾根將軍警告說其他國家並不害怕美國，他在接掌新任國家安全局局長暨美國網戰司令部指揮官的幾週前，也曾發表一樣的言論；而他的警告重點放在一項問題上，那就是在於當美國的網路遭受攻擊後，我們是否能採取報復行動。不過還有其他方法可遏制攻擊，主要是透過讓對手相信我們的防禦固若金湯，因此其攻擊將無法奏效。用戰略家的行話來說，這稱為「拒止性威懾」。如果攻擊無效，一開始又何必費力這麼做呢？

拒止性威懾需具備精心設計的防禦機制。雖然美國情報官員不願意承認這一點，不過根據政府內部評估指出，美國至少還需要十年的時間，才能在面對戰場上最高明的兩個敵手，也就是俄羅斯或中國所執行的毀滅性網路攻擊時，實施適當的防禦，以保護美國最重要的基礎設施不會受到傷害。由於至關緊要的網路數

量太多，成長的速度也太快，讓美國無法實施具信服力的防禦機制。攻擊的速度依舊遙遙超過防禦的速度。在這項主題上，網路專家施奈爾的研究是必讀的資料，他很貼切地將這形容為：「我們正在進步，但退步的速度卻更快。」

施奈爾的論點是即便美國建置更強大的防禦機制，我們的弱點卻在大幅擴張。金融業的領導級公司與電力公司挹注大量投資，採用最優異的措施防護其網路，這代表相較於攻擊這些產業，北韓駭客若把小型銀行或鄉間電力公司當成目標，可能比較有機會得手。然而隨著我們讓自動駕駛汽車上路、將 Alexa 連線至電燈與調溫器、在家中裝設防護薄弱的連網攝影機、透過手機處理金融事務後，我們的弱點也以指數規模擴大。

在冷戰期間，我們知道蘇聯與中國都把核武對準美國，不過仍學會如何提心吊膽地生活。當時不存在完美的防禦機制。而在網路衝突持續不斷的世界中，我們將須以類似的方式調整自己的心態。

然而，若我們比以往更為脆弱，為何五角大廈卻在討論需要實施侵略性大幅提升的網路策略呢？國家安全局與網戰司令部的主管在 2018 年年初的國會聽證會中，一再強調若美國希望在網路衝突的新時代中占有壓倒性優勢，就需要解除對美國武力的限制。他們表示，即使美國發現大量攻擊行動一齊襲來，但根據現行的交戰規定，我們無法攻擊那些攻擊者。他們主張現在正是展開「以駭客行動攻擊駭客」的時候。

網戰司令部在策略文件內詳述的做法，是幾乎每日都要深入敵後的突襲行動，藉此在威脅降臨美國電腦網路之前先找出這類

威脅。[287] 其中一份文件寫道：「美國必須提高彈性，並且盡可能地逼近敵人的活動源頭以進行主動防禦，同時也須堅定不懈地跟網路空間中的惡意行為者一較高下，藉此在策略、行動與戰略層面創造持久的優勢。」這全都是向敵人開戰時的軍事措詞。

經歷超過十年的反恐行動後，美國靈機一現地察覺對抗蓋達組織或伊斯蘭國的最佳方法，是前往其基地或客廳中擊潰他們。然而若在網路中這麼做，等於承認美國國內的防禦機制極度不足，因此我們唯一的獲勝方法是對察知到的每項威脅做出回應。如同川普的許多新策略一樣，就最極端的情況而言，前述做法伴隨著龐大風險，可能會導致發生誤算與造成情勢升級。若要成功實踐這項做法，美國需要廢除所有破壞性網路攻擊皆須獲得總統授權的規定。如此一來，網路行動就會開始更像是特種部隊執行的夜襲。問題是若其他國家採用相同策略（而且他們勢必會這麼做），那麼網路攻擊加速進行的機率將會大幅提升，同時更有可能會觸發真槍實彈的戰爭，甚或造成更嚴重的後果。

那麼我們應該怎麼做？
首先是應理解在擁有完善防禦後才能攻擊的這種概念其實很傻。運氣好的話，我們或許可將現今美國網路內顯著到刺眼的四分之三漏洞都緊密封死。不過，拒止性威懾才是遏制攻擊與反擊的最佳措施，而這需要靠大型國家計畫才可實現。美國在 1950年代時曾實施民防計畫，以建立可疏散人民的公路系統並在大城市內挖掘避難所，實現拒止性威懾所需的計畫規模將遠勝於當年的民防計畫。雖然過去常討論應投注相近的心力來確保美國網路

基礎設施安全無虞，但卻從未成真。此外，事實上攻擊行動的主要目標皆屬民有，因此也使情況更加複雜。基於網際網路具有的龐雜特質，所以政府無法規範銀行、電信業者、天然氣管線公司、Google 與 Facebook 等實體規劃其網路安全的方式，而這些實體採用的系統彼此皆大相逕庭。

因此，即使在經過 10 年的議論後，我們仍不清楚若要防禦國家與經濟免遭最精密的網路攻擊傷害，那究竟該由聯邦政府內的哪些人員負責（若有任何人員須負責的話）。國土安全部應負責「協調」行動；不過就像我們預期五角大廈會在飛彈襲擊美國時保衛美國一樣，大家都假設在發生由國家主導的老練駭客行動時，國土安全部會負責保護美國的公司與個人（但不包含對付詐騙犯、青少年駭客跟住在聖彼得堡的網路水軍）。但我們該面對現實了。美國政府不會扮演保護美國機構的角色，除非是最關鍵的基礎設施，例如電網、選舉系統、自來水與廢水系統、金融系統與核武等。了解這項事實之後，我們就需要採用類似「曼哈頓計畫」的方案，嚴密封鎖美國最關鍵的系統，而那是需要由總統帶頭領導的行動。

即使如此，民防仍舊遙遙不足。我們從過去幾年所學到的其中一項教訓，就是相較於我們在二十世紀強權對峙期間所漸趨熟習的攻擊動態，網路攻擊擁有完全不同的動態。在未來的年頭裡，美國將會比其他任何大國更容易受到傷害，所以我們必須據此調整策略。現在主導一項哈佛網路計畫的前國防部官員蘇梅耶發現：「就網路空間而言……美國可損失的部分比敵手更多，這是因為美國更深入地採納創新技術與網路連線，但卻缺乏安全防

護。雖然美國對手的社會與基礎設施連線程度較低、較不易受傷害，不過仍可干擾他們執行駭客行動的手法……」

他繼續指出：「如果美國希望獲勝，應少花點時間說服競爭對手不值得執行駭客行動，多花點時間向競爭對手執行先制行動，同時削減他們從事相同行為的能力。我們現在應將目標放在技能上，而不是算計上。」

這在現實世界中代表什麼意義？顯然美國將不會回應每一起網路攻擊，我們會陷入連綿不絕的輕微爭鬥裡。並非所有網路攻擊皆需要以網路方式回應。犯罪性質的網路攻擊應以嚴厲的執法行動因應，如同處理其他所有犯罪行為一樣。美國現在已愈來愈擅長這麼做。例如伊朗與中國駭客都已遭到起訴，雖然他們至今仍然在逃。此外在 2018 年則引渡了一名俄羅斯的重大網路罪犯。這些案例皆證明除了將每起駭客活動都視為駭客攻擊之外，還存在其他回應的方法。

此外跟其他所有國際事務一樣，禁止的基準十分重要。所以，當網際網路研究中心的網路水軍開始不斷對美國發表來自假帳戶的假新聞，意圖干預美國選舉時，就需要將他們從 Facebook 上除名。（雖然有將他們除名，但卻是在選舉結束許久後才執行。）如果網際網路研究中心仍舊不受阻撓，那麼就該運用美國的網路武器熔毀他們的伺服器。當然他們會更換伺服器，或許很快就會完成更換作業，但我們能藉此傳達訊息，讓俄羅斯知道美國有能力、也有意願做出回應。

雖然情報單位堅持保密，但那毫無意義；我們需要高調公開遏制攻擊者的回應行動，一如美國空襲敘利亞的化學武器工廠，

或以色列攻擊核子反應爐時的公開做法一樣。每當我們因擔心揭露偵測系統性能或武器能力，因此低調回應敵人攻擊，或根本不曾回應時，只會鼓勵敵人將行動升級、執行更嚴重的網路攻擊而已。

基於相同的道理，美國需要公開某些攻擊性網路行動，特別是相關細節已外洩的行動。直至今日，美國仍未承認在「奧運」行動中扮演的角色。畢竟那是祕密行動，而法律規定我們不得討論祕密行動。但如果程式碼已流傳到世界各地，許多人都發現 Stuxnet 是美國和以色列合作的產物，於是華府與耶路撒冷雙雙公開自己在其中扮演的角色後，情況會是如何？若美國與以色列皆加以承認，就像以色列曾透過暗示或明示的方式承認他們轟炸了伊拉克與敘利亞的反應爐一樣，那麼情況又會是如何？如果當初我們有這麼做，或許就可建立起一項禁止的基準：如果有人違反聯合國命令，生產核燃料，就得先預期他們的離心機可能會遭遇不測，或許是經由空中，或許是經由網路空間。

最重要的一點在於美國必須表明某些行為是不可接受的行動，一如美國必須讓其他國家知道，發起真正嚴重的網路攻擊將需要付出代價。而除非美國開始於總統層級公開討論我們不會在網路空間從事的行為，否則我們將無法奢望其他國家能夠自我設限。

美國政府若能認知到幾項事實，可望更易於判斷前述決策。

第一是我們的網路能力已不再無與倫比。俄羅斯與中國的網路技能幾乎已可跟美國匹敵；而伊朗和北韓若現在尚未達到這種

水準的話，或許很快就能辦到。美國必須根據這項事實進行調整。那些國家不可能在放棄核武軍火庫或野心前，就先放棄網路軍火庫。時光無法倒流，因此該是實施軍備控制的時候了。

第二，我們需要回應攻擊的教戰手冊，而且需要展現出我們欲運用該手冊的意願。雖然我們可以像歐巴馬常做的一樣召集「網路行動小組」，並且讓小組在具有充分證據與疑慮時進行討論，以向總統提交「對等回應」的建議，但是若要在發生類似攻擊時快速有效地回應，卻又是完全不同的一回事。

第三，我們必須培養歸屬攻擊責任的能力，並且將公開點名敵人的行動定為回應網路攻擊的標準措施。川普政府在剛上任的18個月中已開始這麼做，政府曾點名北韓為 WannaCry 的罪魁禍首，也指出俄羅斯是 NotPetya 的製作者。美國政府需要更頻繁且迅速地這麼做。

第四，美國會本能地將網路能力保密，而現在我們需要重新思考這項認知。當然，網路武器的運作方式多少需要保密，只是如今在歷經史諾登與影子掮客的事件之後，原先存在的神祕面紗已所剩不多。美國的敵手都已十分完整地掌握了我們侵入最陰暗網路角落的方法。

然而，情報機關堅持保密並拒絕詳細討論任何攻擊性網路武器的態度，導致我們無法探討這些武器能多精確地瞄準目標，也無法議論是否應禁止可能對人民帶來威脅的某些網路武器。除非美國願意討論放棄我們置入俄羅斯與伊朗電網內的嵌入程式，否則我們無法期盼俄羅斯和伊朗駭客停止在美國的公用事業網路中植入惡意軟體。除非美國願意減損所有人在網際網路上的安全

性，否則美國不能堅稱政府有權在蘋果 iPhone 與加密應用程式中使用「後門」，因為任何後門都會成為全球駭客的目標。

沒有一個國家願意放棄軍力或情報能力，但我們曾經這麼做過。美國曾宣示放棄化學武器與生物武器，那是因為我們判斷若將化學武器與生物武器合法化，對人民帶來的代價將超過這類武器可提供的所有軍事優勢。美國也曾針對我們可製作的核武類型設下限制，並且禁止了某些種類的核武。我們也可對網路空間採取相同措施，但我們必須願意公開討論自己擁有的能力，並協助監督網路空間的違規者。

第五，全球都需要著手設立這類行為規範，即使各國政府尚未做好準備亦然。傳統的軍備控制協議在此是行不通的，因為傳統協議得花數年時間協商，而且還要耗費更長的時間才能獲得正式批准。而網路環境內的技術以電光石火的速度演變，因此協議在生效之前就會過時。最理想的情況是大家能對相關原則達成共識，而那首先應從大多數戰爭法規的基本政治目標開始，也就是應將加諸在一般人民身上的風險降至最低。有幾種方式皆能達成這項目標，但每種方式都具有重大的負面影響。不過，就我而言，最令人好奇的是名為「數位日內瓦公約」的新興概念，根據數位日內瓦公約，公司行號會在短期內扮演領導者的角色，而非由國家主導。不過隨後各國也必須提升自己的能力。[288]

微軟總裁史密斯是最為強力擁護前述概念的人士之一。根據他的設想，公司之間可根據已演進超過一世紀的傳統戰爭公約，塑造出大致的網路協議型態。幾十年來，戰爭公約的涵蓋範圍與深度皆逐漸擴張，包括加入戰俘待遇規定、禁止使用化學武器、

保護非戰鬥者，以及無論傷病者是為哪一方作戰，皆應對他們提供何種協助等等。

但是，我們很難將那種形式通盤類推適用至網路空間上。日內瓦公約適用於戰爭時期，若想要對網路設立一套類似的行為規範，則需要設定適用於和平時期的標準。而且那些標準必須同時適用於公司與國家，因為全球你來我往的網路衝突戰場，是由Google、Facebook、微軟和思科等公司架構而成。

在 2018 年春天，包含微軟、Facebook 與英特爾在內的 30 多家公司，對一套最基本的原則達成合意，其中包含一份聽似天真的誓約，簽署者在誓約中聲明拒絕協助包括美國在內的任何政府「從任何位置對無辜平民與企業」發動網路攻擊。這些公司也承諾會協助任何遭受這類攻擊的國家，無論攻擊的動機為「犯罪或地緣政治」因素。

這是個開端，但很難算是令人滿意的開始。中國、俄羅斯或伊朗的公司皆未參與這份初步協議，科技界的某些重量級公司也不在其中，例如 Google 和亞馬遜都沒有參加，這兩家公司仍在掙扎著應順從想跟美國軍方做大筆生意的渴望，或是應朝避免疏遠客戶的期許邁進。前述協議的用語留有許多運籌帷幄的空間，讓各家公司能加入對抗恐怖組織的攻擊，甚或協助對抗政府壓迫人民的行動。此外，協議的原則並未提到支援民主或人權，這代表若蘋果隨後加入這份協議，那麼雖然蘋果已向北京屈服，而將中國客戶資料存放在位於中國境內的伺服器中，但蘋果也不會因此違背協議規定。換句話說，這些初步原則有如網際網路般雜亂無章地四處蔓延。

「我從未幻想這會是容易的事。」史密斯在 2018 年年初於德國告訴我。「我們需要通過法規，藉此表明全球皆須遵守某些特定原則，也就是無論在和平或戰爭時期，甚或在無法判斷我們正處於和平或戰爭期間時，各國政府都需要抑制攻擊重要基礎設施的行動。」當然，從以前到現在，經常發生違反日內瓦公約的情況，例如在越南、敘利亞等不同地區都曾發生國際性戰爭與內戰等等。

　　完全保護人民不受傷害是不可能的。平民自己無法選擇發動攻擊，大多數人也不想成為國際網路衝突中的戰鬥員。不過隨時間經過，前述原則已讓世界更為人性化。

　　只是每個人仍應採取某些步驟來保護自己，以免遭到間接傷害。若能提高意識，例如了解釣魚式攻擊的型態、鎖定家用網路 Wi-Fi 路由器的方法、註冊雙因素認證的方法等等，即可協助排除約 80% 的日常威脅。我們出門時不會忘記鎖上後門，也不會把鑰匙留在車內的點火開關上，因此我們也不應讓自己的生活完全暴露在手機上。

　　然而，上述一切都無法阻止背後有國家支持的堅定敵人。雖然我們可以防止住家免遭日常竊行所害，卻難以防禦朝我們發射的洲際彈道飛彈。

　　我們從過去十年學得的教訓是除非發生槍戰，否則很難判斷我們究竟是身處和平或戰爭時期。若某國政府無法以傳統軍隊對抗其他強國，那麼該國也很難會基於某些誘因而放棄網路武器提供的優勢。我們生活在一個數位衝突頻仍的灰色地帶，雖然這不是美好的前景，但卻是我們為自己創造的世界。若要在這個世界

裡生存，我們必須做出根本的決策，一如我們在發明飛機與原子彈後所做的決策，這些決策將能在持續不斷的危險情勢中引領我們前進。

　　現在，如同過去一樣，我們必須更廣泛地思考何處才存在安全庇護。在永無止境的網路軍備競賽中，壓倒敵手而贏得的勝利地位瞬息即逝，而眾人的最大目標則是破解他國的加密或讓其工廠停擺，顯然我們無法在這種環境中找到安全。但我們需要記得當初發展這些技術，是為了讓社會與生活更為充實豐富，而不是為了尋找可讓敵人陷入黑暗深淵的其他手段。好消息是由於發明技術的是我們，因此我們擁有可妥善掌控技術的機會，不過我們必須將注意力集中在管理風險的方法上。過去這種做法曾在其他領域奏效，而在網路空間裡同樣也會行得通。

謝詞

　　《資訊戰爭》源自我的《紐約時報》報導，不過也延續了我從《面對與隱藏》一書開始深入挖掘的領域。《面對與隱藏》是率先闡述「奧運」行動經過的書籍，並且探討了美國與以色列對伊朗核計畫採取的這項網路行動。該書出版時，很難找到多少案例說明國家以網路武器彼此攻擊的情況。然而只不過在六年之後，這卻已成為稀鬆平常的事。因此可想而知，我愈來愈渴望撰書說明這種時代，我對編輯、研究人員與同事虧欠的人情也因此漸增。

　　首先我想從《紐約時報》開始，我已在本報的華盛頓與海外辦公室工作近三十六年。小阿瑟·蘇茲伯格和Ａ·Ｇ·蘇茲伯格分別是本報的前任與現任發行人，他們向來大方寬容地讓我漫遊世界各地，向讀者解釋現今這個令人畏懼的嶄新時代；他們也從未抱怨過法務帳單。執行總編輯巴奎特與總編輯卡恩一直支持這些報導，並且會要求做更多相關報導。裴迪、希拉與寇貝特也一樣，他們在一路上提供了各種想法、進行細膩的編輯，並且給予鼓勵。

　　在華盛頓方面，華盛頓分社社長布米勒對調查行動的支援從

未間斷過，我們從 25 年前外派日本開始就是好友，她給予我充分的報導自由，也讓我能夠請假以撥出時間寫書。另外，由出色的國家安全編輯漢密爾頓所經手的每篇報導都變得更為完美。在此也要感謝傑克絲、菲絲克斯和尚卡爾，這幾位編輯都要求找出更多事實、更佳來源，並且提供更清楚的說明。

《紐約時報》華盛頓分社的新聞報導人員是我日常身邊的美好奇蹟，我十分幸運能跟多位同僚及好友合力進行其中許多報導。利普頓與夏恩察覺 2016 年秋天正是深入報導俄羅斯調查案的好時機，我們一起針對俄羅斯駭客行動撰寫了長篇重現報導，本書書名也是取自該報導。該報導和《紐約時報》全球記者團隊深入探究普丁資訊戰技巧的各篇報導，一同榮獲了 2017 年普立茲獎的國際報導獎。這整個團隊讓我受惠良多，他們的報導使我對俄羅斯情勢的了解更加豐富詳盡。

在華盛頓、矽谷與海外，施密特、蘭德勒、麥哲提、貝克、羅森堡、阿普佐、戴維斯、珀爾羅思、寇克派翠克、斯梅爾、厄爾蘭格與 古德曼等眾多記者同仁齊心協力，處理外交政策、網路與執法事務複雜交集的領域。哈伯曼與我在總統選舉期間合作對川普進行了兩場長篇採訪，協助我了解了川普對國家安全的觀點有何演變，也讓我有機會向川普提出對他而言似乎是全新概念的網路議題。

我要特別感謝三十多年來的新聞報導夥伴布羅德，他熟知網路、核技術和飛彈技術議題會如何融而為一，而且隨時都能在最嚴肅的新聞內充分運用他的報導技巧與萬無一失的直覺，在報導美國試圖對北韓飛彈計畫執行破壞行動時更是如此。

麥克勞是《紐約時報》卓越的公司律師,協助我處理「奧運」行動資訊外洩的調查與其他報導,當我報導美國在網路空間從事的活動時,他也針對報導方式提供了建言。

長久以來,哈佛大學甘迺迪政府學院的貝爾福科學和國際事務研究中心一直是協助我掌握網路具有之戰略影響的學術社群,該中心的學者和前政策制定者皆不吝撥出時間教導我這個記者。我很榮幸能跟艾利森與雷維隆合作教授「美國國家安全、策略與報導的核心挑戰」課程。艾利森對戰略的精湛見解,以及集結研究生、軍事人員、情報人員和大學生的多樣化修課學生,讓我們能對網路衝突的複雜特質進行更有意思的探討。在此我要特別感謝奈伊、卡特、羅森巴赫、蘇梅耶、伯恩斯、拉森與班·布坎南。另外,過去十年擔任哈佛校長的福斯特也不斷地給我鼓勵,並且讓我向各種不同的對象測試我的想法。

當我在華府需要靜心寫作的空間時,哈曼與利特瓦克為我開啟了威爾遜國際學者中心的大門,這所位於首府的傑出機構富含冷靜與深刻的想法,這兩者皆是美國首府應多加採用的智慧。我十分感謝他們兩位與基恩;基恩投注全副心力,讓威爾遜國際學者中心成為可供國會成員了解網路知識的環境。

若沒有來自哈佛課堂的一群優異研究助理提供協助,我也無法完成本書。其中最重要的成員為賽貝尼斯,她是一位才華洋溢的年輕記者、作者暨編輯。賽貝尼斯率領團隊進行採訪、編輯章節,得體地敦促我加深探討範圍、撰寫更清楚明晰的內容,並提醒我應將可能認為本書主題令人生畏的讀者納入考量。她負責調查、草擬、重新編排企劃並維持企畫運作;現今的美國新聞業之

所以可像過去任何一刻一樣充滿活力、至關重要，都要歸功於一個能振奮人心的世代，而賽貝尼斯正是其中典範。

布魯克斯把夜晚和週末的時間都投注於理解中國在網路衝突內所扮演的重量級角色，她也負責進行事實查核與編輯作業，而且在將報導轉為章節、章節轉為論點的過程之中，她更是不可或缺的一員。莫蘭透澈地調查了伊斯蘭國在網路上的活動與矽谷涉入的部分。帕瓦深入探討烏克蘭遭駭事件背後的教訓，並且引導我們了解複雜的技術，古普塔也提供了同樣的協助。他們最初加入這段旅程時，都是希望能從我這裡學到些什麼，但我反而從他們每個人的身上學到更多，而且也是他們讓這項企畫得以實現。另外，恰菲茲和喬許・寇恩同樣為研究提供了深具助益的支援。

對於史丹佛大學，我要感謝澤加特、林赫伯、陶布曼、麥克福爾與萊斯提供建言和想法，也要感謝史丹佛大學在我報導科技界時成為我的行動基地。

卡萊爾與我的友誼已超過三十多年，他是傑出的作家經紀人與顧問，並且介紹我前往企鵝藍燈書屋的皇冠出版集團，我在此得知為何大家公認道頓是業界最優秀的編輯之一。道頓催生了一本針對現今革命中的地緣政治進行探討的書籍，而他的精力、對報導闡述方式的深入見解、對新科技的熱愛，以及願意全年無休工作的態度，使《資訊戰爭》能夠實現。達加、羅斯納、洛基奇、賽門、賽普勒、昆蘭、斯奈德、伯奇、諾爾穆勒、克勞森和蘭德弗萊許讓皇冠出版集團的神奇魔法成真。札爾克曼則提供了精闢的法律建議。

皇冠出版集團的發行人史特恩從未因棘手題材而退縮，並且

一直熱切支持進行本報導。我非常幸運能夠躋身皇冠出版集團的作家之列。

吉伯尼、博特羅和道蘭德是 Jigsaw 製片公司卓越的紀錄片製作人員，他們認為應將《面對與隱藏》內的「奧運」行動歷程拍成電影，於是在 2016 年，《零日網路戰》在戲院與網路平台 Showtime 上映，他們讓該報導更進一步。本書中也提及了他們的部分最新報導，特別是關於「宙斯炸彈」行動的資訊。

若沒有我人生的最愛雪若，無論是報導、寫作與支援，這一切都無法實現，她是最理想的編輯與伴侶。只要經過雪若的手，世上的一切都會變得更美好，而她的編輯技巧也再度補救了我們的不足之處。我們的大兒子安德魯剛從科羅拉多學院畢業，他密切投入事實查核的作業，並且以嚴格的角度審視歷史與科技的相關說明；現在就讀哈佛大學的弟弟奈德則負責檢查重要章節。

我的父母肯恩與瓊恩督促我接受最理想的教育，並在我展開新聞工作時給我鼓勵，他們的支援和關愛一直以來不曾間斷，而我的姐姐艾琳與姊夫阿格雷斯在這一方面也不例外。

本書以近代史為主題，所涉領域有太多部分皆屬機密。因此就字面定義而言，本作品無法鉅細靡遺；多年之後，我們將會了解目前仍埋藏在黑暗中的行動、內部爭議、成功與失敗。本書對於我能得知的事件與爭論，提供了最為準確的闡釋，這也是我能夠交付的最佳成果。當然，若發生事實認定錯誤或解讀錯誤，皆屬於我本人之錯。

大衛・桑格，華盛頓特區

2018 年 5 月

注記

前言

1. "Nuclear Posture Review," Office of the Secretary of Defense, February, 2018, www.defense.gov/News/SpecialReports/2018Nuclear PostureReview.aspx

2. David E. Sanger and William Broad, "Pentagon Suggests Countering Devastating Cyberattacks with Nuclear Arms," *New York Times*, January 17, 2018, www.nytimes.com/2018/01/16/us/politics/pentagon-nuclear-review-cyberattack-trump.html

3. John D. Negroponte, "Annual Threat Assessment of the Director of National Intelligence," January 11, 2007, www.dni.gov/files/documents/Newsroom/Testimonies/20070111_testimony.pdf

4. Helene Cooper, "Military Shifts Focus to Threats by Russia and China, Not Terrorism," *New York Times*, January 20, 2018, www.nytimes.com/2018/01/19/us/politics/military-china-russia-terrorism-focus.html

5. "Transcript: Donald Trump Expounds on His Foreign Policy Views," *New York Times*, March 26, 2016, www.nytimes.com/2016/03/27/us/politics/donald-trump-transcript.html

6. 喬伊斯在2017年11月15日於華盛頓特區Aspen Institute的演說：www.aspeninstitute.org/events/cyber-breakfast-view-from-the-white-house/

7. Valery Gerasimov, "The Value of Science Is in the Foresight," *Military-Industrial Courier*, February 2013

8. Andrew Desiderio, "NSA Boss Suggests Trump Lets Putin Think 'Little Price to Pay' for Messing With U.S.," *Daily Beast*, February 27, 2018, www.thedailybeast.com/nsa-boss-seems-to-hit-trump-on-russia-putin-believes-little-price-to-pay-for-messing-with-us

9. Andrew Glass, "President Taft Witnesses Wright Brothers Flight, July 29, 1909," *Politico*, July 29, 2016, www.politico.com/story/2016/07/president-taft-witnesses-wright-brothers-flight-july-29-1909-226158

10. Stephen Budiansky, *Air Power* (New York: Penguin Books, 2004)

序曲：來自俄羅斯的心意和愛

11. 以烏克蘭遭駭客攻擊事件為主題的相關報導中，《連線》的格林伯格所撰寫的文章是其中最為出色的報導。請參見："How an Entire Nation Became Russia's Test Lab for Cyberwar," June 20, 2017, www.wired.com/story/russian-hackers-attack-ukraine/

12. "Cyber-Attack Against Ukrainian Critical Infrastructure," Industrial Control Systems, Cyber Emergency Response Team, February 25, 2016, ics-cert.us-cert.gov/alerts/IR-ALERT-H-16-056-01

13. Nicole Perlroth and David E. Sanger, "Cyberattacks Put Russian Fingers on the Switch at Power Plants, U.S. Says," *New York Times*, March 16, 2018, www.nytimes.com/2018/03/15/us/politics/russia-cyberattacks.html

第1章：原罪

14. "Former OSS Spies on a Mission to Save Old Headquarters," *Washington Post*, June 28, 2014, www.washingtonpost.com/local/former-oss-spies-on-a-mission-to-save-old-headquarters/2014/06/28/69379d16-fd7d-

11e3-932c-0a55b81f48ce_story.html?utm_term=.0e1c8190b76b

15. David E. Sanger, "Obama Order Sped Up Wave of Cyberattacks Against Iran," *New York Times*, June 1, 2012, www.nytimes.com/2012/06/01/world/middleeast/obama-ordered-wave-of-cyberattacks-against-iran.html

16. 我已將我的 Stuxnet 報導與其政治歷史撰寫為《面對與隱藏：歐巴馬的祕密戰爭與美國實力的運用》（*New York: Crown Publishers*, 2012）一書，並且曾於 2012 年 6 月 1 日的《紐約時報》內刊出摘錄。在該書的〈Note on Sources〉中，我寫道：「對於發表觸及現行情報行動的敏感資訊具有哪些潛在風險，我曾與資深政府官員進行討論。」但我並未提供前述討論的細節，因為這些討論為非正式討論。在其間的幾年，中央情報局為了回應其他新聞組織根據《資訊自由法》提出的要求，曾釋出數封電子郵件，從郵件內容可看出跟我對話的人士身分與部分討論內容，雖然細節有所刪減，但仍視為敏感資訊。卡特萊特將軍曾遭指控在該書洩密案的調查期間向聯邦調查局說謊，因此其他相關細節則曾列於卡特萊特將軍一案的法庭文件中。（卡特萊特稍後獲得歐巴馬總統赦免。）提出這段聲明，代表我會繼續依循針對該書相關對話所做的所有非正式協議，除非為已公開發表的資料，或是我獲得揭露許可的資料。

17. Chris Doman, "The First Sophisticated Cyber Attacks": How Operation Moonlight Maze Made History," Medium, July 7, 2016, medium.com/@chris_doman/the-first-sophistiated-cyber-attacks-how-operation-moonlight-maze-made-history-2adb12cc43f7

18. Ben Buchanan and Michael Sulmeyer, "Russia and Cyber Operations: Challenges and Opportunities for the Next U.S. Administration," Carnegie Endowment for International Peace, December 13, 2016, carnegieendowment.org/2016/12/13/russia-and-cyber-operations-

challenges-and-opportunities-for-next-u.s.-administration-pub-66433

19. Doman, "The First Sophisticated Cyber Attacks"

20. 請參見上方條目以了解「月光迷宮」解密文件的詳細摘要。
Thomas Rid 在《Rise of the Machines: A Cybernetic History》（New York: W. W. Norton & Company, 2016）一書中也對這些攻擊提供了一份實用的指南。

21. Michael Hayden, *Playing to the Edge*: American Intelligence in the Age of Terror (New York: Penguin Books, 2016), 184

22. Sam LaGrone, "Retired General Cartwright on the History of Cyber Warfare," *USNI News*, October 18, 2012, news.usni.org/2012/10/18/retired-general-cartwright-history-cyber-warfare

23. John D. Negroponte, January 11, 2007, "Annual Threat Assessment of the Director of National Intelligence," www.dni.gov/files/documents/Newsroom/Testimonies/20070111_testimony.pdf

24. Department of Justice, "Chinese National Who Conspired to Hack into U.S. Defense Contractors' Systems Sentenced to 46 Months in Federal Prison," July 13, 2016, www.justice.gov/opa/pr/chinese-national-who-conspired-hack-us-defense-contractors-systems-sentenced-46-months

25. Justin Ling, "Man Who Sold F-35 Secrets to China Pleads Guilty," VICE News, March 24, 2016, news.vice.com/article/man-who-sold-f-35-secrets-to-china-pleads-guilty.

26. Lee Glendinning, "Obama, McCain Computers 'Hacked' During Election Campaign," *Guardian*, November 7, 2008, www.theguardian.com/global/2008/nov/07/obama-white-house-usa

27. Ellen Nakashima, "Cyber Intruder Sparks Response, Debate," *Washington Post*, December 6, 2011, www.washingtonpost.com/national/national-security/cyber-intruder-sparks-response-debate/2011/12/06/gIQAxLuFgO_story.html?utm_term=.ed05d5330dc5

28. William J. Lynn III, "Defending a New Domain," *Foreign Affairs*, September–October 2010, www.foreignaffairs.com/articles/united-states/2010-09-01/defending-new-domain

29. 以色列國防部部長巴拉克在正式訪問中向傳記作者承認了這項資訊。之後以色列官員曾詢問該消息是如何通過以色列的軍方審查機制。Jodi Rudoren, "Israel Came Close to Attacking Iran, Ex-Defense Minister Says," *New York Times*, August 22, 2015, www.nytimes.com/2015/08/22/world/middleeast/israel-came-close-to-attacking-iran-ex-defense-minister-says.html

30. David E. Sanger, "U.S. Rejected Aid for Israeli Raid on Iranian Nuclear Site," *New York Times*, January 10, 2009, www.nytimes.com/2009/01/11/washington/11iran.html

31. 他們兩人成為《零日網路戰》內的駭客英雄原型，這部 2016 年的紀錄片由吉伯尼執導，有部分內容採用我於《面對與隱藏》（*New York: Crown Publishers*, 2012）一書中的 Stuxnet 報導為基礎。吉伯尼與他的團隊在製作該紀錄片的兩年間所進行的調查，讓我受惠良多；其中也包含對「宙斯炸彈」的說明，該計畫旨在爆發戰爭時中斷伊朗的電網與其他設施。

32. David E. Sanger, "A Spymaster Who Saw Cyberattacks as Israel's Best Weapon Against Iran," *New York Times*, March 23, 2016, www.nytimes.com/2016/03/23/world/middleeast/israel-mossad-meir-dagan.html

33. David E. Sanger, "America's Deadly Dynamics with Iran," *New York Times*, November 6, 2011, www.nytimes.com/2011/11/06/sunday-review/the-secret-war-with-iran.html

34. Isabel Kershner, "Meir Dagan, Israeli Spymaster, Dies at 71; Disrupted Iran's Nuclear Program," *New York Times*, March 18, 2016, www.nytimes.com/2016/03/18/world/middleeast/meir-dagan- former-

mossad-director-dies-at-71.html

35. Ronen Bergman, *Rise and Kill First* (New York: Random House, 2018), 623

36. Ronen Bergman, "When Israel Hatched a Secret Plan to Assassinate Iranian Scientists," *Politico*, March 5, 2018, www.politico. com/magazine/story/2018/03/05/israel-assassination-iranian-scientists-217223

37. Mark Mazzetti and Helene Cooper, "U.S. Confirms Israeli Strikes Hit Syrian Target Last Week," *New York Times*, September 11, 2007, www. nytimes.com/2007/09/12/world/middleeast/12syria.html

38. Elad Benari, "McCain: Obama Leaked Info on Stuxnet Attack to Win Votes," *Israel National News*, April 6, 2012, www.israelnationalnews. com/News/News.aspx/156501

39. "Remarks by the President," June 8, 2012, James S. Brady Press Briefing Room, obamawhitehouse.archives.gov/the-press-office/2012/06/08/remarks-president

第 2 章：潘朵拉的收件匣

40. Alex Gibney, dir., *Zero Days*, Magnolia Pictures, 2016

41. Siobhan Gorman and Yochi Dreazen, "Military Command Is Created for Cyber Security," *Wall Street Journal*, June 24, 2009, www.wsj. com/articles/SB124579956278644449

42. 於阿斯本安全論壇訪問卡特的完整文字記錄位於：archive. defense.gov/Transcripts/Transcript.aspx?TranscriptID= 5277

43. 在我的著作《遺物》（*New York: Crown Publishers*, 2009）的第 185–86 頁內，詳述了蓋茲與多尼隆間的這段往來。

44. 關於「宙斯炸彈」的說明，我的朋友博特羅曾向我提供大力協助。吉伯尼製作《零日網路戰》這部網路衝突紀錄片，有部分內

容是根據《面對與隱藏》所拍攝，而拍片時的調查團隊則是由博特羅領軍。博特羅調查的範圍超越我的報導，他找出了多位曾參與規劃大規模對抗伊朗行動的軍方與非軍方團隊前成員，並且說明了相關風險。

45. David E. Sanger and Mark Mazzetti, "U.S. Had Cyberattack Plan If Iran Nuclear Dispute Led to Conflict," *New York Times*, February 17, 2017, www.nytimes.com/2016/02/17/world/middleeast/us-had-cyberattack-planned-if-iran-nuclear-negotiations-failed.html

46. Damian Paletta, "NSA Chief Says Cyberattack at Pentagon Was Sophisticated, Persistent," *Wall Street Journal*, September 8, 2015, www.wsj.com/articles/nsa-chief-says-cyberattack-at-pentagon-was-sophisticated-persistent-1441761541

47. 同上述條目。

48. David E. Sanger, "U.S. Indicts 7 Iranians in Cyberattacks on Banks and a Dam," *New York Times*, March 25, 2016, www.nytimes.com/2016/03/25/world/middleeast/us-indicts-iranians-in-cyberattacks-on-banks-and-a-dam.html

49. Thom Shanker and David E. Sanger, "U.S. Suspects Iran Was Behind a Wave of Cyberattacks," *New York Times*, October 14, 2012, www.nytimes.com/2012/10/14/world/middleeast/us-suspects-iranians-were-behind-a-wave-of-cyberattacks.html

50. "Iranians Charged with Hacking U.S. Financial Sector," FBI, March 24, 2016, www.fbi.gov/news/stories/iranians-charged-with-hacking-us-financial-sector

51. Ross Colvin, " 'Cut Off Head of Snake' Saudis Told U.S. on Iran,' " Reuters, November 28, 2010, www.reuters.com/article/us-wikileaks-iran-saudis/cut-off-head-of-snake-saudis-told-u-s-on-iran-idUSTRE6AS02B20101129

52. Nicole Perlroth and David E. Sanger, "Cyberattacks Seem Meant to Destroy, Not Just Disrupt," *New York Times*, March 29, 2013, www.nytimes.com/2013/03/29/technology/corporate-cyberattackers-possibly-state-backed-now-seek-to-destroy-data.html

53. David E. Sanger, David D. Kirkpatrick, and Nicole Perlroth, "The World Once Laughed at North Korean Cyberpower. No More," *New York Times*, October 16, 2017, www.nytimes.com/2017/10/15/world/asia/north-korea-hacking-cyber-sony.html

54. 如有需要，此例可進一步證明假如公司為了省錢，因此連接電話的「網路電話」網路跟執行電腦所用的網路相同時，會使公司的漏洞更為嚴重。

55. 我的同僚珀爾羅思對沙烏地阿拉伯國家石油公司的事件製作了當期最優異的報導："Cyberattack on Saudi Oil Firm Disquiets U.S.," *New York Times*, October 24, 2012, www.nytimes.com/2012/10/24/business/global/cyberattack-on-saudi-oil-firm-disquiets-us.html。CNN則完善重現了沙烏地阿拉伯國家石油公司當時的混亂。請參見：Jose Pagliery, "The Inside Story of the Biggest Hack in History," CNN, August 5, 2015, money.cnn.com/2015/08/05/technology/aramco-hack/index.html

第 3 章：百元擊倒

56. 我與同事施密特一同於 2014 年年初的《紐約時報》報導中說明了「爬蟲」的功用。請參見：David E. Sanger and Eric Schmitt, "Snowden Used Low-Cost Tool to Best NSA," February 9, 2014, www.nytimes.com/2014/02/09/us/snowden-used-low-cost-tool-to-best-nsa.html.

57. 本章節的部分報導取自我向《Journalism After Snowden》提供的一章內容，該書由哥倫比亞大學出版社在 2017 年 3 月出版。

58. David Sanger, "U.S. Rejected Aid for Israeli Raid on Iranian Nuclear Site," *New York Times*, January 10, 2009, www.nytimes.com/2009/01/11/washington/11iran.html

59. Rachael King, "Ex-NSA Chief Details Snowden's Hiring at Agency, Booz Allen," *Wall Street Journal*, February 4, 2014, www.wsj.com/articles/exnsa-chief-details-snowden8217s-hiring-at-agency-booz-allen-1391569429

60. Scott Shane, "No Morsel Too Minuscule for All-Consuming N.S.A.," *New York Times*, November 3, 2013, www.nytimes.com/2013/11/03/world/no-morsel-too-minuscule-for-all-consuming-nsa.html

61. 歐巴馬在2015年2月於史丹佛大學所做的演講，obamawhitehouse.archives.gov/the-press-office/2015/02/13/remarks-president-cybersecurity-and-consumer-protection-summit

62. David Sanger and Eric Schmitt, "Spy Chief Says Snowden Took Advantage of 'Perfect Storm' of Security Lapses," *New York Times*, February 12, 2014, www.nytimes.com/2014/02/12/us/politics/spy-chief-says-snowden-took-advantage-of-perfect-storm-of-security-lapses.html?

63. Jo Becker, Adam Goldman, Michael S. Schmidt, and Matt Apuzzo, "N.S.A. Contractor Arrested in Possible New Theft of Secrets," *New York Times*, October 6, 2016, www.nytimes.com/2016/10/06/us/nsa-leak-booz-allen-hamilton.html

64. David E. Sanger and Jeremy Peters, "A Promise of Changes for Access to Secrets," *New York Times*, June 14, 2013, www.nytimes.com/2013/06/14/us/nsa-chief-to-release-more-details-on-surveillance-programs.html?mtrref=www.google.com

65. Philip Bump, "America's Outsourced Spy Force, by the Numbers," *The Atlantic*, June 10, 2013, www.theatlantic.com/national/archive/2013/06/

contract-security-clearance-charts/314442/

66. Evan S. Medeiros et al., *A New Direction for China's Defense Industry*, Rand Corporation, 2005, www.rand.org/content/dam/rand/pubs/monographs/2005/RAND_MG334.pdf

67. Steven R. Weisman, "Sale of 3Com to Huawei Is Derailed by U.S. Security Concerns," *New York Times*, February 21, 2008, www.nytimes.com/2008/02/21/business/worldbusiness/21iht-3com.html

68. David E. Sanger and Nicole Perlroth, "N.S.A. Breached Chinese Servers Seen as Security Threat," *New York Times*, March 23, 2014, www.nytimes.com/2014/03/23/world/asia/nsa-breached-chinese-servers-seen-as-spy-peril.html?

69. Spiegel Staff, Documents Reveal Top NSA Hacking Unit, December 29, 2013. www.spiegel.de/international/world/the-nsa-uses-powerful-toolbox-in-effort-to-spy-on-global-networks-a-940969.html; Jacob Appelbaum, Judith Horchert, and Christian Stöcker, "Shopping for Spy Gear: Catalog Advertises NSA Toolbox," *Der Spiegel*, December 29, 2013, www.spiegel.de/international/world/catalog-reveals-nsa-has-back-doors-for-numerous-devices-a-940994.html

70. 我在 2012 年時首度發表「奧運」行動相關報導時，已得知這些技術，這些技術在「奧運」行動占有重要地位。不過由於某些美國官員相信伊朗尚不了解這些技術的運作方式，因此我根據官員的要求而保留部分相關細節。當然，在發生史諾登洩密案之後，伊朗已了解其中流程。

71. Maya Rhodan, "New NSA Chief: Snowden Didn't Do That Much Damage," *Time*, June 30, 2014, time.com/2940332/nsa-leaks-edward-snowden-michael-rogers/

72. Alison Smale, "Germany, Too, Is Accused of Spying on Friends," *New York Times*, May 6, 2015, www.nytimes.com/2015/05/06/world/

europe/scandal-over-spying-shakes-german-government.html

73. David E. Sanger and Alison Smale, "U.S.-Germany Intelligence Partnership Falters Over Spying," *New York Times*, December 17, 2013, www.nytimes.com/2013/12/17/world/europe/us-germany-intelligence-partnership-falters-over-spying.html?

74. Mark Landler and Michael Schmidt, "Spying Known at Top Levels, Officials Say," *New York Times*, October 30, 2013, www.nytimes.com/2013/10/30/world/officials-say-white-house-knew-of-spying.html

75. Eli Lake, "Spy Chief James Clapper: We Can't Stop Another Snowden," *Daily Beast*, February 23, 2014, www.thedailybeast.com/spy-chief-james-clapper-we-cant-stop-another-snowden

第4章：中間人

76. Barton Gellman and Ashkan Soltani, "NSA Infiltrates Links to Yahoo, Google Data Centers Worldwide, Snowden Documents Say," *Washington Post*, October 30, 2013, www.washingtonpost.com/world/national-security/nsa-infiltrates-links-to-yahoo-google-data-centers-worldwide-snowden-documents-say/2013/10/30/e51d661e-4166-11e3-8b74-d89d714ca4dd_story.html?

77. Brandon Downey, "This Is the Big Story in Tech Today," Google+ (blog), October 30, 2013, plus.google.com/+BrandonDowney/posts/SfYy8xbDWGG

78. Ian Paul, "Google's Chrome Gmail Encryption Extension Hides NSA-Jabbing Easter Egg," *PC World*, June 5, 2014, www.pcworld.com/article/2360441/googles-chrome-email-encryption-extension-includes-jab-at-nsa.html

79. Barton Gellman and Laura Poitras, "U.S., British Intelligence Mining Data from Nine U.S. Internet Companies in Broad Secret

Program," *Washington Post*, June 7, 2016, www.washingtonpost.com/
investigations/us-intelligence-mining-data-from-nine-us-internet-
companies-in-broad-secret-program/2013/06/06/3a0c0da8-cebf-11e2-
8845-d970ccb04497_story.html

80. Mark Zuckerberg, Facebook post, June 7, 2013, www.facebook.com/
zuck/posts/10100828955847631

81. Julia Angwin, Charlie Savage, Jeff Larson, Henrik Moltke, Laura
Poitras, James Risen, "AT&T Helped U.S. Spy on Internet on a
Vast Scale," *New York Times*, August 16, 2015, www.nytimes.
com/2015/08/16/us/politics/att-helped-nsa-spy-on-an-array-of-internet-
traffic.html

82. Aaron Gregg, "Amazon Launches New Cloud Storage Service
for U.S. Spy Agencies," *Washington Post*, November 20, 2017,
www.washingtonpost.com/news/business/wp/2017/11/20/amazon-
launches-new-cloud-storage-service-for-u-s-spy-agencies/?utm_
term=.8dcf7ac21a9f

83. Todd Frankel, "The Roots of Tim Cook's Activism Lie in Rural
Alabama," *Washington Post*, March 7, 2016, www.washingtonpost.
com/news/the-switch/wp/2016/03/07/in-rural-alabama-the-activist-
roots-of-Apples-tim-cook/?utm_term=.5f670fd2354d

84. 網路安全專家對該數據提出質疑，因為 Apple 並非完全清楚國家
安全局的超級電腦能以多快的速度破解密碼。

85. Steven Levy, "Battle of the Clipper Chip," *New York Times*, June 12,
1994, www.nytimes.com/1994/06/12/magazine/battle-of-the-clipper-
chip.html

86. Susan Landau, *Listening In: Cybersecurity in an Insecure Age* (New
Haven: Yale University Press, 2017), 84

87. Richard A. Clarke, Michael J. Morell, Geoffrey R. Stone, Cass

Sunstein, Peter Swire, *Report and Recommendations of the President's Review Group on Intelligence and Communications Technologies*, December 12, 2013, lawfare.s3-us-west-2.amazonaws.com/staging/s3fs-public/uploads/2013/12/Final-Report-RG.pdf

88. David E. Sanger and Brian Chen, "Signaling Post-Snowden Era, New iPhone Locks Out N.S.A.," *New York Times*, September 27, 2014, www.nytimes.com/2014/09/27/technology/iphone-locks-out-the-nsa-signaling-a-post-snowden-era-.html

89. Adam Nagourney, Ian Lovett, and Richard Perez-Pena, "San Bernardino Shooting Kills at Least 14; Two Suspects Are Dead," *New York Times*, December 3, 2015, www.nytimes.com/2015/12/03/us/san-bernardino-shooting.html

90. "San Bernardino Shooting Victims: Who They Were," *Los Angeles Times*, December 17, 2015, www.latimes.com/local/lanow/la-me-ln-san-bernardino-shooting-victims-htmlstory.html

91. Office of the Inspector General, US Department of Justice, *A Special Inquiry Regarding the Accuracy of FBI Statements Concerning its Capabilities to Exploit an iPhone Seized During the San Bernardino Terror Attack Investigation*, March 2018, oig.justice.gov/reports/2018/o1803.pdf

92. Eric Lichtblau and Katie Benner, "Apple Fights Order to Unlock San Bernardino Gunman's iPhone," *New York Times*, February 18, 2016, www.nytimes.com/2016/02/18/technology/Apple-timothy-cook-fbi-san-bernardino.html

93. 請至以下網址檢視此信的複本：www.apple.com/customer-letter/

94. Eric Lichtblau and Katie Benner, "F.B.I. Director Suggests Bill for iPhone Hacking Topped $1.3 Million," *New York Times*, April 22, 2016, www.nytimes.com/2016/04/22/us/politics/fbi-director-suggests-

bill-for-iphone-hacking-was-1-3-million.html

95. Michael D. Shear, "Obama, at South by Southwest, Calls for Law Enforcement Access in Encryption Fight," *New York Times*, March 12, 2016, www.nytimes.com/2016/03/12/us/politics/obama-heads-to-south-by-southwest-festival-to-talk-about-technology.html

第 5 章：中國規則

96. Scott Pelley, "FBI Director on Threat of ISIS, Cybercrime," CBS News, October 5, 2014, www.cbsnews.com/news/fbi-director-james-comey-on-threat-of-isis-cybercrime/

97. 《紐約時報》的兩位同事 Barboza 與珀爾羅思與我一起進行《紐約時報》對 61398 部隊的調查，他們對我的助益良多。本書中重現了原始報導的部分資料，並加入了後續報導和美國起訴 61398 部隊軍官的起訴書細節。David E. Sanger, David Barboza, and Nicole Perlroth, "Chinese Army Unit Is Seen as Tied to Hacking Against U.S.," *New York Times*, February 19, 2013, www.nytimes.com/2013/02/19/technology/chinas-army-is-seen-as-tied-to-hacking-against-us.html

98. David E. Sanger, "Chinese Curb Cyberattacks on U.S. Interests, Report Finds," *New York Times*, June 21, 2016, www.nytimes.com/2016/06/21/us/politics/china-us-cyber-spying.html

99. "APT1: Exposing One of China's Cyber Espionage Units," February 18, 2013, www.fireeye.com/content/dam/fireeye-www/services/pdfs/mandiant-apt1-report.pdf

100. "Remarks by the President in the State of the Union Address," White House Office of the Press Secretary, February 12, 2013, obamawhitehouse.archives.gov/the-press-office/2013/02/12/remarks-president-state-union-address

101. Bill Clinton, "President Clinton's Beijing University Speech, 1998," US-China Institute, June 29, 1998, china.usc.edu/president-clintons-beijing-university-speech-1998

102. Liu Xiaobo, "God's Gift to China," *Index on Censorship* 35, no. 4 (2006): 179–81

103. Edward Wong, "Bloomberg Code Keeps Articles from Chinese Eyes," *New York Times*, November 28, 2013, sinosphere.blogs.nytimes.com/2013/11/28/bloomberg-code-keeps-articles-from-chinese-eyes/

104. 在2010年《紐約時報》刊出的〈State's Secrets〉系列中有相關說明。James Glanz and John Markoff, "Vast Hacking by a China Fearful of the Web," *New York Times*, December 5, 2010, www.nytimes.com/2010/12/05/world/asia/05wikileaks-china.html?pagewanted=print

105. 同上述條目。

106. David E. Sanger and John Markoff, "After Google's Stand on China, U.S. Treads Lightly," *New York Times*, January 15, 2010, www.nytimes.com/2010/01/15/world/asia/15diplo.html

107. Kim Zetter, "Google Hack Attack Was Ultra Sophisticated, New Details Show," *Wired*, January 14, 2010, www.wired.com/2010/01/operation-aurora/

108. David Drummond, "A New Approach to China," Official Google Blog, January 12, 2010, googleblog.blogspot.com/2010/01/new-approach-to-china.html

109. Ellen Nakashima, "Chinese Leaders Ordered Google Hack, U.S. Cable Quotes Source as Saying," *Washington Post*, December 4, 2010, www.washingtonpost.com/wp-dyn/content/article/2010/12/04/AR2010120403323.html

110. Drummond, "A New Approach to China"

111. Ellen Nakashima, "Chinese Hackers Who Breached Google Gained

Access to Sensitive Data, U.S. Officials Say," *Washington Post*, May 20, 2013, www.washingtonpost.com/world/national-security/chinese-hackers-who-breached-google-gained-access-to-sensitive-data-us-officials-say/2013/05/20/51330428-be34-11e2-89c9-3be8095fe767_story.html?

112. Sanger, Barboza, and Perlroth, "Chinese Army Unit Is Seen as Tied to Hacking Against U.S."

113. 同上述條目。

114. Brian Fung, "5.1 Million Americans Have Security Clearances. That's More than the Entire Population of Norway," *Washington Post*, March 24, 2014, www.washingtonpost.com/news/the-switch/wp/2014/03/24/5-1-million-americans-have-security-clearances-thats-more-than-the-entire-population-of-norway/?utm_term=.88e88f78d45e

115. US House of Representatives, "The OPM Data Breach: How the Government Jeopardized Our National Security for More than a Generation," Committee on Oversight and Government Reform, September 7, 2016, oversight.house.gov/wp-content/uploads/2016/09/The-OPM-Data-Breach-How-the-Government-Jeopardized-Our-National-Security-for-More-than-a-Generation.pdf

116. U.S. Office of Personnel Management Office of the Inspector General Office of Audits, "Federal Information Security Management Act Audit FY 2014," November 12, 2014, www.opm.gov/our-inspector-general/reports/2014/federal-information-security-management-act-audit-fy-2014-4a-ci-00-14-016.pdf

117. "Statement of the Honorable Katherine Archuleta," Hearing before the Senate Committee on Homeland Security and Governmental Affairs, June 25, 2015

118. US House of Representatives, "The OPM Data Breach"

119. 同上述條目。

120. 同上述條目。

121. Brendan I. Koerner, "Inside the Cyberattack That Shocked the US Government," *Wired*, October 23, 2016, www.wired.com/2016/10/inside-cyberattack-shocked-us-government/

122. US House of Representatives, "The OPM Data Breach."

123. 若需專題的完整文字記錄，請參見："Beyond the Build: Leveraging the Cyber Mission Force," Aspen Security Forum, July 23, 2015, aspensecurityforum.org/wp-content/uploads/2015/07/Beyond-the-Build-Leveraging-the-Cyber-Mission-Force.pdf

124. "OPM to Notify Employees of Cybersecurity Incident," US Office of Personnel Management, June 4, 2015, www.opm.gov/news/releases/2015/06/opm-to-notify-employees-of-cybersecurity-incident/

125. Damian Paletta, "U.S. Intelligence Chief James Clapper Suggests China Behind OPM Breach," *Wall Street Journal*, June 25, 2015, www.wsj.com/articles/SB10007111583511843695404581069863170899504？

126. "Cybersecurity Policy and Threats," Hearing Before the Senate Armed Services Committe, September 29, 2015, www.armed-services.senate.gov/imo/media/doc/15-75%20-%209-29-15.pdf

127. 那是一筆倒楣的生意。西屋由於出現十億美元的成本超支，從中國到美國南部的核子反應爐專案進度也嚴重落後，因此在 2017 年聲請破產。在此應清楚說明的是西屋失敗的肇因並非中國。西屋的挫敗源自物流缺陷與設計中的小瑕疵，這剛好可說明研發新產品的難度有多高，特別是大規模的產品。這正是中國渴望藉由竊取設計來避免的過程。

128. "Indictment Criminal No. 14-118," US District Court Western District of Pennsylvania, May 1, 2014, www.justice.gov/iso/opa/resourc

es/51220145191323584461949.pdf

129. "U.S. Charges Five Chinese Military Hackers for Cyber Espionage Against U.S. Corporations and a Labor Organization for Commercial Advantage," US Department of Justice, May 19, 2014, www.justice. gov/opa/pr/us-charges-five-chinese-military-hackers-cyber-espionage-against-us-corporations-and-labor

130. "China Reacts Strongly to US Announcement of Indictment Against Chinese Personnel," Ministry of *Foreign Affairs* of the People's Republic of China, May 20, 2014, www.fmprc.gov.cn/mfa_eng/ xwfw_665399/s2510_665401/2535_665405/t1157520.shtml

131. Julie Hirschfeld Davis, "Obama Hints at Sanctions Against China over Cyberattacks," *New York Times*, September 17, 2015, www.nytimes. com/2015/09/17/us/politics/obama-hints-at-sanctions-against-china-over-cyberattacks.html

132. David E. Sanger, "U.S. and China Seek Arms Deal for Cyberspace," *New York Times*, September 20, 2015, www.nytimes.com/2015/09/20/ world/asia/us-and-china-seek-arms-deal-for-cyberspace.html

133. 同上述條目。

134. Gardiner Harris, "State Dinner for Xi Jinping Has High-Tech Flavor," *New York Times*, September 26, 2015, www.nytimes.com/2015/09/26/ world/asia/state-dinner-for-xi-jinping-has-high-tech-flavor.html

135. 大多數政府官員相信受到國家支援的智慧財產竊行曾大幅減少。然而在 2017 年年底對記者進行的簡報中，中央情報局分析師拒絕說明是否發現情況有任何改善。2018 年時，某些專家相信中國的駭客行為幾乎不曾受到遏制。其他人則認為中國只是改變策略，轉為投資美國的技術，如同第 11 章所述。請參見：David E. Sanger, "Chinese Curb Cyberattacks on U.S. Interests, Report Finds," *New York Times*, June 21, 2016, www.nytimes.com/2016/06/21/us/

politics/china-us-cyber-spying.html

第 6 章：金氏反攻

136. "North Korea Complains to UN about Film Starring Rogen, Franco," Reuters, July 9, 2014, uk.reuters.com/article/uk-northkorea-un-film/north-korea-complains-to-un-about-film-starring-rogen-franco-idUKKBN0FE21B20140709

137. BBC News, "The Interview: A Guide to the Cyber Attack on Hollywood," BBC News, December 29, 2014, www.bbc.com/news/entertainment-arts-30512032

138. David E. Sanger and Martin Fackler, "N.S.A. Breached North Korean Networks Before Sony Attack, Officials Say," *New York Times*, January 19, 2015, www.nytimes.com/2015/01/19/world/asia/nsa-tapped-into-north-korean-networks-before-sony-attack-officials-say.html

139. 同上述條目。

140. David E. Sanger, David Kirkpatrick, and Nicole Perlroth, "The World Once Laughed at North Korean Cyberpower. No More," *New York Times*, October 16, 2017, www.nytimes.com/2017/10/15/world/asia/north-korea-hacking-cyber-sony.html

141. 同上述條目。

142. 同上述條目。

143. 同上述條目。

144. Siobhan Gorman 與 Adam Entous 對這次參訪撰寫了首篇完整報導："U.S. Spy Chief Gives Inside Look at North Korea Prisoner Deal," *Wall Street Journal*, November 14, 2014, www.wsj.com/articles/u-s-spy-chief-gives-inside-look-at-north-korea-prisoner-deal-1416008783

145. "Remarks as Delivered by the Honorable James R. Clapper Director of National Intelligence," Office of the Director of National Intelligence,

January 7, 2015, www.dni.gov/index.php/newsroom/speeches-
interviews/speeches-interviews-2015/item/1156-remarks-as-delivered-
by-dni-james-r-clapper-on-national-intelligence-north-korea-and-the-
national-cyber-discussion-at-the-international-conference-on-cyber-
security

146. 直到發生攻擊之前，美國情報官員皆不願對此做出結論。

147. Rick Gladstone and David E. Sanger, "Security Council Tightens
Economic Vise on North Korea, Blocking Fuel, Ships and Workers,"
New York Times, December 23, 2017, www.nytimes.com/2017/12/22/
world/asia/north-korea-security-council-nuclear-missile-sanctions.html

148. 我的同事 Martin Fackler 曾採訪首爾的某些脫北者，在他所撰的
報導內提到了相關細節。"N.S.A. Breached North Korean Networks
Before Sony Attack, Officials Say," *New York Times*, January 19, 2015,
www.nytimes.com/2015/01/19/world/asia/nsa-tapped-into-north-
korean-networks-before-sony-attack-officials-say.html

149. Michael Cieply and Brooks Barnes, "Sony Cyberattack, First a
Nuisance, Swiftly Grew into a Firestorm," *New York Times*, December
31, 2014, www.nytimes.com/2014/12/31/business/media/sony-attack-
first-a-nuisance-swiftly-grew-into-a-firestorm-.html

150. Martin Fackler, Brooks Barnes, and David E. Sanger, "Sony's
International Incident: Making Kim Jong-un's Head Explode," *New
York Times*, December 15, 2014, www.nytimes.com/2014/12/15/world/
sonys-international-incident-making-kims-head-explode.html

151. Eric Bradner, "Obama: North Korea's Hack Not War, but
'Cybervandalism,' " CNN, December 24, 2014, www.cnn.
com/2014/12/21/politics/obama-north-koreas-hack-not-war-but-cyber-
vandalism/index.html

152. Andrea Peterson, "Sony Pictures Hackers Invoke 9/11 While

Threatening Theaters That Show 'The Interview,' " *Washington Post*,
December 16, 2014, www.washingtonpost.com/news/the-switch/
wp/2014/12/16/sony-pictures-hackers-invoke-911-while-threatening-
theaters-that-show-the-interview/?utm_term=.b1ead7061843

153. David E. Sanger, Michael S. Schmidt, and Nicole Perlroth, "Obama
Vows a Response to Cyberattack on Sony," *New York Times*, December
20, 2014, www.nytimes.com/2014/12/20/world/fbi-accuses-north-
korean-government-in-cyberattack-on-sony-pictures.html

154. 路易斯在下文中以更長的篇幅詳述此主張："North Korea and
Cyber Catastrophe—Don't Hold Your Breath," *38 North*, January 12,
2018, www.38north.org/2018/01/jalewis011218/

155. "Remarks by Secretary Carter at the Drell Lecture Cemex Auditorium,"
US Department of Defense, April 23, 2015, www.defense.gov/News/
Transcripts/Transcript-View/Article/607043/remarks-by-secretary-
carter-at-the-drell-lecture-cemex-auditorium-stanford- grad/

156. Choe Sang- Hun, "North Korea Offers U.S. Deal to Halt Nuclear Test,"
New York Times, January 11, 2015, www.nytimes.com/2015/01/11/
world/asia/north-korea-offers-us-deal-to-halt-nuclear-test-.html

第 7 章：普丁的培養皿

157. 馬納福特於兩年後東山再起，擔任川普 2016 年競選陣營的主
席，我與哈伯曼在共和黨全國代表大會訪問川普時，曾遇到馬納
福特本人。他歡迎我們進入川普的飯店房間後，就在我們勢必會
問到俄羅斯相關問題前先行離去。

158. Mark Clayton, "Ukraine Election Nar-rowly Avoided 'Wanton
Destruction' from Hackers," *Christian Science Monitor*, June 17, 2014,
www.csmonitor.com/World/Passcode/2014/0617/Ukraine-election-
narrowly-avoided-wanton-destruction-from-hackers

159. Farangis Najibullah, "Russian TV Announces Right Sector Leader Led Ukraine Polls," RadioFreeEurope/RadioLiberty, May 26, 2014, www.rferl.org/a/russian-tv-announces-right-sector-leader-yarosh-led-ukraine-polls/25398882.html

160. "The Value of Science in Anticipating," Military- Industrial Courier [in Russian], February 26, 2013, www.vpk-news.ru/articles/14632

161. Joseph S. Nye Jr., "How Sharp Power Threatens Soft Power," *Foreign Affairs*, January 24, 2018, www.foreignaffairs.com/articles/china/2018-01-24/how-sharp-power-threatens-soft-power

162. 其中一個可說明這類評論的好例子是 Michael Kofman 與 Matthew Rojansky 的意見："A Closer Look at Russia's 'Hybrid War,' " Kennan Cable 7, The Wilson Center, April 2015, www.wilsoncenter.org/sites/default/files/7-KENNAN%20CABLE-ROJANSKY%20KOFMAN.pdf

163. 本章節部分內容取自我為 Aspen Strategy Group 所撰寫的文章。請參見《The World Turned Upside Down: Maintaining American Leadership in a Dangerous Age》（Aspen Strategy Group, 2017）中由我所撰的〈Short of War: Cyber Conflict and the Corro-sion of the International Order〉。

164. Ivo H. Daalder, "Responding to Russia's Resurgence: Not Quiet on the Eastern Front," *Foreign Affairs* 96, November/December 2017, 30–38

165. David Adesnik, "How Russia Rigged the Crimean Referendum," *Forbes*, March 18, 2014, www.forbes.com/sites/davidadesnik/2014/03/18/how-russia-rigged-crimean-referendum/#774963966d41

166. Jeffrey Goldberg, "The Obama Doctrine," *The Atlantic*, April 2016, www.theatlantic.com/magazine/archive/2016/04/the-obama-doctrine/471525.

167. "Transcript: Donald Trump Expounds on His Foreign Policy Views," *New York Times*, March 27, 2016, www.nytimes.com/2016/03/27/us/

politics/donald-trump-transcript.html

168. Elisabeth Bumiller and Thom Shanker, "Panetta Warns of Dire Threat of Cyberattack on U.S," *New York Times*, October 12, 2012, www. nytimes.com/2012/10/12/world/panetta-warns-of-dire-threat-of-cyberattack.html

169. Emily O. Goldman and Michael Warner, "Why a Digital Pearl Harbor Makes Sense... and Is Possible," in George Perkovich and Ariel E. Levite, eds., *Understanding Cyber Conflict: 14 Analogies* (Washington, DC: Georgetown University Press, 2017), 147–61

170. Nicole Perlroth and David E. Sanger, "Cyberattacks Put Russian Fingers on the Switch at Power Plants, U.S. Says," *New York Times*, March 16, 2018, www.nytimes.com/2018/03/15/us/politics/russia-cyberattacks.html

171. Martin C. Libicki, *Cyberspace in Peace and War* (Annapolis, MD: Naval Institute Press, 2016), 288

172. Robert M. Lee, Michael J. Assante, and Tim Conway, "Analysis of the Cyber Attack on the Ukrainian Power Grid," SANS ICS and the Electricity Information Sharing and Analysis Center, March 18, 2016, ics.sans.org/media/E-ISAC_SANS_Ukraine_DUC_5.pdf

173. 見上述來源第 3 頁。

174. "Ukraine Power Cut 'Was Cyber-attack,' " BBC News, January 11, 2017, www.bbc.com/news/technology-38573074

175. Andy Greenberg, "How an Entire Nation Became Russia's Test Lab for Cyberwar," *Wired*, June 20, 2017, www.wired.com/story/russian-hackers-attack-ukraine/

第 8 章：美國的笨拙摸索

176. Alan Cowell, "Churchill's Definition of Russia Still Rings True," *New*

York Times, August 1, 2008, www.nytimes.com/2008/08/01/world/europe/01iht-letter.1.14939466.html

177. Eric Lipton, David E. Sanger, and Scott Shane, "The Perfect Weapon: How Russian Cyberpower Invaded the U.S.," *New York Times*, December 14, 2016, www.nytimes.com/2016/12/13/us/politics/russia-hack-election-dnc.html.

178. " 'Hacking Attacks' Hit Russian Political Sites," BBC News, BBC, March 8, 2012, www.bbc.com/news/technology-16032402

179. David M. Herszenhorn and Ellen Barry, "Putin Contends Clinton Incited Unrest over Vote," *New York Times*, December 9, 2011, www.nytimes.com/2011/12/09/world/europe/putin-accuses-clinton-of-instigating-russian-protests.html?mcubz=2

180. 這段歷史的兩項資訊來源如下：Evan Osnos, David Remnick, and Joshua Yaffa, "Trump, Putin, and the New Cold War," *New Yorker*, March 6, 2017, www.newyorker.com/magazine/2017/03/06/trump-putin-and-the-new-cold–war；以及 Calder Walton, " 'Active Measures': A History of Russian Interference in US Elections," Prospect, December 23, 2016, www.prospectmagazine.co.uk/science-and-technology/active-measures-a-history-of-russian-interference-in-us-elections

181.《華盛頓郵報》的 Jackson Diehl 之後曾如此形容 2016 年的美國選舉：「普丁對『顏色革命』（color revolutions）的想法愈發偏執，他深信這類革命既非自願，也不是當地人民組織的行動，反而是由美國規劃的行動⋯普丁試圖對美國的政治高層人士以牙還牙。他試圖引發美國的顏色革命，無論川普是否知情，普丁都打算在川普的協助下達成此目標。」請參見："Putin's Hope to Ignite a Eurasia-Style Protest in the United States," October 16, 2016, www.washingtonpost.com/opinions/global-opinions/putins-hope-to-ignite-aeurasia-style-protest-in-the-united-states/2016/10/16/0f271a60-90a4-11e6-9c85-ac42097b8cc0_story.html?utm_term=.f8bb8e047e48

182. Scott Shane, "Russia Isn't the Only One Meddling in Elections. We Do It, Too," *New York Times*, February 18, 2018, www.nytimes.com/2018/02/17/sunday-review/russia-isnt-the-only-one-meddling-in-elections-we-do-it-too.html

183. Susan B. Glasser, "Victoria Nuland: The Full Transcript," *Politico*, February 5, 2018, www.politico.com/magazine/story/2018/02/05/victoria-nuland-the-full-transcript-216936

184. "US Blames Russia for Leak of Undiplomatic Language from Top Official," *Guardian*, February 6, 2014, www.theguardian.com/world/2014/feb/06/us-russia-eu-victoria-nuland

185. Neil MacFarquhar, "Yevgeny Prigozhin, Russian Oligarch Indicted by U.S., Is Known as 'Putin's Cook,' " *New York Times*, February 17, 2018, www.nytimes.com/2018/02/16/world/europe/prigozhin-russia-indictment-mueller.html.

186. Adrian Chen, "The Real Paranoia-Inducing Purpose of Russian Hacks," *New Yorker*, July 27, 2016, www.newyorker.com/news/news-desk/the-real-paranoia-inducing-purpose-of-russian-hacks

187. "United States of America v. Internet Research Agency," indictment of the 13 Internet Research Agency members, filed by Special Counsel Robert Mueller, February 16, 2018, www.justice.gov/file/1035477/download

188. Adrian Chen, "The Agency," *New York Times*, June 7, 2015, www.nytimes.com/2015/06/07/magazine/the-agency.html

189. Alexis C. Madrigal, "Russia's Troll Operation Was Not That Sophisticated," *The Atlantic*, February 19, 2018, www.theatlantic.com/technology/archive/2018/02/the-russian-conspiracy-to-commit-

audience-development/553685

190. Scott Shane, "The Fake Americans Russia Created to Influence the Election," *New York Times*, September 8, 2017, www.nytimes. com/2017/09/07/us/politics/russia-facebook-twitter-election.html

191. April Glaser, "What We Know About How Russia's Internet Research Agency Meddled in the 2016 Election," *Slate*, February 16, 2018, slate. com/technology/2018/02/what-we-know-about-the-internet-research-agency-and-how-it-meddled-in-the-2016-election.html

192. Ryan Lizza, "How Trump Helps Russian Trolls," *New Yorker*, November 2, 2017, www.newyorker.com/news/our-columnists/how-trump-helps-russian-trolls

193. Ivan Nechepurenko and Michael Schwirtz, "The Troll Farm: What We Know About 13 Russians Indicted by the U.S.," *New York Times*, February 17, 2018, www.nytimes.com/2018/02/17/world/europe/russians-indicted-mueller.html

194. Editorial Staff, "How the 'Troll Factory' Worked in the US Elections," RBC (in Russian), October 17, 2017, www.rbc.ru/magazine/2017/11/5 9e0c17d9a79470e05a9e6c1

195. Hannah Levintova, "Russian Journalists Just Published a Bombshell Investigation About a Kremlin-Linked 'Troll Factory,' " *Mother Jones*, October 18, 2017, www.motherjones.com/politics/2017/10/russian-journalists-just-published-a-bombshell-investigation-about-a-kremlin-linked-troll-factory

196. 可至以下網址閱讀曼迪亞的公司 Fireye 所製作的報告：www. fireeye.com/content/dam/fireeye-www/solutions/pdfs/st-senate-intel-committee-russia-election.pdfl，以及 www.fireeye.com/blog/threat-research/2014/10/apt28-a-window-into-russias-cyber-espionage-operations.html

197. Michael S. Schmidt and David E. Sanger, "Russian Hackers Read Obama's Unclassified Emails, Officials Say," *New York Times*, April 26, 2015, www.nytimes.com/2015/04/26/us/russian-hackers-read-obamas-unclassified-emails-officials-say.html

198. Joseph Marks, "NSA Engaged in Massive Battle with Russian Hackers in 2014," Nextgov, April 3, 2017, www.nextgov.com/cybersecurity/2017/04/nsa-engaged-massive-battle-russian-hackers-2014/136683/

199. Eric Lipton, David E. Sanger, and Scott Shane, "The Perfect Weapon: How Russian Cyberpower Invaded the U.S."

第 9 章：來自科茲窩的警告

200. 這是跨海回到另一端大陸的出色成就之一，Apple 總部的設計靈感即源自遠在 5,000 多英里外的甜甜圈大樓。

201. 如需閱讀關於「五眼聯盟」的詳細探討，請參見：Levi Maxey, "Five Eyes Intel Sharing Unhindered by Trump Tweets," *The Cipher Brief*, February 20, 2018, www.thecipherbrief.com/five-eyes-intel-sharing-unhindered-trump-tweets

202. 英國報紙《衛報》曾發表與此行動相關的最出色解說，該報也發表了許多關於史諾登的研究。請參見：Ewen MacAskill, Julian Borger, Nick Hopkins, Nick Davies, and James Ball, "GCHQ Taps Fibre-Optic Cables for Secret Access to World's Communications," June 21, 2013, www.theguardian.com/uk/2013/jun/21/gchq-cables-secret-world-communications-nsa

203. Neil MacFarquhar, "Inside the Russian Troll Factory: Zombies and a Breakneck Pace," *New York Times*, February 19, 2018, www.nytimes.com/2018/02/18/world/europe/russia-troll-factory.html

204. Dmitri Alperovitch, "Bears in the Midst: Intrusion into the Democratic

National Committee," *CrowdStrike*, June 15, 2016, www.crowdstrike.com/blog/bears-midst-intrusion-democratic-national-committee/

205. Eric Lipton, David E. Sanger, and Scott Shane, "The Perfect Weapon: How Russian Cyberpower Invaded the U.S."

206. Ellen Nakashima, "Russian Government Hackers Penetrated DNC, Stole Opposition Research on Trump," *Washington Post*, June 15, 2016, www.washingtonpost.com/world/national-security/russian-government-hackers-penetrated-dnc-stole-opposition-research-on-trump/2016/06/14/cf006cb4-316e-11e6-8ff7-7b6c1998b7a0_story.html?; David E. Sanger and Nick Corasaniti, "D.N.C. Says Russian Hackers Penetrated Its Files, Including Dossier on Donald Trump," *New York Times*, June 14, 2016, www.nytimes.com/2016/06/15/us/politics/russian-hackers-dnc-trump.html

207. Rob Price, "RESEARCHERS: Yes, Russia Really Did Hack the Democratic National Congress," *Business Insider Australia*, June 21, 2016, www.businessinsider.com.au/security-researchers-russian-spies-hacked-dnc-guccifer-2-possible-disinformation-campaign-2016-6

208. Lorenzo Franceschi-Bicchierai, "Alleged Russian Hacker 'Guccifer 2.0' Is Back After Months Of Silence," *Vice*, January 12, 2017, motherboard.vice.com/en_us/article/9a3m7p/alleged-russian-hacker-guccifer-20-is-back-after-months-of-silence。比奇萊伊訪問 Guccifer 2.0 的文字記錄可至下列網址檢視：motherboard.vice.com/en_us/article/yp3bbv/dnc-hacker-guccifer-20-full-interview-transcript

209. "Transcript: Donald Trump Expounds on His Foreign Policy Views," *New York Times*, March 26, 2016, www.nytimes.com/2016/03/27/us/politics/donald-trump-transcript.html

210. David E. Sanger and Nicole Perlroth, "As Democrats Gather, a Russian Subplot Raises Intrigue," *New York Times*, July 25, 2016, www.

nytimes.com/2016/07/25/us/politics/donald-trump-russia-emails.html.

第 10 章：緩慢的覺醒

211. "Obama's Last News Conference: Full Transcript and Video," *New York Times*, January 18, 2017, www.nytimes.com/2017/01/18/us/politics/obama-final-press-conference.html

212. David E. Sanger and Scott Shane, "Russian Hackers Acted to Aid Trump in Election, U.S. Says," *New York Times*, December 10, 2016, www.nytimes.com/2016/12/09/us/obama-russia-election-hack.html.

213. Erika Fry, "Ex-CIA Director: Russia Wanted Hillary Clinton 'Bloodied' By Her Inauguration," *Fortune*, July 19, 2017, fortune.com/2017/07/19/cia-director-russia-hillary-clinton/

214. David E. Sanger and Charlie Savage. "Sowing Doubt Is Seen as Prime Danger in Hacking Voting System," *New York Times*, September 15, 2016, www.nytimes.com/2016/09/15/us/politics/sowing-doubt-is-seen-as-prime-danger-in-hacking-voting-system.html

215. David Weigel, "For Trump, a New 'Rigged' System: The Election Itself," *Washington Post*, August 2, 2016, www.washingtonpost.com/politics/for-trump-a-new-rigged-system-the-election-itself/2016/08/02/d9fb33b0-58c4-11e6-9aee-8075993d73a2_story.html?

216. Jeremy Diamond, "Trump: 'I'm Afraid the Election's Going to Be Rigged,' " CNN, August 2, 2016, www.cnn.com/2016/08/01/politics/donald-trump-election-2016-rigged/index.html

217. Julie Hirschfeld Davis, "U.S. Seeks to Protect Voting System From Cyberattacks," *New York Times*, August 4, 2016, www.nytimes.com/2016/08/04/us/politics/us-seeks-to-protect-voting-system-against-cyberattacks.html

218. Erica R. Hendry, "Read Jeh Johnson's Prepared Testimony on Russia,"

PBS, June 20, 2017, www.pbs.org/newshour/politics/read-jeh-johnsons-prepared-testimony-russia

219. David E. Sanger and Charlie Savage, "U.S. Says Russia Directed Hacks to Influence Elections," *New York Times*, October 8, 2016, www.nytimes.com/2016/10/08/us/politics/us-formally-accuses-russia-of-stealing-dnc-emails.html

220. Mark Landler, "In Obama's Speeches, a Shifting Tone on Terror," *New York Times*, June 1, 2014, www.nytimes.com/2014/06/01/world/americas/in-obamas-speeches-a-shifting-tone-on-terror.html

221. Susan B. Glasser, "Did Obama Blow It on the Russian Hacking?" *Politico*, April 3, 2017, www.politico.eu/article/did-obama-blow-it-on-the-russian-hacking-us-elections-vladimir-putin-donald-trump-lisa-monaco/

222. David E. Sanger, "What Is Russia Up To, and Is It Time to Draw the Line?" *New York Times*, September 30, 2016, www.nytimes.com/2016/09/30/world/europe/for-veterans-of-the-cold-war-a-hostile-russia-feels-familiar.html

223. 同上述條目。

224. 關於這些爭論,在 2017 年 6 月 23 日《華盛頓郵報》的事件重現報導中曾刊出部分最詳盡的細節:Greg Miller, Ellen Nakashima, and Adam Entous: "Obama's Secret Struggle to Punish Russia for Putin's Election Assault," www.washingtonpost.com/graphics/2017/world/national-security/obama-putin-election-hacking/?utm_term=.92aacc38a2da

225. 對影子掮客的調查摘自我的同事珀爾羅思、夏恩與我所做的廣泛報導,該報導是 2017 年 11 月 12 日《紐約時報》的專題報導:〈Security Breach and Spilled Secrets Have Shaken the N.S.A. to Its Core〉。

226. 換句話說，卡巴斯基承認在其公司客戶的電腦內發現國家安全局的軟體並加以移除，不過卡巴斯基堅稱已銷毀該軟體；美國則相信該軟體已被交給俄羅斯情報單位。這也是美國為何在 2017 年開始禁止於任何公家電腦內使用卡巴斯基產品。傅黃義在 2015 年遭到祕密逮捕，但此案直到 2017 年 12 月才公開，那時傅黃義對「蓄意保留國防資訊」這一條罪項認罪。

227. Aaron Blake, "The First Trump-Clinton Presidential Debate Transcript, Annotated," *Washington Post*, September 26, 2016, www.washingtonpost.com/news/the-fix/wp/2016/09/26/the-first-trump-clinton-presidential-debate-transcript-annotated/?

228. www.dhs.gov/news/2016/10/07/joint-statement-department-homeland-security-and-office-director-national

229. Kate Conger, "U.S. Officially Attributes DNC Hack to Russia," *TechCrunch*, October 7, 2016, techcrunch.com/2016/10/07/u-s-attributes-dnc-hack-russia/

230. David A. Fahrenthold, "Trump Recorded Having Extremely Lewd Conversation About Women in 2005," *Washington Post*, October 8, 2016, www.washingtonpost.com/politics/trump-recorded-having-extremely-lewd-conversation-about-women-in-2005/2016/10/07/3b9ce776-8cb4-11e6-bf8a-3d26847eeed4_story.html?utm_term=.302520d75fcb

231. Amy Chozick, Nicholas Confessore, and Michael Barbaro, "Leaked Speech Excerpts Show a Hillary Clinton at Ease with Wall Street," *New York Times*, October 8, 2016, www.nytimes.com/2016/10/08/us/politics/hillary-clinton-speeches-wikileaks.html

232. *Politico* Staff, "Full Transcript: President Obama's Final End-of-Year Press Conference," *Politico*, December 16, 2016, www.politico.com/story/2016/12/obama-press-conference-transcript-232763

233. David E. Sanger, "Obama Strikes Back at Russia for Election

Hacking," *New York Times*, December 30, 2016, www.nytimes.com/2016/12/29/us/politics/russia-election-hacking-sanctions.html

234. "Black Smoke Pours from Chimney at Russian Consulate in San Francisco," CBS News, September 1, 2017, www.cbsnews.com/news/black-smoke-chimney-russian-consulate-san-francisco/

235. Julie Hirschfeld Davis, David E. Sanger, and Glenn Thrush, "Trump Questions Putin on Election Meddling at Eagerly Awaited Encounter," *New York Times*, July 8, 2017, www.nytimes.com/2017/07/07/world/europe/trump-putin-g20.html

236. Eric Lipton, David E. Sanger, and Scott Shane, "The Perfect Weapon: How Russian Cyberpower Invaded the U.S.," *New York Times*, December 13, 2016, www.nytimes.com/2016/12/13/us/politics/russia-hack-election-dnc.html

第 11 章：矽谷的三項危機

237. Kevin Roose and Sheera Frenkel, "Mark Zuckerberg's Reckoning: 'This Is a Major Trust Issue,' " *New York Times*, March 22, 2018, www.nytimes.com/2018/03/21/technology/mark-zuckerberg-q-and-a.html

238. "Paris Attacks: What Happened on the Night," BBC News, December 9, 2015, www.bbc.com/news/world-europe-34818994

239. Adam Nossiter, Aurelien Breeden, and Katrin Bennhold, "Three Teams of Coordinated Attackers Carried Out Assault on Paris, Officials Say; Hollande Blames ISIS," *New York Times*, November 15, 2015, www.nytimes.com/2015/11/15/world/europe/paris-terrorist-attacks.html

240. David E. Sanger and Eric Schmitt, "U.S. Cyberweapons, Used Against Iran and North Korea, Are a Disappointment Against ISIS," *New York Times*, June 13, 2017, www.nytimes.com/2017/06/12/world/

middleeast/isis-cyber.html

241. David E. Sanger, "U.S. Cyberattacks Target ISIS in a New Line of Combat," *New York Times*, April 25, 2016, www.nytimes.com/2016/04/25/us/politics/us-directs-cyberweapons-at-isis-for-first-time.html?

242. The White House, Office of the Press Secretary, "Statement by the President on Progress in the Fight Against ISIL," April 13, 2016, obamawhitehouse.archives.gov/the-press- office/2016/04/13/statement-president-progress-fight-against-isil

243. Ellen Nakashima, "U.S. Military Cyber Operation to Attack ISIS Last Year Sparked Heated Debate over Alerting Allies," *Washington Post*, May 9, 2017, www.washingtonpost.com/world/national-security/us-military-cyber-operation-to-attack-isis-last-year-sparked-heated-debate-over-alerting-allies/2017/05/08/93a120a2-30d5-11e7-9dec-764dc781686f_story.html?

244. Ash Carter, A *Lasting Defeat: The Campaign to Destroy ISIS*, Belfer Center for Science and International Affairs, October 2017, www.belfercenter.org/LastingDefeat #6

245. CNBC, "Yahoo Security Officer Confronts NSA Director," YouTube video, 0:20, February 28, 2015, accessed April 10, 2018, www.youtube.com/watch?v=jJZNvEPyjlw

246. Kevin Roose, "Can Social Media Be Saved?," *New York Times*, March 29, 2018, www.nytimes.com/2018/03/28/technology/social-media-privacy.html

247. Espen Egil Hansen, "Dear Mark. I Am Writing This to Inform You That I Shall Not Comply with Your Requirement to Remove This Picture," *Aftenposten*, September 8, 2016, www.aftenposten.no/meninger/kommentar/i/G892Q/Dear-Mark-I-am-writing-this-to-

inform-you-that-I-shall-not-comply-with-your-requirement-to-remove-this-picture

248. Monika Bickert, interview by Steve Inskeep, "How Facebook Uses Technology to Block Terrorist-Related Content," *NPR Morning Edition*, June 22, 2017, www.npr.org/sections/alltechconsidered/2017/06/22/533855547/how-facebook-uses-technology-to-block-terrorist-related-content

249. The YouTube Team, "Bringing New Redirect Method Features to YouTube," Official YouTube Blog, July 20, 2017, youtube.googleblog.com/2017/07/bringing-new-redirect-method-features.html

250. David Kirkpatrick 對祖克柏的訪問："In Conversation with Mark Zuckerberg," *Techonomy*, November 17, 2016, techonomy.com/conf/te16/videos-conversations-with-2/in-conversation-with-mark-zuckerberg/

251. Adam Entous, Elizabeth Dwoskin, and Craig Timberg, "Obama Tried to Give Zuckerberg a Wake-Up Call over Fake News on Facebook," *Washington Post*, September 24, 2017, www.washingtonpost.com/business/economy/obama-tried- to-give-zuckerberg-a-wake-up-call-over-fake-news-on-facebook/2017/09/24/15d19b12-ddac-4ad5-ac6e-ef909e1c1284_story.html?

252. Jen Weedon, William Nuland, and Alex Stamos, *Information Operations and Facebook*, Facebook, April 27, 2017, fbnewsroomus.files.wordpress.com/2017/04/facebook-and-information-operations-v1.pdf

253. Brett Samuels, "Feinstein to Tech Execs: 'I Don't Think You Get It,' " *The Hill*, November 1, 2017, thehill.com/business-a-lobbying/358232-feinstein-to-tech-cos-i-dont-think-you-get-it

254. Daniel Politi, "Facebook's Zuckerberg Takes Out Full Page Ads to Say

'Sorry' for 'Breach of Trust,' " *Slate*, March 25, 2018, slate.com/news-and-politics/2018/03/facebooks-zuckerberg-takes-out-full-page-ads-to-say-sorry-for-breach-of-trust.html

255. David E. Sanger and William Broad, "Tiny Satellites from Silicon Valley May Help Track North Korea Missiles," *New York Times*, July 7, 2017, www.nytimes.com/2017/07/06/world/asia/pentagon-spy-satellites-north-korea-missiles.html

256. Brad Stone and Lulu Yilun Chen, "Tencent Dominates in China. Next Challenge Is Rest of the World," Bloomberg, June 28, 2017, www.bloomberg.com/news/features/2017-06-28/tencent-rules-china-the-problem-is-the-rest-of-the-world

257. 此報告的初期複本已廣泛流傳，最後更出現在網際網路上。五角大廈在 2018 年 3 月於國防創新實驗小組網站上發布了刪去作者建議的版本：www.diux.mil/；以及：Michael Brown and Pavneet Singh, *China's Technology Transfer Strategy: How Chinese Investments in Emerging Technology Enable a Strategic Competitor to Access the Crown Jewels of U.S. Innovation*, January 2018, www.DIUx.mil

258. 同上述條目。

第 12 章：先發制人

259. David E. Sanger and William J. Broad, "How U.S. Intelligence Agencies Underestimated North Korea," *New York Times*, January 7, 2018, www.nytimes.com/2018/01/06/world/asia/north-korea-nuclear-missile-intelligence.html

260. David E. Sanger and William J. Broad, "Hand of U.S. Leaves North Korea's Missile Program Shaken," *New York Times*. April 19, 2017, www.nytimes.com/2017/04/18/world/asia/north-korea-missile-

program-sabotage.html

261. Foster Klug and Hyung-Jin Kim, "US: North Korean Missile Launch a 'Catastrophic' Failure," April 16, 2016, apnews.com/67c278f795 93454e868ff3f707606ef3/seoul-says-north-korean-missile-launch-apparently-fails

262. "Pentagon Spokesman Comments on North Korean Missile Launch," US Northern Command, July 28, 2017, www.northcom.mil/ Newsroom/Article/1456396/pentagon-spokesman-comments-on-north-korean-missile-launch/

263. Choe Sang-Hun, Motoko Rich, Natalie Reneau, and Audrey Carlsen, "Rocket Men: The Team Building North Korea's Nuclear Missile," *New York Times*, December 15, 2017, www.nytimes.com/ interactive/2017/12/15/world/asia/north-korea-scientists-weapons.html

264. David E. Sanger and William J. Broad, "Trump Inherits a Secret Cyberwar Against North Korean Missiles," *New York Times*, March 5, 2017, www.nytimes.com/2017/03/04/world/asia/north-korea-missile-program-sabotage.html

265. David E. Sanger and William J. Broad. "Downing North Korean Missiles Is Hard. So the U.S. Is Experimenting," *New York Times*, November 17, 2017, www.nytimes.com/2017/11/16/us/politics/north-korea-missile-defense-cyber-drones.html

266. "Joint Integrated Air and Missile Defense: Vision 2020," United States Joint Chiefs of Staff, December 5, 2013, www.jcs.mil/Portals/36/ Documents/Publications/JointIAMDVision2020.pdf

267. Nicole Perlroth, "The Chinese Hackers in the Back Office," *New York Times*. June 12, 2016, www.nytimes.com/2016/06/12/technology/the-chinese-hackers-in-the-back-office.html

268. Center for Strategic and International Studies, "Full Spectrum Missile

Defense," December 4, 2015, www.csis.org/events/full-spectrum-missile-defense

269. William J. Broad and David E. Sanger, "U.S. Strategy to Hobble North Korea Was Hidden in Plain Sight," *New York Times*, March 4, 2017, www.nytimes.com/2017/03/04/world/asia/left-of-launch-missile-defense.html

270. 同上述條目。

271. 這篇2016年3月採訪的完整文字記錄位於以下位置："Transcript: Donald Trump Expounds on His Foreign Policy Views," *New York Times*, March 26, 2016, www.nytimes.com/2016/03/27/us/politics/donald-trump-transcript.html

272. 稍後，專精攻擊性網路行動的其他機關人員也一併參與。

273. Choe Sang-Hun, "Kim Jong-un Says North Korea Is Preparing to Test Long-Range Missile," *New York Times*, January 2, 2017, www.nytimes.com/2017/01/01/world/asia/north-korea-intercontinental-ballistic-missile-test-kim-jong-un.html

274. Donald J. Trump, "North Korea Just Stated That It Is in the Final Stages of Developing a Nuclear Weapon Capable of Reaching Parts of the U.S. It Won't Happen!" Twitter, January 2, 2017, twitter.com/realdonaldtrump/status/816057920223846400

275. David E. Sanger, David D. Kirkpatrick, and Nicole Perlroth, "The World Once Laughed at North Korean Cyberpower. No More." *New York Times*, October 16, 2017, www.nytimes.com/2017/10/15/world/asia/north-korea-hacking-cyber-sony.html

276. Choe Sang-Hun, "North Korean Hackers Stole U.S.-South Korean Military Plans, Lawmaker Says," *New York Times*, October 11, 2017, www.nytimes.com/2017/10/10/world/asia/north-korea-hack-war-plans.html?

277. Nicole Perlroth and David E. Sanger, "Hackers Hit Dozens of Countries Exploiting Stolen N.S.A. Tool," *New York Times*, May 13, 2017, www.nytimes.com/2017/05/12/world/europe/uk-national-health-service-cyberattack.html

278. Selena Larson, "WannaCry 'Hero' Arrested for Creating Other Malware," CNNMoney, August 3, 2017, money.cnn.com/2017/08/03/technology/culture/malwaretech-arrested-las-vegas-trojan/index.html

279. "Press Briefing on the Attribution of the WannaCry Malware Attack to North Korea," The White House, December 19, 2017, www.whitehouse.gov/briefings-statements/press-briefing-on-the-attribution-of-the-wannacry-malware-attack-to-north-korea-121917/

280. 同上述條目。

281. Charlie Osborne, "NotPetya Ransomware Forced Maersk to Reinstall 4000 Servers, 45000 PCs," *ZDNet*, January 26, 2018, www.zdnet.com/article/maersk-forced-to-reinstall-4000-servers-45000-pcs-due-to-notpetya-attack/

282. Sanger and Broad, "How U.S. Intelligence Agencies Underestimated North Korea"

283. Sanger and Broad, "Downing North Korean Missiles Is Hard"

後記

284. R. P. Hearne, *Airships in Peace and War*, London: John Lane, the Bodley Head, 2nd edition, 1910

285. Stanford University address by Michael Rogers, November 3, 2014, www.nsa.gov/news-features/speeches-testimonies/speeches/stanford.shtml

286. 培里曾於其著作中述說這段經歷：《*My Journey to the Nuclear Brink*》（Redwood City, CA: Stanford University Press, 2015）。

287. Brad Smith, *Archive and Maintain Cyberspace Superiority: Command Vision for US Cyber Command*, https://assets.documentcloud.org/documents/4419681/Command-Vision-for-USCYBERCOM-23-Mar-18.pdf

288. Brad Smith, "The Need for a Digital Geneva Convention," *Microsoft on the Issues*, March 9, 2017, blogs.microsoft.com/on-the-issues/2017/02/14/need-digital-geneva-convention/

索引

人物

468

21 畫以上

文獻

科技相關名詞

0～5畫

6～10畫

其他

新世界 611

資訊戰爭：入侵政府網站、竊取國家機密、假造新聞影響選局， 網路已成為繼原子彈發明後最危險的完美武器

作　　者　桑格
譯　　者　但漢敏
責任編輯　王正緯
編輯協力　李鳳珠
校　　對　魏秋綢
版面構成　張靜怡
封面設計　兒日

行銷統籌　張瑞芳
行銷企畫　何郁庭
總 編 輯　謝宜英
出 版 者　貓頭鷹出版

發 行 人　涂玉雲
發　　行　英屬蓋曼群島商家庭傳媒股份有限公司城邦分公司
　　　　　104 台北市中山區民生東路二段 141 號 11 樓
　　　　　畫撥帳號：19863813；戶名：書虫股份有限公司
城邦讀書花園：www.cite.com.tw　購書服務信箱：service@readingclub.com.tw
購書服務專線：02-2500-7718~9（周一至周五上午 09:30-12:00；下午 13:30-17:00）
24 小時傳真專線：02-2500-1990；25001991
香港發行所　城邦（香港）出版集團／電話：852-2877-8606／傳真：852-2578-9337
馬新發行所　城邦（馬新）出版集團／電話：603-9056-3833／傳真：603-9057-6622
印 製 廠　中原造像股份有限公司
初　　版　2019 年 11 月　三刷　2020 年 9 月
定　　價　新台幣 550 元／港幣 183 元
I S B N　978-986-262-402-9

讀者意見信箱　owl@cph.com.tw
投稿信箱　owl.book@gmail.com
貓頭鷹臉書　facebook.com/owlpublishing

【大量採購，請洽專線】(02) 2500-1919

城邦讀書花園
www.cite.com.tw

國家圖書館出版品預行編目資料

資訊戰爭：入侵政府網站、竊取國家機密、假
　造新聞影響選局，網路已成為繼原子彈發明
　後最危險的完美武器／桑格（David E. Sanger）
　著；但漢敏譯 . -- 初版 . -- 臺北市：貓頭鷹出版：
　家庭傳媒城邦分公司發行, 2019.11
　面；　公分 . --（數位新世界；611）
　譯自：The perfect weapon:
　　　　war, sabotage, and fear in the cyber age
　ISBN 978-986-262-402-9（平裝）

　1. 國家安全　2. 網路戰

599.7　　　　　　　　　　　　　　　108016716